中国绿色校园与绿色建筑知识普及教材

绿色校园与未来 5

（供大学全学段使用）

中国绿色建筑与节能专业委员会绿色校园学组　编著

U0262611

中国建筑工业出版社

图书在版编目（CIP）数据

绿色校园与未来　5（供大学全学段使用）／中国绿色建筑
与节能专业委员会绿色校园学组编著. —北京：中国建筑工业
出版社，2015.4
中国绿色校园与绿色建筑知识普及教材
ISBN 978-7-112-17958-9

Ⅰ.①绿…　Ⅱ.①中…　Ⅲ.①学校－教育建筑－节能设计－
教材　Ⅳ.①TU244

中国版本图书馆CIP数据核字(2015)第054047号

责任编辑：杨　虹
责任校对：姜小莲　刘　钰

中国绿色校园与绿色建筑知识普及教材

绿色校园与未来　5

（供大学全学段使用）

中国绿色建筑与节能专业委员会绿色校园学组　编著

*

中国建筑工业出版社出版、发行（北京西郊百万庄）

各地新华书店、建筑书店经销
北京嘉泰利德公司制版
北京建筑工业印刷厂印刷

*

开本：787×1092毫米　1/16　印张：14$\frac{1}{2}$　字数：360千字
2016年5月第一版　2016年5月第一次印刷
定价：50.00元
ISBN 978-7-112-17958-9
(27211)

内容简介

　　本书为《绿色校园与未来5》，适用于全日制大学本科教学选修课程。本教材基于绿色校园评价标准中的相关内容，通过必要的大学课程，向学生、教师和全社会传播生态文明和可持续发展观念。大学绿色校园教育的推广是我国国情和社会进步的需要，是大学教育改革的需要，也是学校所在城市可持续发展的需要，是在校大学生身心健康的环境保障，其根本目的就是更好地推广和规范绿色校园的建设和发展，让全社会对绿色校园有一个更深刻的了解，并在两者之间产生良性互动，从而为我国的可持续发展事业培养未来一代的领袖和中坚。

　　本册教材由中国绿色建筑与节能专业委员会绿色校园学组和同济大学共同主编，并联合浙江大学、上海交通大学、南京工业大学、华中科技大学、山东建筑大学、重庆大学、中国建筑科学研究院、中国建筑西南设计研究院等多所高校和研究机构的众多教授、专家合作编写完成。

《绿色校园与未来5》项目支持机构与单位：

能源基金会

WWF（世界自然基金会）

《绿色校园与未来5》项目总协调组织：

同济大学

如有任何问题，请联络中国绿色建筑与节能专业委员会绿色校园学组

http://www.greencampus.org.cn

《绿色校园与未来 5》编制工作组

主　编

吴志强

顾　问

王有为　何镜堂　刘加平　张锦秋　王崇杰

编委会成员（按姓氏笔画排列）

马文军　王中平　王德平　龙惟定　叶　海　申立银　田慧峰
吕伟娅　朱　丹　许　鹏　吴志强　汪滋淞　宋德萱　陆　江
赵秀玲　姚雪艳　徐　燊　高庆龙　黄治钟　葛　坚　管振忠
潘毅群　薛一冰

主编助理

汪滋淞　干　靓　李　勇

技术咨询

王清勤　龙惟定　田　炜　田慧峰　高庆龙

校　对

张　磊

美术编辑

高　搏　张良君　顾敏敏　潘梦真

封面设计

张雪青

目　录

下 篇 绿色校园及其标准 ························· **105**

导　言

中国绿色教育的紧迫性和必要性

大学是社会的重要组成部分，是为人类未来发展提供思想力量的重要摇篮和创新基地。"绿色校园教育"是对学校的建设者、管理者、使用者提出倡导可持续发展办公理念和"绿色"行为，建立"绿色校园"的引导性建议，以绿色教育向学生宣传绿色生态知识与绿色生活习惯，通过学生带动整个社会的可持续良性发展。

1. 绿色学校的定义

由中国城市科学研究会绿色建筑与节能专业委员会、同济大学和中国建筑科学研究院共同主编的《绿色校园评价标准》将绿色校园定义为："在其全寿命周期内最大限度地节约资源（节能、节水、节材、节地）、保护环境和减少污染，为师生提供健康、适用、高效的教学和生活环境，对学生具有环境教育功能，与自然环境和谐共生的校园。"

绿色校园应在校园设施的全寿命周期内，统筹考虑各个环节中的节能、节水、节材、节地和环境保护的不同要求，满足校园设施功能之间的协同运行。在保障学生和教职员工健康以及加强学校节能运行管理要求的同时，培养学生的环境保护意识，并由此向全社会辐射，提高全民的环境素养。绿色校园是我国"科教兴国"和"可持续发展"基本战略的具体体现，是 21 世纪学校环境教育和创新教育的国际趋势。

2. 绿色学校的内涵

绿色校园应当以可持续发展思想为指导，依据国家有关标准，在学校日常工作中全面实施有益于环境的管理和教学措施，充分利用校内外的一切资源和机会，全面提升师生环境素养。

绿色校园一般具有以下特点：

（1）绿色校园的能源运行成本平均比传统的学校降低30%～40%，节能措施采用更高效的照明设备、大量使用自然采光技术、采用更好的围护结构、采用效率更高的采暖和空调设备等，大大降低了学校的能源开支。

（2）绿色校园可以大大降低对环境的污染。绿色校园节省了能源，相当于减少了二氧化碳、二氧化硫和氮氧化物对大气的污染。

（3）绿色校园平均比传统学校节约用水。

（4）绿色校园改善了教室的室内空气质量，为学生提供了更健康的学习环境。

（5）绿色校园对学生的成长具有教育意义，有利于培养资源节约和环保意识。

绿色校园，所关注的不仅仅是校园的节能减排，更重要的是要将"绿色"理念全面融入教学体制中，发挥学校的教育推广作用，开展绿色教育。

3. 高等学校的特点

大学校园是大学教育的物质载体，为培育高级专业人才提供了专门的物质和精神环境。大学校园是城市的一种代表性聚居环境，是集办公、教学、社区于一体的建筑组群，覆盖区域广大，建筑类型复杂。校园是资源能源消费的大户，涉及面广、数量大、形式多样，节能潜力极大。如果所有学校都提高节约的意识，将会极大地缓解我国高等教育持续发展与教育资源短缺之间的巨大矛盾。

随着当今大学校园规模的进一步扩张、校园空间形式的进一步开放，大学在功能区域布局上有盲从传统的趋势，将原有的功能分区模式简单放大，从而不可避免地出现了一系列的问题。绿色校园构建旨在全面推进高等学校在绿色校园建设中的组织体系构建、制度建设、绿色校园规划与设计、可持续发展领域教学科研的创新、绿色环保科技的应用、校园资源能源利用效率管理、绿色人文及人才培育、社会服务的举措及成效等相关内容。

4. 绿色教育

所谓"绿色教育"，就是全方位的环境保护和可持续发展意识教育，即将这种教育渗入到自然科学、技术科学、人文和社会科学等综合性教学和实践环节中，使其成为全校学生的基础知识结构以及综合素质培养要求的重要组成部分。绿色教育内涵大体包括两个方面，一是在教学和科研中，充分体现"绿色"思想，用绿色观念教育人；二是建设绿色校园，形成绿色校园文化，用绿色环境培养人。

1997年，中国教育部、世界自然基金（WWF）和BP公司联合发起了"中国中小学绿色教育行动"（EEI），致力于将环境教育和可持续发展教育融入中国正规教育体系，使环境教育和可持续发展教育成为两亿中国中小学生学校课程的有机组成部分。而高等院校承担培养社会主义事业合格建设者和可靠接班人的根本任务，肩负着培养人才、科学研究和社会服务、文化引领等多重功能。高校除开展绿色教学相关活动外，绿色科研的推广也十分必要，其将给社会的可持续发展提供强有力的技术和知识支撑，同时也带动相关绿色产业的发展。在应对气候变化，建设资源节约型、环境友好型社会进程中，着力培养学生的绿色环保意识，并且贯穿到行动当中，使学生逐步形成符合可持续发展思想的绿色的道德观、价值观和行为方式是大学教育义不容辞的责任。高校学生未来将成为我国环境保护和实施可持续发展战略的领导和核心力量。

　　然而，现阶段我国的绿色教育体系还有待完善。近年来，独生子女政策使得当前学生的生活条件优越，但节能低碳意识淡薄，有些学生甚至以奢靡浪费生活为荣。在校园中，勤奋节约等传统观念亟待重塑。多数大学对于绿色校园的建设不够深入，没有将绿色理念融入教学中。对于绿色教育关注远远不足，同时缺乏资金投入和长远规划。绿色教育是进一步深化教育改革的迫切需要，是实施可持续发展战略的必然要求，是贯彻落实科学发展观的重要体现。随着"可持续发展"理论的提出和深化，教育应该成为促进人与自然和谐发展的基础力量。因此，绿色教育体制的完善极具重要性和紧迫性。

5. "绿色校园评价标准"编写及概述

　　2010 年 11 月份，受中国城市科学研究会委托，由中国绿色建筑与节能专业委员会绿色校园学组组长吴志强教授担任主编，何镜堂院士、刘加平院士、张锦秋院士担任编制顾问，中国城市科学研究会绿色建筑与节能专业委员会绿色校园学组会同同济大学、中国建筑科学研究院等全国 20 多所大中小学和科研单位，共同承担学会标准《绿色校园评价标准》（以下简称《标准》）的编制工作。于 2011 年 3 月完成了初稿，8 月下旬《标准》征询意见稿向社会广泛征求意见。在征求全国众多大中小学校、设计单位、施工单位反馈的修改意见基础上，2012 年 11 月 14 日在北京通过了《标准》（送审稿）审查会议。《绿色校园评价标准》发布稿于 2013 年 4 月 1 日起公布并实施，编号为 CSUS/GBC 04 – 2013。

　　《标准》适用于评价新建、既有中小学校园、高等学校校园的建设和运营，涵盖了对于教学用房、教学辅助用房、行政办公用房、生活服务用房等建筑，以及绿色校园的组织制度建设、校园规划、校园资源能源利用效率管理、绿色教育、绿色人文等各方面的全面评价。《标准》分为中小学、普通高校两套评价体系，包含 7 部分评价内容：规划与可持续发展场地、节能与能源利用、节水与水资源利用、节材与材料资源利用、室外环境与污染物控制、运行管理、教育推广。其中，教育推广部分提出了环境教育、教师培训和专题研讨会、教育宣传工作、环保活动、竞赛等绿色校园教育推广机制，真正实现将"绿色硬件"变成"绿色教育软件"，学生"在环境中学习"。这也是本系列教材的编写初衷及努力达到的绿色校园教育推广目标。

6. 绿色教材编写概述

图 1 世界绿色校园教材概述

受中国城市科学研究会绿色建筑与节能专业委员会委托，中国绿色校园学组组织编写"中国绿色校园与绿色建筑知识普及教材"，确定了系列教材的5+2（5本教材+1个教师资源包+1个网站）出版模式，即"小学1~3年级"部分、"小学4~5年级"部分，"初中部分"、"高中部分"以及本教材"大学部分"。教师资源包包含理论知识与课程开展指引等相关内容。绿色校园学组收集了北美、北欧、东欧、中欧、西欧、南欧、东亚、东南亚15个国家的绿色校园教材以及绿色城市、绿色建筑普及知识读本的相关目录，并对这些教材的优缺点、切入点等进行评述，了解了每个国家绿色教材中，如何通过学生衣、食、住、行、想方方面面的培养，针对各环境要素（水、大气、生态等）进行可持续教育，倡导通过自身行为为保护环境作出贡献。引导学生了解、思考环境问题（环境污染、生态破坏、气候变暖等）的产生及解决方法，进而对我国编制绿色教材提出不同的启示：例如针对小孩子的教材一定要具备趣味性、简单易读、特别注重可操作性，注重孩子行为习惯的培养以及不能忽略对家长的教育，在不增加家长负担的情况下，引导其参与到环境保护中来（图1）。教材编制组在两年间投入大量的人力与物力，致力于从学生的生活场景、绿色未来出发，设计一系列关于环保、低碳的深入浅出的描述，让学生通过参与体验，能够初步分析环境问题的产生和解决问题的思路，理解人类社会必须走可持续发展的道路，自觉采取对环境友善的行动，引导学生树立低碳生活理念。

"教材"从学生的意识、节能、出行、行为、饮食、节材、绿色校园、游戏等多方面辐射学生的衣、食、住、行、用等方面的内容。以生动活泼、富于启发的形式，培养学生的绿色生活习惯，从自己做起，带动身边的人一起参与社会的可持续发展建设工作，建立绿色、节能的生活理念。让绿色生活理念从个人影响到家庭，从家庭影响到社区，为共同创建绿色、和谐的理想生活而努力。

7. 小结

学校作为接受教育的场所，是人类文化传承的纽带。因此，绿色校园不单单要为学生创造舒适、健康、高效的室内环境，降低能源和资源的消耗，也要作为可持续发展理念传播的基地，通过学校本身向学生、教师和全社会传播绿色生态观。绿色校园教育的推广是我国现阶段国情和社会进步的需要，其根本目的就是为了更好地推广和规范绿色学校的建设和发展，让全社会对绿色学校有一个更深刻的了解，并在两者之间产生良性互动，从而推动我国的可持续发展事业迈向一个更高的台阶。

参考文献

[1] 吴志强，汪滋淞.绿色教育——提高全民环境素养——中国绿色校园与绿色建筑知识普及教材编写 [J]. 建设科技，2013.

[2] 王静 . 大学校园绿色设计与评估初探 [J]. 南方建筑，2010.

[3] 吴志强，汪滋淞 .《绿色校园评价标准》编制情况及主要内容 [J]. 建设科技，2013.

上 篇

绿色校园与可持续发展

　　绿色校园是以可持续发展理念为指导进行建设的校园。在全球气候变化的时代视野下，如何最大限度地节约资源（节能、节水、节材、节地），成为可持续发展绿色校园建设的重要内容。可持续发展教育应当贯穿到绿色校园的构建之中，帮助学生建立正确的绿色生态观念和文明创新意识，逐步成长为新时代可持续发展的中坚力量。

第1章

能源节约与绿色校园

1.1 能源利用与节能

1.1.1 能源利用概述

（1）能源的概念

人类的一切活动，包括人类的生存，都离不开能量。人类历史上对科学的探索，在很大程度上是对新的能量形式和新能源的探索。按目前人类的认知水平，能量有以下六种形式：

1）机械能：包括固体和流体的动能、势能、弹性能和表面张力能。

2）热能：分子运动所产生的能量。其他形式的能量，最终都可以转换成热能。热能转换为其他形式的能量要遵循热力学第二定律（即从高温到低温）。热能的表现形式有显热和潜热两种。显热可以用温度来度量，潜热则是在物质相变过程中释放或吸收的热能。

3）辐射能：以电磁波形式传递的能量。太阳辐射就是辐射能的一种形式。地球上的所有能量，除了核能外，都来源于太阳辐射。

4）化学能：物质在化学反应过程中以热能形式释放出的能量。现代人类利用能量最普遍的方式是燃料的燃烧。燃料中的碳元素和氢元素在燃烧过程中释放出化学能。

5）电能：以电子的流动传递的能量。电能是一种高品位能量，可以很方便地转换成其他形式的能量。

6）核能：原子核内部粒子相互作用所释放的能量。核能要通过核反应释放能量。核反应有三种形式：①放射性衰变；②核裂变；③核聚变。裂变和聚变所释放的能量是由裂变或聚变物质的一部分质量转化而来的。

（2）能源的分类

1）一次能源与二次能源

在自然界天然存在的、可以直接获得而不改变其基本形态的能源是一次能源。将一次能源经加工改变其形态而来的能源产品是二次能源（表 1-1）。近来，有很多关于"氢能源"的争议，由于氢在燃烧过程中与空气中的氧反应产生水，因此氢燃料燃烧中不会产生污染。但是，氢燃料在自然界并不天然存在，它需要利用其他能源通过一定的方法制取，而不像煤、石油和天然气等可以直接从地下开采。自然界中，氢和氧结合成水，只有用热分解或电分解的方法才能把氢从水中分离出来。因此，只能把氢燃料视为二次能源。人类目前对氢燃料的开发利用还处于初级阶段。在现代社会里，二次能源直接面对能源终端用户。

一次能源和二次能源　　　　　　　　　　　　　　　　　　　　　表 1-1

一次能源	二次能源
煤炭、石油、天然气、水力、核能、太阳能、地热能、生物质能、风能、潮汐能、海洋能	电力、城市煤气、各种石油制品、蒸汽、氢燃料、沼气、各种低品位热源

2）可再生能源与不可再生能源

国际公认的可再生能源有六大类：

- 太阳能；
- 风能；
- 地热能；
- 现代生物质能；
- 海洋能；
- 水电。

各种能源还有"质"上的差别。自然界的空气、地表水、地下水、浅层土壤里都蕴藏着大量"低品位"的可再生热源，可以通过"热泵"技术，花费少量的电力或热能，提升低品位热源的温度，以充分利用低品位热源。

不可再生能源在地球上的蕴藏量有限，再生速度需要几十万年甚至上亿年，如果无节制地使用，终有枯竭的一天。如煤炭、石油和天然气，按人类目前的消耗速度，已探明的储量最多仅够使用几百年，而中国所在的亚太地区只有几十年的使用量。

3）清洁能源和非清洁能源

清洁能源是对环境无污染或污染很小的能源，如太阳能、小水电等，在化石能源中，天然气也可以归于清洁能源。非清洁能源是对环境污染较大的能源，最常用的化石能源，如煤和石油，都是非清洁能源。

4）化石能源和非化石能源

化石能源是一种碳氢化合物或其衍生物。化石能源是指远古时期动植物的遗骸在地层下经过上万年的演变所形成的能源。如煤是由植物化石转化而来，石油和天然气是由动物体转化而来。2002 年，根据国际能源机构（IEA）的统计，全世界能源消费达到 61.9566 亿 t 油当量。当年全世界创造的国内生产总值（GDP）约 35.318 万亿美元。而 2010 年，全世界能源消费达到 127.17 亿 t 油当量，创造的价值为 50.942 万亿美元。与 2002 年数据相比，全世界 GDP 增长了 44%，而能耗却增长了 1 倍以上。说明在世界经济高速增长的同时，也在以更高的速度消耗能源。

（3）能源的单位

在国际单位制中，能量、功和热量的单位都用焦耳（J）表示。在单位时间内所做的功、吸收（释放）的能量（热量）称为功率，用瓦（W）表示。在工程单位制中，能量单位用卡（cal）或千卡（kcal，也称"大卡"）表示。而美国还在继续沿用英制热量单位（其实英国已经完全改用国际单位制了），其表达形式为 Btu。在实际应用中，往往会用到相当大的能量单位，以 10 的幂次表示。

各种燃料的含能量是不同的，如 1t 煤约为 7560kWh，1t 泥煤约为 2200kWh，1t 焦炭约为 7790kWh，1m³ 煤气约为 4.7kWh 等。为了使用的方便，在进行能源数量、质量的比较以及能源统计时，经常用到标准能量单位，国际上通用的标准能量单位是"吨石油当量（toe）"，我国沿用的是"吨煤当量（tce）"，又称为"吨标准煤"。

1t 石油当量（toe）= 42 GJ（净热值）= 10034 Mcal

1t 煤当量（tce）= 29.3 GJ（净热值）= 7000 Mcal

因此可以得到：

1t 原油 = 1.43t 标准煤

1000m³ 天然气 = 1.33t 标准煤

1t 原煤 = 0.714t 标准煤

在国际石油、天然气交易中，还会经常看到用"桶"等单位，其换算关系为：

1 桶（barrel）= 42 美国加仑（US gallons）≈ 159 L（litres）

$$1m^3 = 35.315ft^3 = 6.2898 桶$$

（4）能源消费的特点

1）消耗的能源主要来自不可再生的化石燃料，特别是石油。世界各国正在大力发展可再生能源，2011 年欧盟可再生能源占能源消耗总量的比例达到 13%，欧盟还确定了 2020 年可再生能源达到能耗总量 20% 的目标（图 1-1）。

2）能源资源竞争日趋激烈。发达国家长期形成的能源资源高消耗模式难以改变，2010

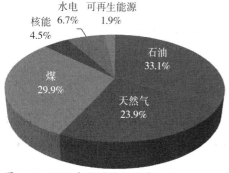

图 1-1　2012 年世界能源消费比例

资料来源：BP Statistical Review of World Energy[Z]，2013. http://bp.com/statisticalreview.

年，占世界人口 18% 的主要由工业化国家组成的经济合作与发展组织（Organization for Economic Co-operation and Development，OECD），消耗了世界能源的 42.5%。其中，美国的人口占世界总人口的 4.5%，消耗的能源占世界能源消费总量的 17.4%，创造的产值占世界 GDP 总和的 19%。随着发展中国家工业化和现代化进程的加快，能源消费需求将不断增加，全球能源资源供给长期偏紧的矛盾将更加突出。未来十年，发展中国家能源需求增量将占全球增量的 85% 左右，消费重心逐步东移。能源输出国加强对资源的控制，构建战略联盟强化自身利益。[1]

3）能源消费不平等。发展中国家能源消耗普遍较低，创造的财富和享有的生活质量也远低于发达国家。

4）世界能源格局的变化。世界能源消费结构从 1880 年代开始进入煤炭时代，1960 年代逐渐转向以石油为主，石油贸易的需求带动了全球地缘政治格局的变化，世界上几个冲突热点地区（如中东、北非）无不带有石油的背景。到 1990 年代，更为清洁的天然气在能源消费中的比重逐渐增加，特别是美国大力开发页岩气，正在改变世界能源格局。

5）石油价格对经济的影响大。由于以石油为主的世界能源结构以及美国在世界能源格局中的强势地位，国际能源贸易还是实行石油 / 美元的计价机制。因此，石油价格和美元汇率成了影响世界各国经济的两大重要因素。

6）碳排放对环境的影响加剧。由于含碳矿物燃料的燃烧，已经严重破坏了地球环境，并导致全球气候变化。因此，世界各国都在积极发展可再生能源（图 1-2），提高能源效率，减少化石能源消费，以保护地球环境，特别是减少能源利用中的温室气体排放。

1.1.2　中国能源利用的特点

（1）能源资源紧缺

我国化石能源资源总量比较丰富，其中以煤炭占主导地位。2011 年，煤炭探明资源储量 13779 亿 t；但已探明的石油、天然气资源储量相对不足，页岩油、煤层气等非常规

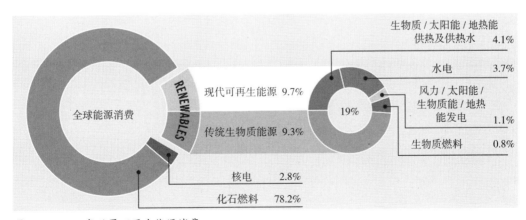

图 1-2　2011 年世界可再生能源消费

我国化石能源资源量　　　　　　　　　　　表 1-2

	已探明可采储量	储采比（按现在的开采强度还能维持多少年）
石油	32.4 亿 t	15.4
天然气	4.02 万亿 m³	37.6
煤	1842 亿 t	50

资料来源：中华人民共和国国土资源部 . 2012 中国矿产资源报告 [M]. 北京：地质出版社，2012.

化石能源储量潜力较大，但是开发所需的水资源缺乏。

我国的化石能源资源已经不能承担我国高速经济发展中高强度的能源消费需求，表 1-2 表明，我国已探明的化石能源可采储量已经难以为继（均为 2011 年数据）。

我国能源资源的地域分布不均，80% 的能源资源分布在西部和北部地区，而 60% 的能源消费在经济比较发达的东部和南部地区。因此，大规模、长距离的北煤南运、北油南运、西气东输、西电东送，带来巨大的运输压力。煤炭运量占铁路运量的 40%，煤炭运输过程中还会造成沿线的环境污染。[2]

由于资源匮乏和需求旺盛，中国能源和矿产资源类产品的对外依存度越来越高，2012 年中国共进口原油 2.85 亿 t，石油的对外依存度达到了 58.7%。我国拥有较为丰富的可再生能源，但可再生能源消费占我国能源消费总量的比重还很低，技术进步缓慢，产业基础薄弱。我国可再生能源中资源潜力大、发展前景好的主要是水能、生物质能、风能和太阳能。

水能资源是我国最丰富的可再生能源资源。全国水能资源技术可开发装机容量为 5.4 亿 kW，年发电量 2.47 万亿 kWh；经济可开发装机容量为 4 亿 kW，年发电量 1.75 万亿 kWh，居世界首位。水能资源主要分布在西部地区，约 70% 在西南地区。长江、金沙江、雅砻江、大渡河、乌江、红水河、澜沧江、黄河和怒江等大江大河的干流水能资源丰富，总装机容量约占全国经济可开发量的 60%，具有集中开发和规模外送的良好条件。[3] 而我国农村还有大量的 1.2 万 kW 以下规模的小水电资源，可开发的资源为 7000 万 kW，在全国 2300 多个县中，有 1104 个县的可开发资源超过 1 万 kW。

我国陆地可利用的风能资源约为 3 亿 kW，近岸海域（水深 15m 以上）可利用风能资源约为 7 亿 kW。主要分布在两大风带：陆地上是"三北地区"（东北、华北北部和西北地区），以及东部沿海陆地和岛屿；海上主要是东部近岸海域。

我国太阳能资源丰富，有 2/3 的国土面积年日照小时数在 2200h 以上，年太阳辐射总量大于每平方米 5000MJ，属于太阳能利用条件较好的地区。西藏、青海、新疆、甘肃、内蒙古、山西、陕西、河北、山东、辽宁、吉林、云南、广东、福建、海南等地区的太阳辐射能量较大，青藏高原地区太阳能资源最为丰富。[4]

建筑中的太阳能利用方式主要有两种：太阳能热利用和太阳能发电。太阳能热利用是我国可再生能源领域推广应用最普遍的技术之一。太阳能热利用中的关键技术是集热器，集热器用来采集太阳能。集热器可以划分为聚光型和非聚光型两类。非聚光型集热器（包括平板集热器和真空管集热器）能够利用太阳辐射中的直射辐射和散射辐射，集热温度较低；而聚光型集热器能将阳光聚焦在面积较小的吸热面上，可获得较高的温度，但只能利用直射辐射，需要自动跟踪太阳光。

生物质能资源指的是农林废弃物、水生植物、油料作物、工业加工废弃物和人畜粪便及城市污水和垃圾等。我国可利用的生物质能资源中，以农业、林业的废弃物占最大比重（图 1-3）。

（2）能源消费结构以煤为主

中国的能源消费是以煤炭为主体。过度依赖煤炭造成发展的不平衡、不协调和不可持续。煤炭的燃烧还带来严重的环境污染。为此，中国正在付出沉重的代价。煤炭支撑了中国经济的发展，尤其是近十几年的高速发展。迄今为止，我国的一次能源消费结构一直以煤为主（图 1-4）。2011 年，我国电力工业发电用煤占煤炭消费总量的比重约 53%。到 2011 年年底，中国电力装机容量 10.56 亿 kW，在国际上仅次于美国；而中国发电量则首次超过美国，达到 47217 亿 kWh。其中，燃煤发电量占 82%，核电发电量占 1.85%，水电发电量占 14%，风电发电量占 1.55%。燃煤发电在我国电力中占据了绝对的主导地位，但同时也是造成我国大气污染严重的主要原因之一。中国要实现经济发展的第三步目标，即 2049 年以前达到中等发达国家水平，那么能源消费还将在现有水平上成倍增长。因此，以煤为主的能源消费结构还要维持很长时间。煤炭清洁利用的问题成为中国所面临的极为紧迫的重大课题。

（3）能源消费中以工业能耗主导，能源利用效率低

我国经济高速增长的动力，一是投资拉动，二是出口导向，国内消费相对疲软。1990 年代起，由于经济的全球化，国际产业分工发生很大变化，发达国家将重化工业和初级产品制造业纷纷转移到发展中国家（主要是中国），自己腾出手来发展高科技产业和金融产业。重化工业的特点是投入大、产出大；初级产品制造业的特点是劳动力密集，往往可以解决

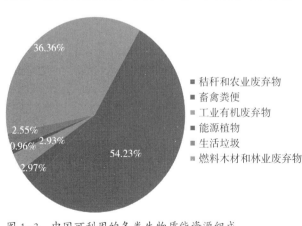

图 1-3　中国可利用的各类生物质能资源组成

图 1-4　2011 年中国一次能源消费比例

一个地区的就业和农村人口进城问题。但它们的共同特点是能耗高、附加值低，导致我国单位 GDP 的能源消耗居高不下。2012 年我国能源消费约占世界总量的 22%，但 GDP 仅为世界总量的 11.5%。中国的人均能源消费接近世界平均水平，但人均 GDP 却只占世界人均水平的 40%。当前，我国能源消费总量已经比美国高 24%，但 GDP 仅为美国的 52.7%；我国的 GDP 总量比日本高 37%，而能源消费总量是日本的 5.7 倍。

尽管我国的能源利用效率在不断提高，但总体上还远低于国际的先进水平。我国主要工业产品的能耗都高于国际先进水平（表 1-3）。

中国主要工业产品能耗与国际先进水平比较　　　　　　　　表 1-3

工业产品能耗名称	中国 2011 年能耗水平	国际先进水平
石油和天然气开采（kgce/toe）	132	105
火力发电煤耗（gce/kWh）	309	294
火电厂供电煤耗（gce/kWh）	330	280
钢可比能耗（kgce/t）	675	610
电解铝交流电耗（kWh/t）	13913	13800
铜冶炼综合能耗（kgce/t）	497	360
水泥综合能耗（kgce/t）	133	118
乙烯综合能耗（kgce/t）	895	629
合成氨综合能耗（kgce/t）	1568	990

资料来源：王庆一．中国能源效率评析［J］．中国能源，2012，34（8）．

从表 1-4 可以清楚地看出，美国、欧盟和日本等发达国家（地区）建筑能耗在总能耗中的比重都在 30% 以上，这些国家（地区）都是服务业（第三产业）高度发达的地区，城市化率均在 60% 以上，以购买力平价计算的人均 GDP 都在 3 万美元以上。而中国尚处于工业化中期，制造业是主要的支柱产业，表现出高能耗、高污染、高排放的"三高"特征，服务业比重比世界平均水平低了二十多个百分点，城市化率刚刚达到世界平均水平，人均 GDP 近 1 万美元，建筑能耗在总能耗中的比重不到 20%。随着中国经济转型、产业

城市化率、经济发展水平与建筑能耗　　　　　　　　表 1-4

国家或地区	各部分能耗比例（%）			三次产业在 GDP 中的比例（%）			城市化率（%）	人均 GDP 购买力平价美元（2011 年）
	产业	交通	建筑	工业	农业	服务业		
美国（2011 年）	31.8	27.7	40.5	19.2	1.2	78.6	82	48300
欧盟	28.4	31.7	39.9	27.3	2.1	70.5	76	34100
德国	26.2	26.7	47.1	28.2	0.8	71	74	38100
日本	43.9	22.9	33.2	24	1.4	74.6	66	34700
中国（2011 年）	68.4	14.2	17.4	51.6	4.6	43.7	51	8400

资料来源：根据 IEA，EIA，Wikipedia，各国统计，以及王庆一论文等资料计算．

结构调整和生活质量提高，建筑能耗在总能耗中的比例还有进一步的趋势，这是经济发展的规律。

对中国而言，节能减排的当务之急是提高能源利用效率，改变单位 GDP 能耗高的现状。我国的工业产品产量居世界第一位的已有约 220 种，其中，粗钢、煤、水泥产量占世界总产量的一半以上。因此，中国实现节能首先要提升能源产出效益，大力创新，通过技术进步提高传统制造业的能效，全力推进低能耗高附加值产业；其次还要遏制高能耗工业过剩的产能，避免能源的浪费。

（4）大力发展新能源

通常，把已经广泛利用的煤炭、石油、天然气等化石能源称为常规能源。而把太阳能、风能、生物质能、潮汐能、地热能和核能等通过技术进步可以大规模利用的能源称为新能源。为了改变能源结构，降低碳排放，我国一直在积极发展新能源。我国中长期发展规划中设定了 2020 年可再生能源消费量达到能源消费总量的 15% 的目标。中美 2014 年年底发布联合声明，宣布中国将在 2030 年达到温室气体排放峰值，并争取提前实现这一目标。

1.1.3 能源利用对环境的影响

人类大规模无节制地使用能源，带来严重的全球环境问题。其中尤以全球气候变化对人类影响最为巨大。温室气体，是能透过短波辐射而阻挡长波辐射的气体，能为生存创造条件，但当地球大气层内的温室气体浓度增加后，在得到的热量不变的情况下，地球向外发散的长波辐射就会被温室气体吸收，并反射回地面，使得地球的散热能力减弱，地球表面温度就会越来越高。我们将这种能够造成地球温度升高的气体称为温室气体。大气中能产生温室效应的气体已经发现近 30 种。按照联合国气候变化框架公约的定义，主要指以下六种气体：

1）二氧化碳（CO_2）；

2）甲烷（CH_4）；

3）氧化亚氮（N_2O）；

4）全氟碳（Perfluorocarbons，PFCs）；

5）氟代烃（Hydrofluorocarbons，HFCs）；

6）六氟化硫（SF_6）。

各种气体都具有一定的辐射吸收能力。上述六种温室气体对太阳的短波辐射是透明的，而对地面的长波辐射却是不透明的。从对增加温室效应的贡献来看，最重要的气体是 CO_2，其贡献率大约为 66%。

在过去很长一段时间中，大气中的 CO_2 含量基本上保持恒定。这是由于大气中的 CO_2 始终处于"边增长、边消耗"的动态平衡状态。大气中的 CO_2 有 80% 来自人和动、植物的呼吸，20%来自燃料的燃烧。而散布在大气中的CO_2有75%被海洋、湖泊、河流等地表水以及空中降水吸收并溶解于水中。还有5%的CO_2通过植物的光合作用，转化为有机物质贮藏起来。这就是多年来CO_2占空气成分的0.03%（体积分数）始终保持不变的原因。[3]

但是近几十年来，由于人口急剧增加、工业迅猛发展、能源消耗攀升，煤炭、石油、天然气燃烧产生的CO_2，远远超过了过去的水平。而另一方面，由于对森林乱砍滥伐，大量农田被侵占，植被被破坏，而减少了吸收和储存CO_2的条件。再加上地表水面积缩小，降水量降低，减少了吸收和溶解CO_2的条件，破坏了大气中CO_2浓度的动态平衡，使得大气中的CO_2含量逐年增加。自然现象中，碳源和碳汇是平衡的，CO_2逃逸到大气中，又被捕捉回土地中。但人类使用能源、大量化石燃料的燃烧，大大增加了碳源；人类掠夺式的土地利用，破坏森林植被，将碳汇变成碳源，破坏了"天平"的两端，平衡被打破了。

根据联合国政府间气候变化专门委员会（IPCC）的研究，1850~2005年间，地球表面的平均温度升高了0.69±0.2℃，在20世纪内升高了0.76±0.18℃。

全球气候变化最直接的后果是引起海平面升高。一个世纪以来全球海平面已经升高了近15～20cm，其中2～5cm是由于冰川融化引起，另2～7cm是由于海水温度升高而膨胀所引起，余下的则是由于两极冰盖的融化造成的。有人预测百年之后一些沿海大城市将被淹没。

全球气候变化还将造成地下水的盐化、地面水蒸发加剧，从而进一步减少本已十分紧缺的淡水资源，造成粮食减产甚至绝收、土地荒漠化和人口的大量迁移。

全球气候变化会造成全球气候异常、厄尔尼诺现象频繁、全球自然灾害不断。多数地区将出现更大的降水量，出现飓风、海啸、暴雨、暴风雪和洪水等灾害性天气的频率增加。而另外一些地区则将面临干旱天气。我国近年出现的北涝南旱，以及频繁的极端天气现象，都与全球气候变化有关。[3]

全球气候变化将更适合病原体滋生，某些热带传染病（例如疟疾）会向温带传播，使传染病和哮喘等呼吸系统疾病发病率增加。据世界卫生组织（WHO）估计，全球每年由于气候变化而导致的患病人数高达500万，还有约15万人死亡。到2030年，这些数字将可能在此基础上翻一番。

据估算，全球气候变化的经济成本将是全球经济总产值（GWP）的1%～2%，是发展中国家GDP的2%～6%。

中国近百年来地表平均气温升高了1.38℃，变暖速率为0.23℃/10年。近50年来降水分布格局发生了明显变化，未来气候变暖趋势将进一步加剧。近30年来，中国沿海海平面总体上升了90mm。中国在应对气候变化领域面临巨大挑战。

1997年12月，149个国家和地区的代表在日本讨论通过了防止全球变暖的《京都议定书》。《京都议定书》规定，到2010年，所有发达国家CO_2等6种温室气体的排放量，要比1990年减少5.2%。中国是最早签署并核准《京都议定书》的国家之一。[4]尽管中国作为发展中国家没有承担减排的义务，但中国作为一个负责任的大国，对全球温室气体减排作出了实质性贡献。在 2009 年哥本哈根的世界气候峰会上，中国政府向世界承诺：到 2020 年，我国单位国内生产总值的 CO_2 排放比 2005 年下降 40%~45%。中国政府将此作为约束性指标纳入国民经济和社会发展中长期规划，并制定了相应的统计、监测和考核办法。中国政府采取的具体措施是，大力发展可再生能源、积极推进核电建设，到 2020 年中国非化石能源占一次能源消费的比重达到 15% 左右；大力开展植树造林和加强森林管理，2020 年使森林面积比 2005 年增加 4000 万 hm^2，森林蓄积量增加 13 亿 m^3。

能源消耗是影响我国城市空气质量的主要因素。我国城市的空气污染正从第一代污染（煤烟型和大颗粒物 PM10）向第二代污染（汽车尾气和细微颗粒物 PM2.5）转化，很多城市出现了两代污染物的叠加效应，频繁出现对健康影响很大的雾霾。为了全面控制大气污染，必须开展能源的清洁利用；为了保护环境，必须减少能源消耗。

1.1.4　建筑节能

现代建筑的能耗有两种定义方法：广义建筑能耗是指从建筑材料制造、运输、建筑施工，一直到建筑使用的全过程能耗。而狭义建筑能耗或建筑使用能耗则是指维持建筑功能和建筑物在运行过程中所消耗的能量，包括照明、供暖、空调、通风、电梯、热水供应、烹调、家用电器以及办公设备等的能耗。[3] 几乎所有家电和办公设备，都有各自的能效标准，可以保证这些设备都是节能的产品，建筑能耗则只考虑保证室内环境所需要的能耗，即照明、供暖、空调、通风和热水供应的使用能耗。除非特别指明，本书中所提及的"建筑能耗"都是指这些环境设备的使用能耗。

在建筑能耗中，照明、供暖和空调主要是为了保证建筑物宜居的和舒适的环境；而其他能耗主要是保证建筑物的功能。因此，建筑能耗与当地气候、经济发展水平、生活习惯和习俗、建筑性质、室内环境品质，以及能源价格等密切相关。一般而言，照明、采暖和空调的能耗占了建筑使用能耗中最大的比例，因此也是建筑节能潜力最大的部分。

我国建筑物的保温隔热尤其是窗户的热工性能普遍比发达国家差，因此，我国建筑由围护结构传热所形成的供暖负荷要大于发达国家建筑。

中国农村建筑能耗中约有 40% 为薪柴、秸秆等可再生能源，很多农村居民还处于"能源贫困"状态之中。[1] "能源贫困"是指缺乏电力而高度依赖传统的生物质燃料。缺乏电力使农村中大多数工业活动无法开展，使贫困局面长久难以改变。以传统低效方式广泛使用生物质燃料，限制了社会的发展。我国城镇化进程正在加快。2014 年，中国城市化率已经达到 53.7%。城市化率以每年一个百分点的速度在提高，2020 年将达到 60%，2030 年将达到 65%~70%，届时中国城镇人口将达到 10 亿。根据国际知名咨询机构预测，中国城市将增加 3.2 亿人口，相当于整个美国的人口。因此，中国还将增加 200 亿 m^2 以上的建筑。即便按照现在的能耗水平，也要增加 5 亿 t 标准煤以上的能耗。有关研究成果显示，在所有的温室气体减排措施中，建筑节能是最容易实现而且是负成本和净收益的措施。

1.1.5　节能减排是中国的基本国策

中国正在逐渐发展成世界的经济大国和能耗大国，这给中国的可持续发展、国家安全和资源环境带来了前所未有的挑战和压力。2011年十一届全国人大四次会议审议通过的《国民经济和社会发展第十二个五年规划纲要》，明确了"十二五"时期中国经济社会发展的目标任务和总体部署。《纲要》将单位GDP能源消耗降低16%、单位GDP二氧化碳排放降低17%、非化石能源占一次能源消费比重达到11.4%作为约束性指标。[5]国务院印发了《"十二五"节能减排综合性工作方案》，《方案》将全国节能减排目标合理分解到各地区、各行业。

在国家发改委和住房和城乡建设部发布的《绿色建筑行动方案》中，十分明确地在重点任务中确定了与节能有关的多项任务，如切实抓好新建建筑节能工作、大力推进既有建筑节能改造、开展城镇供热系统改造、推进可再生能源建筑规模化应用、加强公共建筑节能管理等，一半的重点任务围绕建筑节能展开。[6]

1.2　绿色校园的节能

1.2.1　两类能源消耗

城市能源有生产/转换/用户（Production-Utility-Customer）三个环节。过去，城市能源管理的重点集中在生产和转换环节，即能源的供应侧。而在绿色校园和节能减排的大背景下，更注重能源需求即用户端的能源利用效率和节能。

在能源需求侧，能源消耗主要在产业、交通和建筑三大领域中，而就其能耗的性质又可分为生产性能耗和消费性能耗两大部分。

因此，生产性能耗简而言之就是直接创造价值的能耗。在城市中，产业、国际城际交通、物流、工业建筑、商用建筑、非公益性公共建筑的能耗，即制造业和服务业的能耗，都会直接创造价值，因此都属于生产性能耗，可以用效率性指标如单位GDP能耗和单位GDP碳排放来评价。生产性能耗主要通过产业结构调整、提高产品附加值、先进工艺和规模化生产、提高劳动生产率等途径实现节能减排。[7]

消费性能耗，包括所有公益性建筑（如学校、医院）、行政办公建筑、住宅建筑的建筑能耗，公务车、城市公交和私家车的能耗。人们通过消耗能源，满足生产过程之外的生活功能，间接创造价值。在城市里，消费性能耗又被称为"城市生活能耗（urban life energy）"，要用强度性指标例如单位面积能耗（排放）和人均能耗（排放）来评价。对于用财政支出支付能源费用的公益性和行政建筑以及公务车消费，应加以限制。尽管在大学校园里，也有校办企业等生产性场所，但大学的主体还是公益性非盈利机构，教书育人、科研创新才是大学的本职。大学的社会服务机构，如附属医院、设计院、宾馆餐饮，也都承担了学生实习、指导研究生、学生勤工俭学等教育功能。所以，校园能耗属于消费性能耗。

　　能源消耗是一种输入输出的过程，即投入能源（一次能源或二次能源），产出产品或者服务。因此，可以用下式来评价能源消耗的效率：

$$能源效率 = \frac{输出（产品或服务，折算成能源单位）}{输入（消耗的能源）}$$

　　例如，一台房间空调器，每小时提供 3.5kWh 的冷量，消耗 1kWh 电，则这台空调器的能效就是 3.5。这种能源效率又可称为空调器的性能系数（Coefficient Of Performance, COP）。能源效率越高越好，能效高，说明投入同样的能源可以提供更多的产出，或者说满足同样的需求能源消耗比较少。所以，能效高就意味着节能。

1.2.2　校园能耗特点

　　校园是个小社会，各种类型的建筑都有，能耗特点不一样，在北方严寒、寒冷地区，校园所有建筑都有集中供暖，所有校园都有集中供暖锅炉房，有的学校还不止一座。南方绝大多数校园没有集中供暖。除供暖外，不同建筑还有不同能源需求：

　　（1）公共建筑：教学楼、图书馆、食堂、公共浴室，具备公共建筑特征，人流集散有一定规律。前两种建筑主要是照明、空调的能耗为主，食堂是以炊事烹饪能耗为主，公共浴室则以热水加热能耗为主。

　　（2）居住建筑：学生宿舍、教工公寓、学校招待所等。这些建筑一般而言晚上是用能高峰。这些建筑主要是照明能耗、热水供应、空调等。

　　（3）实验研发建筑：理工科院校往往有很多大型专业实验室和大规模基础实验室，另外还有很多实习车间，具备工业建筑特征，其主要能耗来自于工艺设备和实验装备。有的装备有数百千瓦的功率，开动起来对学校电网是很大的冲击。但越是大型的实验装置使用次数越少，而且没有规律。教学型实验室的使用往往集中在每学期的数周内。

　　（4）办公建筑：行政和教师办公楼，具备办公建筑特点，其主要能耗源自照明和空调。行政办公遵循一定作息时间，其能耗比较有规律。教师办公特别是承担科研任务的教师（包括研究生）工作室则完全没有规律。因此，此类建筑的空调最好用分散型的，适应加班的需要。

　　此外，高校还有很高的交通能耗需求。尤其是近年大学校园的远郊化倾向和各地大学城的兴建，需要大规模的师生通勤交通。由于在城市规划中并没有很好地考虑新校园的公交配套，使得很多高校教师中的私家车拥有量要远高于城市居民的平均数，也迫使学校配置或租用大量的通勤班车。

　　校园能耗具有明显的季节特征。高校从 1 月下旬到 2 月中旬放寒假，7 月上旬到 8 月下旬放暑假，1 月是一年中的最冷月，7、8 月是一年中的最热月。高校的假期能耗减少，而此时却正是社会上其他建筑能耗最高的时间。高校的能耗高峰一般出现在 9 月开学阶段。

但是，具体到校园的每一幢楼，又会有很大的差别。研究型大学承担很多重要研究任务，培养研究生人数较多，暑假期间往往是科研高峰期，所以，科研办公和实验室的能耗也会达到高峰。有的高校承担较多的培训任务，假期中教学楼或部分教室会使用得十分频繁。

1.2.3　绿色校园的节能

根据教育部 2013 年的统计，截至 2011 年全国普通高校共有 2409 所，全日制在校生（包括本科生、专科生、研究生、留学生）约 2500 万。因此，全国高校能耗总量在消费性能耗中占有相当大的份额。据测算，应在 7% ~ 8% 之间。

影响建筑能耗的因素主要有四方面：外扰、内扰、自然资源利用和建筑环境系统的运行方式。其中，外扰主要来自室外气候变化，特别是温度、湿度和太阳辐射的变化。外扰通过建筑物围护结构，以光辐射、热交换和空气交换的方式影响室内的照度环境和温湿度环境。而内扰主要来自室内散热，用能设备、照明装置和人体都会以热交换和质交换的方式散热散湿。在气候适宜的地区和季节，建筑物要尽可能利用天然采光、自然通风等自然资源来改善室内环境，以减少室内环境系统即照明、空调等耗能设备的应用。

绿色校园的节能主要侧重以下几方面：

（1）良好的规划布局和建筑形态。大学校园一般都有比较大的空间，在建筑空间布局中要特别注意校园绿化与建筑的有机结合，大量的乔木能有效改善校园微气候、减缓热岛效应；要留出校园夏季主导风的通风通道，设置冬季主导风向的挡风林。通过对建筑的总平面布置、建筑平立剖面形式、太阳辐射、自然通风等气候因素的影响进行分析，力求在冬季最大限度地利用太阳能采暖，获得更多热量，最大限度地减少热损失；夏季采取绿化等措施减少得热，尽量利用自然通风降温，从而达到节能的目的。

（2）围护结构的隔热保温。为了减少夏季室外热量侵入室内和冬季室内热量传出室外，建筑的外墙、屋顶、门窗以及与土壤接触的地板（统称建筑围护结构）都需要采取隔热保温措施。其中建筑的窗户是最薄弱的环节，除了在建筑立面的设计中控制合理的窗墙比（即建筑表面上窗户面积与整个墙面积之比）外，还要选择合适的玻璃品种和窗框材料。在夏季炎热地区，还要考虑遮阳设施，以阻止炎热的阳光进入室内。

（3）选择高效率的建筑设备。所有的家用电器和建筑机电设备，都有能效限定值和能源效率等级标准。能效标准是在不降低产品的性能和安全要求的前提下，对节能产品的能源性能作出的具体要求。目前，我国的能效等级标准涵盖了八大类产品，包括工业设备、家用电器、照明器具、商用设备、交通运输工具、电子信息通信产品、农用设备和建材等。学校的各项设备配置和采购，都要选取能效等级高的产品（能效等级数值越低能效等级越高，一级是最高等级），从而降低能源消耗和学校能源费支出。

（4）能源系统优化。高能效等级的设备，组合到一起，成为一个系统，却不一定节能。一个完整的集中供暖系统，由热源（锅炉或热泵）、输送系统（水泵和管网）、末端设备（散热器、风机盘管或空气处理设备）等组成；一个完整的集中空调系统也包括这三个部分，但需要增加冷源设备（制冷机），而热泵则既是热源，也是冷源。系统节能有几个重点：

1）冷热源提供的冷热量要尽量与实际需求相匹配，尤其要考虑到寒暑假对校园冷热量需求的影响，避免造成"大马拉小车"的过余现象。因为所有冷热源设备如果供冷供热量有盈余，供大于求，其能源效率一定降低。

2）输配系统有供水和回水，在供暖时供应的是热水，通过供水管网输送到建筑室内释放热量后水温降低，再通过回水管回到热源再次加热；供冷时则反之。因此，输配系统的供回水之间一定有个温度差，这个温差越大，输送的水量就越少，水泵的能耗就越低。因此，保证供回水合适的温差，保证水泵与供应的水量以及管网产生的阻力相匹配，是输送系统节能的关键。

3）末端装置直接面向服务人群，要根据人的需要具备调节特性。房间过冷或过热，不但浪费能源，而且对健康也不利。一方面，校园的集中供暖和供冷需要有自动控制装置调节环境，另一方面，更需要室内人员的行为节能的配合。

4）照明系统优化。室内照明是校园能耗最大的部分之一。照明节能主要有四个途径：第一，采用节能灯具。第二，采用简单节能控制，例如用光感、声感、人体红外感应等方法控制照明开关，做到有人亮灯、无人灭灯；再如用光电控制，使沿窗部位灭灯利用天然采光。第三，变满室照明为背景照明与工作照明结合。第四，行为节能，随手关灯、人少减灯。

5）分布式能源。我国电力工业一直发展大机组、大电厂和大电网，这样的"大集中"模式使发电过程中排出的热量无法得到充分利用，被白白地排放到大气中；再加上输电过程中的线路损失，就使得终端使用电力的一次能源效率很低（图 1-5）。

在传统电厂的基础上发展起热电联产（Cogeneration 或 CHP, Combined Heating & Power），即把电厂排热的一部分回收，并通过热网输送给用户，从而大大提高了一次能源效率（图 1-6）。

分布式能源系统将热电联产设备小型化并紧靠用户（例如在校园里甚至在楼内），而且所发的电力和热能都能就近用掉，那么热电联产的能源效率就会大大高于电厂的效率，会有很好的节能效果。这种小型的、就近的、以建筑为主要供能对象的热电联供系统在未来会有比较广的用途。

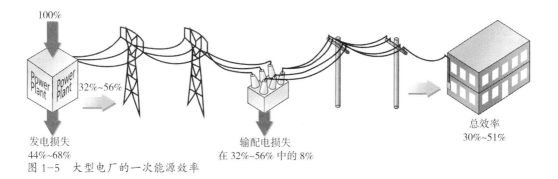

图 1-5　大型电厂的一次能源效率

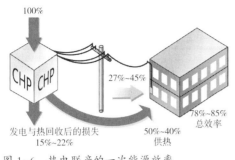

图 1-6　热电联产的一次能源效率

由于大学校园里对电力和热力的需求是多样化的，而且在需求时间上也是可以错开的，因此，大学校园是使用分布式能源最合适的场合之一。在美国 2003 年的一次调研中，接受调研的 436 所高校中有 130 所已经有校园集中的热电联供分布式能源系统。

6）可再生能源。因为校园里有很大的洗浴热水需求，有的学校还有游泳馆需要对泳池水进行加热、食堂也需要热水作洗涤之用，所以利用最多的是太阳能热水器。

近来也有很多学校利用热泵热水器。热泵热水器可以从空气、土壤、河水、海水，甚至污水中提取热量。比如，学生浴室就可以用污水源热泵热水器从洗澡的排水中回收热量，加热洗澡用水。也可以将热回收热泵结合太阳能热水器，替代锅炉，并获得更高的能源效率。

1.3　绿色校园的能源管理

1.3.1　校园能源管理的概念

校园能源管理可以分成宏观层面和微观层面上的管理。在宏观层面，主要是指学校将绿色校园建设和校园节能放入重要的议事日程、制订节能目标和各项节能规章制度、在学校各项活动中贯彻节能理念、在师生中开展节能宣传和教育、对校园能耗情况开展监测、统计、评估、审计。宏观层面的校园能源管理是由学校行政主导的，但不能离开全校师生的理解、支持和参与。而在微观层面，主要是通过对学校日常运行维护和校园耗能的行为方式实施有效的管理，以及通过能效改善和节能改造实现节能。相对而言，这个层面的能源管理更加务实、蕴藏着很大的节能潜力、与全校每一个人相关。校园能源管理的全过程可以用美国著名的质量管理专家戴明博士提出的 PDCA 循环（Plan-Do-Check-Action）理论来概括。图 1-7 中是校园能源管理的 PDCA 流程图：PDCA 是对能源管理的过程控制。它规定了能源管理体系的运行模式，即为了兑现管理承诺和实现能源方针所应进行的策划—实施—检查与纠正—持续改进的管理过程。各地正在制订的高等学校能效指南可以作为制订此目标的主要依据（表 1-5~ 表 1-9）。

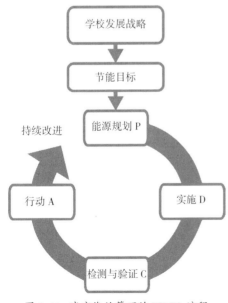

图 1-7　城市能效管理的 PDCA 流程

北京市高校用电参考指标　　　　　　　　　表 1-5

指标名称	指标值
综合及理工类高等学校用电指标	40 ~ 70 kWh/（m² · a）
文史类高等学校用电指标	40 ~ 50 kWh/（m² · a）
单科及其他类高等学校用电指标	40 ~ 70 kWh/（m² · a）

资料来源：北京市高等学校建筑合理用能指南，2012 年 3 月.

北京市高校采暖用气参考指标　　　　　　　表 1-6

指标名称	指标值
高等学校采暖耗气指标	6.5 ~ 9.0Nm³/（m² · a）

资料来源：北京市高等学校建筑合理用能指南，2012 年 3 月.

2015 年上海市高等学校建筑合理用能指标要求　　　　　　表 1-7

指标等级	单位建筑面积年综合能耗	生均年综合能耗	单位建筑面积年电耗	生均年电耗
	kgce/（m² · a）	kgce/（per · a）	kWh/（m² · a）	kWh/（per · a）
3	<19	<446	<51	<1276
2	〔19 ~ 25〕	〔446 ~ 586〕	〔51 ~ 70〕	〔1276 ~ 1658〕
1	>25	>586	>70	>1658

资料来源：上海市地方标准，高等学校建筑合理用能指南.

上海市高等学校建筑合理用能指标修正系数 1　　　　　表 1-8

学校类型	政法、体育、艺术	财经	语文	师范	理工、农业	综合	医药
修正系数	0.6	0.75	0.8	0.9	1.0	1.1	1.2

资料来源：上海市地方标准，高等学校建筑合理用能指南.

上海市高等学校建筑合理用能指标修正系数 2　　　　　表 1-9

学校类型	"985 高校"	"211 高校"	其他高校
修正系数	1.2	1.1	1.0

资料来源：上海市地方标准，高等学校建筑合理用能指南.

1.3.2　绿色校园能源管理的实施

（1）三种能源管理模式

1）节约型能源管理。又称"减量型"能源管理。这种管理方式着眼于能耗数量上的减少，采取限制用能的措施。例如，四层以下楼层不得使用电梯、在非人流高峰时段停开部分电梯、提高夏季室内设定温度和降低冬季室内设定温度、室内无人情况下强制关灯等。

2）设备更新型能源管理。或称为"改善型"能源管理。这种管理方式着眼于对设备、系统的诊断，对能耗比较大、使用时间比较长、性能有较大衰减、需要升级换代的设备进行更换或改造。可以引入合同能源管理机制，由第三方负责融资和项目实施。

3）优化管理型能源管理。即"优化型"能源管理。这种管理模式着眼于"软件"的更新，通过设备运行、维护和管理的优化实现节能。它有两种方式：①负荷追踪型的动态运行管理，即根据建筑负荷的变化调整运行策略；②成本追踪型的动态运行管理，即根据能源价格的变化调整运行策略，利用电力的昼夜峰谷差价、天然气的季节峰谷差价等；有条件时还可以选择不同的能源供应商，利用能源市场的竞争获取最大的利益。

学校一切管理工作，都是围绕着为教学科研服务、为全体师生服务的宗旨。校园能源管理是降低学校运营成本的重要环节，而校园环境管理则是提高师生工作和学习效率的重要环节。即校园能源管理是"节流"的需要，校园环境管理是"开源"的需要。而"节流"的目的是为了更好地"开源"，两者是辩证的统一。校园能源管理始终要把提高能源利用效率、保持良好校园环境，即合理用能放在首位。

（2）校园能源管理的组织

我国《节约能源法》规定，年综合能源消费在 5000t 标准煤以上的单位是"重点用能单位"，"重点用能单位应当设立能源管理岗位，在具有节能专业知识、实际经验以及工程师以上技术职称的人员中聘任能源管理人员"。

高校应建立校园节能的各层级（校/院/系）的领导负责制以及高能耗的问责机制，学校一级应设立专门的能源管理中心，聘任专职的能源管理经理，直接对校长负责。

学校内部能源管理的组织形式有以下几种：

1）全员参与方式。以校长为责任人，组成校园节能推进委员会或节能领导小组，小组成员包括各院系和部门负责人及师生代表（包括由各学生宿舍推选的学生代表）。

2）会议方式。各部门推选代表（包括学生代表）定期举行会议对校园能耗状况进行合议。

3）项目方式。对涉及全校的某一节能措施或节能改造项目，由各部门代表会同本校或外聘的能源管理专家和技术专家对方案进行可行性的评议。

4）业务方式。设立专门的能源管理部门，将能源管理作为其业务内容。[8]

以上各种方式中能源管理经理既是参与者和也是实施者。高等学校的最大优势是人才荟萃，尤其是综合性大学或理工科大学有建筑和能源相关专业的专业人员，更可以发挥作用。

（3）建筑能源审计

建筑能源审计（Building Energy Audit）是校园能源管理的重要环节，其主要内容就是根据国家有关建筑节能的法规和标准，对既有建筑物的能源利用效率作定期检查，以确保建筑物的能源利用能达到最大效益。之所以称这种检查为"审计"，是因为在许多方面能源审计与财务审计十分相似。能源审计中的重要一环是审查能源费支出的账目，从能源费的开支情况来检查能源使用是否合理，找出可以减少浪费的地方（图1-8）。

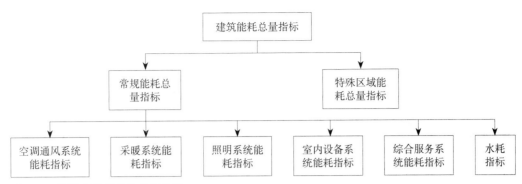

图 1-8　能源审计得到的能耗指标

具体来说，通过建筑能源审计能够回答如下问题：

- 用了多少能？
- 能源用在哪里？
- 这些能源是怎么用掉的？
- 怎样降低能耗、减少能源费用？
- 怎样估算和减少能源损失和能源浪费？
- 怎样改善室内环境品质？

建筑能源审计的主要目的为：

- 对建筑物能源使用的效率、消耗水平和能源利用的效果（如室内环境品质）进行客观考察；
- 通过对建筑用能的物理过程和财务过程进行统计分析、检验测试、诊断评价，检查建筑物的能源利用在技术上和在经济上是否合理；
- 对建筑物的能源管理体系是否健全有效进行检查；
- 诊断主要耗能系统的性能状态，找出节能潜力和节约能源费开支的潜力，提出无成本和低成本的节能管理措施，确定节能改造的技术方案；
- 改进管理，改善服务。

建筑能源审计工作的流程如下：

1）与被审计建筑物的责任人以及主要运行管理人员举行工作会议，了解建筑的基本信息、运营情况，及建筑能耗存在的问题。

2）审阅并记录一至三年（以自然年为单位）的能源费用账单。包括，电费、燃气费、水费、排水费、燃油费、燃煤费、热网蒸汽（热水）费、其他为建筑使用的能源费。

3）分析能源费用账单，计算出能源实耗值。

4）审阅建筑物的能源管理文件。

5）巡视大楼，实地了解建筑物的用能状况。

6）随机抽检 20% 的楼层（对单栋大楼）或重点耗能建筑（对建筑群），检测室内基本环境状况（温度、湿度、CO_2 浓度）。

7）现场审计过程结束后分析数据，对被审计单位的用能情况作出诊断，查找不合理用能现象，分析节能潜力并对室内环境效果作出清晰评价。

能耗审计的成果是获得下列的指标，这些指标根据需要可以是人均（生均）指标，也可以是单位建筑面积指标。有的学校甚至有单位科研经费能耗指标。总之，指标主要用来评价各单位的能耗现状，可以因地制宜、因校而异。

在遵循审计原则的前提下，审计人员需就审计报告得到的结论与被审计单位交换意见，形成最终审计结论。审计结论需由双方负责人签字，并上报学校审计工作领导小组存档。

（4）校园能效监测系统

国务院发布的《公共机构节能条例》中明确指出：公共机构应当实行能源消费计量制度，区分用能种类，用能系统实行能源消费分户、分类、分项计量，并对能源消耗状况实行监测，及时发现、纠正用能浪费现象。在财政部、住建部、教育部等国务院部委以及各省市政府支持下，各地（包括很多高校）都建成了公共建筑的能耗监测网络和数据采集平台。其中，高校的校园建筑能耗监测系统的基本功能包括通过传感器实时采集能耗数据、分类分项计量、数据传输、数据存储、能耗分析、性能诊断，以及数据展示等。这些监测平台，为公共建筑的节能管理的科学性打下了坚实基础。

图1-9是大学校园能耗监测系统的示例。[2] 它包括几个层次：①末端能耗数据实时采集：通过智能仪表的在线计量，经网络与数据采集软件实时通信，以分钟或小时为采集周期，连续采集某一个用能支路的实时能耗数据。②分类分项计量：按照校园建筑设施消耗的主要能源种类采集的能耗数据，如：电耗、热耗（集中供热）、燃气消耗、水资源消耗等；再按照用电性质分为照明与插座、暖通空调和动力设备用电等；还可按照不同建筑类

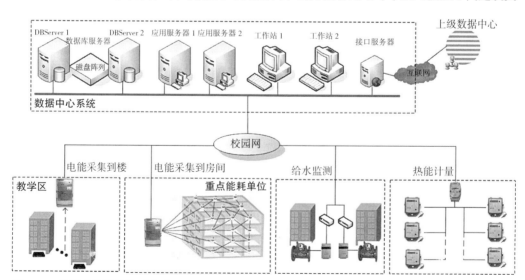

图 1-9　校园建筑能耗监测系统

资料来源：马金星 . 节约型校园节能监管平台关键技术开发与建筑能耗特性评价 [D]. 大连：大连理工大学硕士学位论文，2011.12.

型采集能耗数据，如办公楼、教学楼、图书馆、宿舍等的计量能耗。③数据传输：通过校园网将实时数据传送到能源中心监管平台的数据采集服务器，一般将终端采集数据先储存在 SD 卡中，每隔 15 ~ 60min 将数据打包传送。④能耗分析：能源中心可以根据能源管理的需要，生成各种统计数据、趋势曲线、能耗报表。

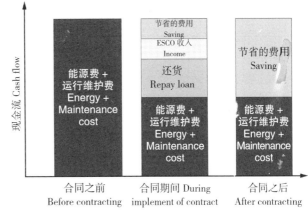

图 1-10　合同能源管理模式

（5）检测与验证

检测与验证是推进建筑能源管理的一项重要手段。检测与验证通过现场调研、需求和能耗检测、关键性能参数的计量、数据分析、模拟计算，以及质量保证等技术手段，对机构的能源利用状况进行定量分析，对所采取的各项节能措施的成效进行验证，并进一步找出节能潜力和改进空间。

（6）合同能源管理

1970 年代发达国家开始发展一种基于市场运作的全新的节能机制，即"合同能源管理（Energy Management Contract，简称 EMC）"，国外也称为"Energy Saving Performance Contract（ESPC）"。合同能源管理是以节省下来的能耗费用支付节能改造成本和运行管理成本的投资方式[3][4]（图 1-10）。

这种投资方式让用户用未来的节能收益降低目前的运行成本，改造建筑设施，为设备和系统升级。用户与专业的节能服务公司（Energy Services Company，ESCO）之间签订节能服务合同，由节能服务公司（ESCO）提供技术、管理和融资服务。

近几年我国高校办学规模在不断扩大，招生人数在不断增加。高校的在校人数、校园建筑面积、汽车以及高耗能的实验仪器装置等都在迅速增加，随之带来的能源消耗也是呈现成倍增长的态势，因此减少高校校园能耗是十分重要的举措。

注释

[1]　能源发展"十二五"规划（摘选）[J]. 太阳能，2013（4）.

[2]　龙惟定 . 建筑节能与建筑能效管理 [M]. 北京：中国建筑工业出版社，2005.

[3]　龙惟定，武涌 . 建筑节能技术 [M]. 北京：中国建筑工业出版社，2009.

[4]　龙惟定，白玮，范蕊 . 面向低碳经济的暖通空调 [C]. 全国建筑环境与设备第 3 届技术交流大会论文集，2009.

[5]　光明网 . 十二五规划公布多项指标 [N/OL]. http://politics.gmw.cn/2011–03/17/content_1725534.htm.

[6]　中国资源综合利用 [J]. 信息动态，2013（31）.

[7]　龙惟定，范蕊，梁浩，张峰. 规划节能是我国城市化进程中的关键 [J]. 建设科技，2013（5）.

[8]　龙惟定. 我国大型公共建筑能源管理的现状与前景 [J]. 暖通空调，2007（6）.

参考文献

[1]　朱成章. 可再生能源与农村能源贫困 [J]. 节能与环保，2006（10）.

[2]　马金星. 节约型校园节能监管平台关键技术开发与建筑能耗特性评价 [D]. 大连：大连理工大学硕士学位论文，2011.

思考题

1. 分析自己在日常生活学习中哪些方面需要消耗能源？消耗的是何种能源？

2. 调研校园中有哪些浪费能源的现象？提出改进建议。

3. 考察同学们有哪些不节能的行为习惯？提出改进建议。

4. 了解自己学校制定的与节能相关的规章制度。

5. 了解自己学校所需能源有哪些形式？这些能源从哪里来？

6. 通过互联网搜索国内外各一所高校的可以借鉴的节能措施。

7. 在校园里找 1～2 幢建筑，分析其围护结构的能耗特点。

8. 到学校能源管理部门了解本年某个月和去年同月的能耗状况，进行比较分析，找出增减的原因。

9. 统计和测算自己一天当中消耗了多少千克标准煤？

10. 写出三条以上你认为在你的学校里最应当提倡的行为节能行动的建议？

第2章

水资源综合利用与绿色校园

2.1 节水与水资源综合利用概述

节水与水资源利用是我国绿色建筑体系构成中的重要组成之一，其主要关注的是"水资源综合利用"。水资源（water resources）利用的范围很广，包括：农业灌溉、工业用水、生活用水、水能、航运、港口运输、淡水养殖、城市建设、旅游等。在绿色校园建设领域，节水与水资源利用不包含农业灌溉、水能、航运、港口和淡水养殖等，主要指与校园建设相关的水资源综合利用。因此，节水与水资源利用的内涵为：在一定范围内，结合城市总体规划，在适宜于当地环境与资源条件的前提下，将水资源、污水、雨水等统筹安排，以达到高效、低耗、节水、减排目的，实现低影响开发和可持续发展。其主要内容包括建筑节水、自来水优化配置和管理、污水资源化、绿色雨水基础设施和雨水利用等。

绿色建筑节水与水资源利用应强调尊重和利用本地自然环境特性，与城市发展相适应。通过各种适宜的技术措施，优化配置供水资源，合理开发污水资源，减缓对水资源需求的增长；减少城市降雨径流量，增大入渗量，涵养地下水，尽可能地收集利用雨水。同时，营造亲水环境，增加城市的湿润度，改善区域环境质量，促进城市以对环境更低冲击的方式进行规划、建设和管理，达到城市与自然和谐共生的目的。

绿色校园节水与水资源综合利用不能仅从校园内部建设角度考虑，还涉及城市水资源、市政给水排水工程、建筑给水排水工程、水环境保护等领域，与绿色校园关系最密切的是"建筑给水排水工程"。但是，"建筑给水排水工程"不是孤立的，它与上述的各领域休戚相关，有时还涉及城市防洪安全、水环境等。因此，绿色校园节水与水资源利用必须从"水资源与水环境"大方向入手。

2.1.1　我国的水资源

　　根据 2004 年全国水资源调查评价成果，我国多年（1956～2000 年）平均年水资源总量为 28412 亿 m³，水资源总量居世界第 6 位；人均水资源量 2100m³，为世界平均水平的 28%；亩均耕地水资源量 1400m³，为世界平均水平的一半。《全国水资源综合规划（2010-2030 年）》以流域、区域水资源和水环境承载能力为控制因子，综合考虑全面强化节水、水价等影响，确定全国经济社会需水总量年均增长率控制在 0.5% 以内，水资源可利用量上限控制性指标约为 8140 亿 m³，约占水资源总量的 29%。[1]

　　我国目前年用水总量已经突破 6000 亿 m³，大约占水资源可开发利用量的 26%，接近"上限控制性指标"。[2] 随着我国人口增长、城镇化进程和新农村建设加快、经济平稳较快发展、经济结构优化调整和人民生活水平提高，未来一个时期对水的需求及保障能力的要求将不断提高，水资源短缺形势严峻。

　　为满足污废水达标排放要求，我国不断提高城市污水处理厂处理能力。根据"全国城镇污水处理管理信息系统"汇总数统计，2012 年我国城市污水处理厂日处理能力为 1.4亿 t[3]，据此统计数据即使按照城镇污水处理厂 100% 满负荷运行计算，2012 年全年运行365 天，最多可处理污水 511 亿 t，仍远远低于排放的污水量（图 2-1、图 2-2）。

　　我国《地表水环境质量标准》（GB 3838-2002）依据地表水水域环境功能和保护目标，按功能高低依次划分为六类：

　　（1）Ⅰ类主要适用于源头水、国家自然保护区；

　　（2）Ⅱ类主要适用于集中式生活饮用水地表水源地一级保护区、珍稀水生生物栖息地、鱼虾类产场、仔稚幼鱼的索饵场等；

　　（3）Ⅲ类主要适用于集中式生活饮用水地表水源地二级保护区、鱼虾类越冬场、洄游通道、水产养殖区等渔业水域及游泳区；

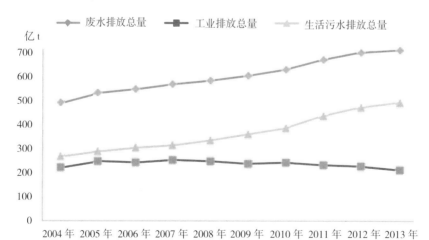

图 2-1　我国污废水排放总量
资料来源：作者自绘.

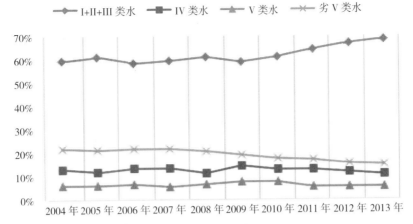

图 2-2　我国地表水水质变化曲线（2004-2013）
资料来源：作者自绘.

（4）Ⅳ类主要适用于一般工业用水区及人体非直接接触的娱乐用水区；

（5）Ⅴ类主要适用于农业用水区及一般景观要求水域；

（6）劣Ⅴ类。[4]

从以上功能分区规定可以看出，作为城市自来水水源的水质不能低于Ⅲ类水；工业用水可以为Ⅳ类及以上；Ⅴ类水体只限用于农业；劣Ⅴ类水体已经丧失使用功能。

"污径比"是指一定区域内污、废水排放量与其境内河川径流量的比值。

"污径比"可以作为表征该水域水质的宏观性指标。图 2-3 为 2013 年我国主要流域分区"污径比"。[5]从中可以看出，海河几乎变成了城市下水道。从用水效率方面看，尽管近年我国的水资源利用效率有较大幅度提高，但与发达国家和世界先进水平相比还有较大差距。[6][7]

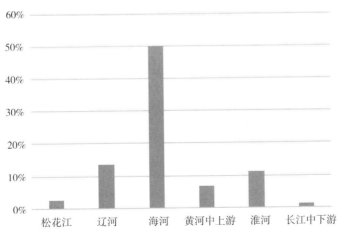

图 2-3　2013 年我国主要流域的分区"污径比"
资料来源：作者自绘.

2.1.2　城市与水环境

城市人口集中，是人类对环境产生影响较大的区域。随着城市人口的高度集中，对城市资源的掠夺性利用，城市自然环境质量下降等现象已经凸显。

（1）水的社会循环

水的社会循环是指有人类活动参与的、人为产生的水的循环运动。它包括：从天然水体中取水、自来水的生产、管道输送、建筑内部的用水活动、污水收集、污水处理、排至天然水体中等一系列过程。水的社会循环的结果是人类从天然水体中取出原水，还回污水，这一过程造成了对天然水体的冲击（图2-4）。

（2）水的社会循环与城市水环境相互影响分析

如上所述，就直接影响而言，人类活动使用了自来水，转化了被使用的天然水的性质，直接造成天然水体水质污染，影响了城市水环境质量。同时，城市的开发建设使原有的土地形态发生了转变，建筑物、道路、广场等硬质地面使得城市环境的地表径流增大，入渗量减少，改变了城市区域内微气候水循环原有的格局。地表径流量的增大，形成了雨水的冲击负荷，冲击负荷裹挟了城市下垫面的污染物，又加重了城市水环境的污染。因此，传统的用水排水模式伴随着城市的扩张和人口的激增受到了挑战。

（3）富肯玛克水资源紧缺指标

瑞典水文学家M·富肯玛克（Malin Falkenmark）提出的水资源紧缺指标（Water-Stress Index）是根据世界各国人均实际用水资料分析比较后提出的。水的紧缺受到气候、经济发展水平、人口和其他因素的影响，在地区之间存在很大差异，并且与节水和用水效率有关。普遍接受将人均占有水资源1700m³/a作为控制性缺水指标，表2-1所示为"富肯玛克水资源紧缺指标"。[8]

以江苏省苏南某镇为例：根据该区域防洪和水资源规划，镇域内平均年水资源总量为3.75亿m³。由表2-2表明，依据GDP发展规划，2009~2015年，GDP增速为15%；预计

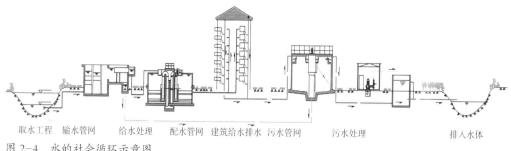

取水工程　输水管网　给水处理　配水管网　建筑给水排水　污水管网　　污水处理　　　排入水体

图2-4　水的社会循环示意图
资料来源：作者自绘.

富肯玛克水资源紧缺指标　　　　　　　　　表 2-1

序号	紧缺性	人均水资源占有量（m³）	存在问题
1	富水	1700 ~ 3000	局部地区、个别时段出现用水问题
2	用水紧张	1000 ~ 1700	将出现周期性和规律性用水紧张
3	缺水	500 ~ 1000	将经受持续性缺水，经济发展受到损失，人体健康受到影响
4	严重缺水	<500	将经受极其严重的缺水

2003~2009 年人口、GDP、用水量统计　　　　　表 2-2

序号	项目名称	指标
1	人口平均年增长率	12.1%
2	GDP 平均年增长率	29.2%
3	用水量平均年增长率	11.8%
4	每人年平均用水量	107m³

2016~2025 年，GDP 增速为 7.6%。2025 年常住与外来人口之和将达到 35 万人。据此分析，伴随着人口和 GDP 的增长，人均水资源指标呈下降趋势。[9]

（4）传统的城市水系统模式面临的"症结"

1）出现"资源型"和"水质型"水短缺

以江苏省为例：据"2009 年江苏省水资源公报"披露：江苏省本地总水资源量为 400.3 亿 m³，人均水资源量 508m³，按照富肯玛克指标评价，接近"严重缺水"。全年用水量为 549.2 亿 m³，平均用水指标为 711m³/ 人，其中按设区市分，盐城市年用水量最大，苏州其次。与人均占有水资源量比较，人均用水量超出人均占有本地水资源量的 40%，依赖大量的过境水资源，见图 2-5。[10]2013 年江苏省居民生活用水量为 35.5 亿 m³，较 2012 年的 34.7 亿 m³ 增加了 0.8 亿 m³，这组数据意味着 2013 年与 2012 年比较多排放了近 6400 万 m³ 的生活污水。

2）污水资源化与城市节水减排

在城市给水排水系统建设的过程中，城市污水一直充当"废物"的角色，以最快捷的方式将其从建设用地中排除是首要任务。伴随着城市发展和水资源短缺的矛盾，实施污水资源化可能是城市节水减排的必要措施。因此，在进行校园建设时，有必要考虑再生水回用方案，并兼顾其成本和效益问题。

3）城市排水和防洪问题

城市建设对地表下垫面的改变带来对城市雨水排水系统的高冲击负荷。在城市降雨暴雨强度不变的前提下，未开发和建成后城市用地相比较，城市综合径流系数（ψ）将增加，

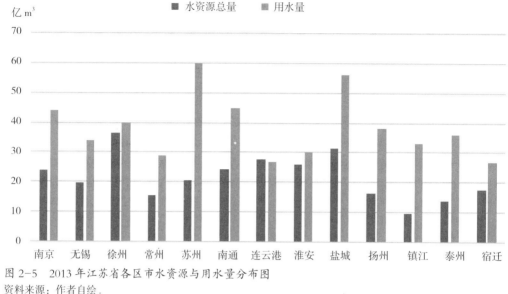

图 2-5 2013 年江苏省各区市水资源与用水量分布图

资料来源：作者自绘．

也就是说更多的雨水只能通过城市雨水排水管道系统排除。降雨时，不透水的下垫面使得入渗至地下的雨水减少，大量的径流雨水通过重力流管道系统集流，城市低洼地区既是雨水管网的干管所在地，也是超出设计重现期的降雨发生时的滞洪区。因此，给城市防洪系统带来了较大的压力和隐患。

4）对城市微气候的影响——"干岛效应"

城市人口集中、高楼林立、路网密集、大量消耗能源，使城区的显热增加。除造成大气污染外，还释放出废热进入大气，使城市年平均气温比郊区高。在温度的空间分布上，城市犹如一个温暖的岛屿，就好像突出于周围乡村较低温度海洋中的岛屿一样，"热岛"之名由此而来，这种现象称为"热岛效应"。城市密集高大的建筑物，阻碍了气流通行，使城市热岛效应越来越明显。"干岛效应"通常与热岛效应相伴存在。由于城市的主体为连片的不透水下垫面，例如：柏油马路、混凝土硬地面停车场、花岗石铺装的城市广场、磨石子花园小径、建筑屋顶等，使得大部分降雨迅速形成径流，在缺乏天然地面所具有的土壤和植被吸收保蓄能力的前提下，只有依赖城市雨水管道被动排水。因而，城市近地面的空气就难以像其他自然区域一样，从土壤和植被的蒸发中获得持续的水分补给，造成城市空气中的水分偏少，湿度较低，形成孤立于周围地区的"干岛"。

2.1.3　基于 LID 的发展理念

"低影响开发"（Low — Impact Development）是 1990 年代由美国提出的一种城市开发理念，源于对排除城市暴雨所产生径流的设计方法，意为通过分散的、小规模的源头控制和设计技术，来达到对暴雨所产生的径流和污染的控制。

西班牙马德里市提出了城市建设的 15 条目标：有效地利用能源和水资源、使用公共交通出行、节约水资源、减少噪声污染、减少建房对环境的影响、增加绿地和公共空间的面积、减少机动车交通量、深埋高压电线、减少或重新使用"废物"、环保教育、现有建筑的修缮、减少路面交通、水的再生利用、鼓励使用自行车、关注空气质量等。

马德里市通过城市用水需求管理计划实现水资源可持续利用，这一计划包括了取水、处理、使用、排放全过程。其目标是提高水质，保护自然生态，加强水体自净能力，增加自然界水元素的美学和娱乐价值。节水目标是至 2011 年减少 12% 的水资源消耗量，加强替代水资源的使用。例如：利用城市再生水灌溉花园和清扫道路。目前，该市正在实施用经处理的污水替代饮用水的项目，建设了环绕整个城市的再生水供水管网和四个大型蓄水池，用来调蓄再生水的供给。为了保障再生水的水质安全，每年水质的检测次数多达 2200 次，每次监测 48 项水质指标。这个项目的实施意味着实现了城市"双管"供水，增加了可用的水资源。预计利用这些再生水每年可浇灌 35km^2 的绿地，可节约大约 2000 万 m^3 的饮用水。德国的莱比锡市，具有完善的生活污水收集、处理、回用系统，20% 的生活污水经高度处理后回用。在居民支付的水费中包括了水资源、排水、水处理与回用的全部费用。因此，该市的自来水水费每立方米高达 1.7 欧元，这是"阶梯水价"的起步价。在这样高水价的基础上，城市居民主动、自费安装雨水回用装置，将雨水用于绿化、洗车等杂用，甚至用于洗衣，在节约水资源的基础上，降低了家庭的水费开支。

上述城市采取的节水措施减少了水资源的消耗量和污水的排放量，降低了城市排水基础设施负荷，促进了水资源的可持续开发利用。目前，"低影响开发"已经不囿于雨水排水的设计，而成为一种规划理念，应用于城市开发的各个方面。其目的是最大限度地保持土地原有生态现状，使之不因为开发建设而影响原有自然生境。

对校园建设而言，待开发土地的水体、地形、径流系数、植被、土壤，以及对周边水体的影响、地块内的水量平衡、排水方向等都是需要全面考虑和解决的问题。校园建设应通过"低影响开发"，减少自来水用量和生活污水排水量，加大下垫面入渗量，降低开发后地表径流系数，建设雨水滞留水域，减少地表径流的总量和流量峰值，降低对城市环境和基础设施的冲击。

2.1.4　高校校园水资源综合利用的意义和研究背景

高校作为培养人才的基地，从国家发展的长远考虑，应培养出具有先进的环境资源理念和节约习惯的专业人才。高校的水资源综合利用工作应与科研、教育工作相结合，做好校园内的水资源综合利用工作本身就是对在校学生最好的环境资源教育。以南京市为例：南京市现有高校多数在 2000 年前后建设了新校区（表 2-3）。据统计，在宁高校的新校区每日需水量就达 6.2 万 t，相当于南京市平均日生活用水量的 5% 左右，可见高

南京部分高校新校区占地及学生人数　　　表2-3

序号	学校名称	占地面积（亩）	学生人数（人）
1	南京工业大学江浦校区	3080	2.5 万
2	东南大学九龙湖校区	3752	1.5 万
3	南京大学仙林校区	3000	2.0 万
4	河海大学江宁校区	1077	1.0 万
5	南京审计学院江浦校区	2000	1.6 万
6	南京中医药大学仙林校区	1500	1.5 万
7	南京财经大学仙林校区	1800	1.5 万
8	南京邮电大学仙林校区	2000	2.5 万
9	南京航空航天大学江宁校区	840	1.5 万
10	南京医药大学江宁校区	1470	0.7 万
11	合计	20509 亩，折合 13.66km^2	14.8 万

校的水资源利用具有较好的规模效应。在此背景下，对校园水资源综合利用进行科学规划，应用适用于高校校园的安全、高效、低耗的水资源化实用技术，挖掘高校校园的节水潜力，建设绿色校园，很有现实意义。

2.1.5　校园水资源综合利用主要技术

（1）水资源利用综合规划

水资源利用综合规划是指在一定范围内，将供水、污水、雨水等统筹设计，以达到高效、低耗、节水、减排目的的专项规划。主要内容包括：对校园范围内各种水资源及其利用的概述、污水资源化、雨洪管理与利用、节水措施等。根据规划编制对象不同可分为：建筑单体水系统规划和校园园区水资源利用综合规划等。

（2）污水资源化

污水资源化是一种以各种生活排水为原水，经处理后，出水达到再利用功能要求的水质标准，并在一定范围内回用的水处理技术。

（3）雨洪管理与利用

雨洪管理与利用是践行"低影响开发"理念的重要应用技术之一，可分为绿色雨水基础设施和雨水回用两种。绿色雨水基础设施（Green Storm Infrastructure，亦称 GSI）指一种由诸如林荫街道、湿地、公园、林地、自然植被区等开放空间和自然区域组成的相互联系的网络，能够以模拟自然的方式控制城市雨水径流、减少城市洪涝灾害、控制径流污染、保护水环境。雨水回用是一种"收集—处理—再利用"的水处理集成技术。一般而言，通过收集屋面、地面以及其他下垫面的雨水，经适当处理，达到再利用功能要求的水质标准后，可以在一定范围内再利用。

（4）节水措施

节水措施包括建筑内部节水和校园外部空间节水两部分。

2.2 水资源利用综合规划

2.2.1 建筑单体和地块范围内水系统规划

校园内的建筑形式多种多样。校园水资源利用综合规划也可以分成两大类，即建筑单体和校园外部空间。前者仅包括建筑本身和建筑周边较小范畴，后者包括校园（或校区，以下统称校园）红线范围内全部。水资源利用综合规划涉及建筑总平面布置、管线综合、景观设计、结构、电气、自动化等多个工种，因此，需在前期规划设计阶段制订方案，并且兼顾对设计、施工、使用全过程的影响。

（1）在满足国家规范要求的基础上，优化给水系统加压供水方案，提出适宜的节水措施，并应调查了解周边的水体状况、与本项目的关系等，评估本项目对周边水体的影响，力争做到将影响减至最低。

（2）制订的单体建筑水资源综合利用规划方案还应结合区域的气候、水资源、校园给水排水工程等资源与环境状况，选择节水方案，减少市政供水量和污水排放量。节水方案的内容应包括：①明确用水定额；②用水量预测；③绘制水量平衡图；④给水排水系统设计；⑤选择节水器具；⑥污水处理及再生水利用等。针对具体建设项目，水系统规划方案涉及的内容可能有差异，具体内容的取舍要因地制宜。

（3）如果校园内部建有再生水回用系统，建筑单体内部应按自来水和再生水双管供水系统制订管道布置方案，并应与校园内再生水管道相连接；如果校园内部没有建设再生水回用系统，应在技术经济分析比较的基础上，确定是否建设再生水供水系统，避免投资效益低下。

（4）体育馆、礼堂、教学楼以及综合体类屋面面积较大的单体建筑，适宜采用雨水回用技术，雨水可用于周边绿化、补充水景观等。

（5）采用节水器具：绿色校园建筑应使用节水器具。根据用水场合的不同，合理选用节水水龙头、节水便器、节水淋浴装置等，所有新建建筑选用的卫生器具应满足《节水型生活用水器具》CJ 164—2014 及《节水型产品技术条件》GB/T 18870—2011 的要求，并应逐年改造或更换不节水的卫生器具。在有条件的前提下，宜选择高节水效率等级的卫生器具。

2.2.2　校园水资源利用综合规划

（1）校园水资源利用综合规划是指在一定范围内，结合校园总体规划，在适宜于当地环境与资源条件的前提下，将校园范围内的供水、污水、雨水等水资源统筹安排，以达到高效、低耗、节水、减排目的的系统规划。主要内容包括校园层面上节水、自来水系统优化配置、再生水回用、雨洪管理与利用等。

（2）在进行校园污水排水方案和管线综合规划时，就应确定是否采用再生水回用技术。如果选择采用再生水回用方案，首先应确定原水收集范围、收集管网是否需要单独设置、是否需要二次提升、绘制水量平衡图、选择水处理工艺、制订用水和排水的安全保障措施等，尤其重要的是进行市场调研，给出技术经济分析。

（3）在制订雨水排水方案和管线综合规划时，就应确定是否利用雨水。雨水利用是重要的节水措施之一。但应根据具体情况进行分析，多雨地区应根据当地的降雨与水资源等条件因地制宜地加强雨水利用，降雨量相对较少且降雨时段集中的地区应慎重考虑雨水收集工艺与规模，避免投资效益过低。如果采用雨水回用，则应考虑雨水收集措施，包括：收集范围、调蓄容积、管道走向、机房位置和大小、水量平衡等，合理确定雨水收集的规模、方式方法，进行市场调研，给出技术经济分析。同时，应给出绿色雨水基础设施方案，结合透水下垫面铺装和雨水生物滞留、调蓄等，降低外排径流量，确保汛期雨水排水安全。

（4）合理确定水景观的规模和水源：水景以其独特的、多样性的表现形式逐步成为校园景观设计的重要组成部分。在制订景观方案时，应充分考虑景观水的水源和水质保持问题，并应经过技术经济分析和比较合理确定景观水的规模、水源、运行维护费用等。

（5）绿化用水：在制订绿化方案时，应选用适宜我省本土的、耗水量少的植物品种，并实施节水绿化浇灌，应优先考虑利用城市市政再生水等。

2.3　绿色雨水基础设施与雨水回用

城市雨水排水易于产生如下三方面的问题：

（1）雨水径流洪峰流量剧增。随着城市的发展，不透水面积的增加，城市雨水径流量随之增加。峰值流量增高且峰值出现时间缩短，暴雨径流容易在城区积聚，引发城市内涝。

（2）雨水降落在屋顶、通道、停车场等不透水下垫面上，将附着在其表面的尘土、油脂、重金属物质、有机物质等污染物质冲刷、汇集，使之进入城市雨水排水管网，最终直接排入河流、湖泊、地下水系等城市水环境，对这些水体造成污染。

（3）雨水是可资利用的水资源。传统的城市雨水排水方式将分散的雨水集中收集至雨水口，经雨水支管、干管和总干管后，排至场地之外。这种方式用人工雨水排放系统将雨水径流汇集，增大了汛期的排水径流量，加重了城市基础设施的负担。从以上分析可以看出，传统的基于末端治理的雨洪管理策略已不能满足城市可持续发展的需要，城市发展亟需可持续的雨水排水系统。

通过分散的、小规模的源头控制机制和设计技术，控制暴雨所带来的径流和污染问题，使开发区域尽量接近于开发前的自然水文循环状态，称之为"低影响开发（LID）"，这是"低影响开发"这一理念的原始定义。低影响开发的目的就是使开发后的区域尽量接近于开发前的自然水文状态，实现城市开发建设之后对原有自然环境影响最小。

绿色雨水基础设施是基于低影响开发理念的雨水排水技术措施。其倡导以自然的方式控制城市雨水径流、减少城市洪涝灾害、减轻径流污染、保护水环境。具体措施是通过对开发建设区域内的道路、屋面、广场和绿地等不同下垫面降水所产生的径流，采取集蓄和入渗等方式，解决径流排水问题。绿色雨水基础设施包括透水铺装技术和源头处置技术两大类。其中，透水铺装技术有透水沥青、透水混凝土和透水砖等；源头处置技术有生物滞留池、雨水花园、植草沟和生态湿地等。

2.3.1 透水铺装技术

（1）径流量与径流系数：径流系数是反映下垫面雨水径流量和入渗量比值的参数，常用 Ψ 表示。地块的径流系数越大，表示该地块下垫面渗透性越差，降雨时渗透水量少，径流量大。因此，在开发建设过程中，应尽可能地降低下垫面径流系数。澳大利亚水资源匮乏，城市建设过程中十分注重雨水入渗的设计，除了应用透水地面、透水地砖等常见透水铺装之外，自行车停放点的细沙、房前屋后的彩色石子等都是美观漂亮的渗水材料，甚至考虑到植物下裸露的土壤也要覆盖上树皮以防止水分蒸发，见图 2-6。

图 2-6　澳大利亚各种雨水入渗措施实例
资料来源：作者拍摄．

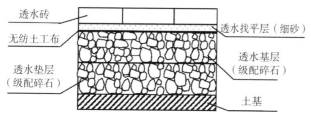

图 2-7　透水性铺装结构示意
资料来源：作者自绘.

（2）透水下垫面材料：我国常用透水下垫面种类包括：面包砖、混凝土透水砖、砂基透水砖、透水混凝土、植草砖等。

（3）透水性铺装结构：透水性铺装包含透水材料、找平层、基层和垫层等，透水铺装结构示意如图 2-7 所示。路基的级配碎石层厚度以"弯沉量"作为控制指标，也可参照经验数值确定，其划分范围是：较繁忙人行道 100～150mm；自行车、摩托车等轻型车道 150～200mm；轻量级轿车车行道及停车场等厚度为 230～300mm。

2.3.2　雨水源头处置技术

不透水下垫面是污染物累积的面源污染源，径流中含有各种营养盐，颗粒物质甚至是有毒有害的重金属，易造成受纳水体污染。由于初期雨水流经地表下垫面时，常常裹挟地表附着的尘土、油污等，在管道内流动时，可能溶入管道沉积物或冲刷非法排入的垃圾等，导致初期雨水污染物浓度较高。如果初期雨水直接通过管道扩散到河道或是湖泊水域，将直接威胁河湖等水环境质量。因此，控制初期径流是防止径流污染的必要措施，生态化雨水源头处置技术应运而生。

雨水源头处置技术可以归纳在生态处理范畴，属于生物滞留系统处理工艺。生物滞留系统利用土壤、基质、植物、微生物的物理、化学、生物等协同作用，对进入的雨水污染物进行净化，在构造和作用机理上与人工湿地相类似。一般情况下，其纵向结构自下往上依次为：原土层、基质层（蓄水层）、种植土层、植物，见图 2-8。降雨时，雨水汇集至生物滞留系统，通过入渗，一部分进入地下水系统，其余的部分滞留在生物滞留系统中；降雨过后继续入渗，直至雨水经过入渗、蒸发、蒸腾等完全消除。"生物滞留系统"宜结合绿化景观进行设计，超出控制暴雨强度的降雨发生时，通过溢流装置排出至雨水排水系统。无降雨时，其本身就是景观绿地的一部分。

"生物滞留系统"的规模应根据"年雨水径流总量控制率"选择控制的雨量厚度而确定。其平面布置可以设计成线型的植草沟（图 2-9）、占有一定面积的生物滞留池（图 2-8）、小型雨水花园（图 2-10）等，甚至可以在雨水排水系统入河口设置生态

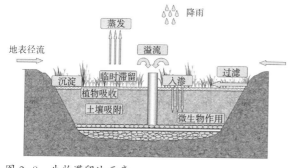

图 2-8　生物滞留池示意
资料来源：作者自绘.

图 2-9 植草沟
资料来源：作者拍摄.

图 2-10 雨水花园
资料来源：作者拍摄.

湿地，以截留雨水排水中的污染物，保护城市水环境，减轻面源污染。

生态湿地（ecological wetland）并不是水处理工艺的专用名词。确切地说，是指由"湿生"、"沼生"和"水生"植物、动物、微生物及其环境构成的介于水、陆生态系统之间的过渡区域，具有较高的生态多样性、物种多样性和生物生产力。例如：大丰麋鹿自然保护区，江苏盐城沿海滩涂湿地，上海崇明东滩自然保护区等，泛指具有生态功能的自然生态系统。

在校园范围内，除了原有自然生态湿地系统外，所谓的"生态湿地"已经脱离了其本来的定义，泛指具有景观功能的人工湿地或人工生物滞留系统。这一类的人工湿地或人工生物滞留系统具有如下特征：①由人工建造和控制运行；②模拟自然湿地功能；③与天然湿地类似；④由有植被的地面、水面和其他人工或自然景观构成；⑤进水污染物浓度远低于生活污水；⑥具有一定的截留污染物的功能。因此，这一类"人工湿地"更适宜称为"生物滞留系统"。

2.3.3 雨水利用

（1）适宜雨水回用技术的范围

按照年降雨量，我国城市可以分成四个区。其中处于丰水区、多水区的地区应推广雨水回用技术，具体分析如下[11]：

1）丰水区（年降雨量在 1600mm 以上）：应充分利用雨水资源，经处理后，可回用于绿化、浇洒道路、景观用水，并可营造一些大型的水景，提高居住环境的舒适度等。

2）多水区（年降雨量在 800 ~ 1600mm）：应充分利用雨水资源，经处理后，可回用于绿化、浇洒道路、景观用水，水景景观规模不宜过大。

3）过渡区（年降雨量在 400 ~ 800mm）：这些地区雨量不够丰沛，往往伴随着资源性缺水，经处理后，可回用于冲厕、洗车、绿化和水景。

4）少水区（年降雨量在 200 ~ 400mm）：这些地区常年缺水，雨水将是生活用水的主要水源，常常采用"窖水"的形式对雨水进行存贮，富余时可用于冲厕、洗车和绿化。

（2）雨水利用实施方案

1）直接收集屋面雨水回用：直接收集经初期"弃流"后的屋面雨水——适用于独幢建筑，尤其是安装虹吸雨水系统的单体建筑。投资少、运行费用低、管理容易。

2）收集经过土壤入渗的雨水回用：可利用地下车库的顶板敷设排水板收集雨水，或者收集生物滞留系统的雨水。这种回用方式投资增量少，不需复杂的水处理设备，运行管理方便，维护费用低。

3）下沉式绿地、广场、道路和停车场等直接入渗后收集回用：这种收集利用的方式应结合景观绿化的需要，种植耐涝类植物，绿地内地面低于路面 0.05 ～ 0.10m；连接管道埋深不可过大，尽可能依赖自然坡降最大限度地收集雨水；根据可用地大小合理确定雨水调节池尺寸，合理地调蓄雨水；提升设备用潜水式，变频控制。可不用机房，露天放置厢式配电和控制设备。

4）利用蓄水方块收集雨水回用：这种收集利用的方式适用于收集范围较小、收集管道较短的场合，用蓄水方块直接收集入渗雨水，不用再建设混凝土蓄水池，不仅投资省，而且施工简单方便。

5）收集混合雨水，经处理达标后回用：这种收集利用的方式适用于收集范围较大、收集管道较长、用水规模较大的场合。混合雨水指屋面、地面等雨水使用同一收集管道系统，调节池和处理构筑物可以利用建筑物的地下室或者直接建设钢筋混凝土构筑物和设备机房。

2.4　再生水回用

2.4.1　再生水回用的社会意义

污水再生利用对于缓解我国水资源短缺状况、促进水资源优化配置、减少污水排放尤为重要。再生水水量大、水质稳定、受季节和气候影响小，是一种十分宝贵的水资源。近年来，我国城市污水处理能力不断增长，如前所述，根据"全国城镇污水处理管理信息系统"汇总数据，截至 2012 年 9 月底，全国设市城市、县累计建成城镇污水处理厂 3272 座，处理能力达到 1.40 亿 m^3/日。在 657 个设市城市中，已有 642 个城市建有污水处理厂，占设市城市总数的 97.7%，累计建成污水处理厂 1928 座，形成处理能力 1.16 亿 m^3/日。在 1627 个县中，已有 1215 个县建有污水处理厂，占县城总数的 74.6%，累计建成污水处理厂 1344 座，形成处理能力 2381 万 m^3/日。尽管在城市污水处理总量控制方面取得了长足的进步，但是我国再生水回用率还很低，基本处于起步阶段。国家《节水型城市考核标准》的指标中，城市再生水利用率应达到不小于 20%。[12] 如果将建成的污水处理厂处理规模按 70% 的处理率估算，我国年处理污水量将超过 350 亿 m^3，再生水资源开发和减排潜力非常巨大。

2.4.2 再生水回用概述

（1）中水和再生水

中水是指各种排水经过处理，满足再利用功能要求的水质标准后，可以在一定范围内再利用的非饮用水，包括：污水回用、雨水利用、海水利用等。再生水指经过使用的生活污水的再利用。达到城市回用水水质标准的中水或再生水，可以用于冲厕、绿化、浇洒、冷却、洗车等用途，不可用于与人体接触的景观水，不可替代饮用水，这一过程也称为污水资源化。

（2）再生水水质水量

1）原水水质：自来水经使用后成为建筑排水。建筑排水作为再生水的水源可以分为三种：优质杂排水、杂排水、建筑排水。优质杂排水包括沐浴排水、盥洗排水，水质好、处理容易、费用低廉，应优先选用；杂排水是除冲厕排水外的排水总和，水质较好，处理费用比优质杂排水高；建筑排水包含杂排水和冲厕排水，水质差、处理工艺复杂、处理费用高。

2）原水水量：选用优质杂排水或杂排水作为原水，需单独敷设一根原水收集管道，增加了相应的建设成本和管线综合设计的难度；选择建筑排水作为原水，则不需单独敷设污水收集管网。不论是优质杂排水还是建筑排水都可以获得稳定可靠的水量，易于实现水量的供需平衡。

3）出水水质标准：再生水用途不同，选用的水质标准也不同，应遵循"高质水高用、低质水低用"的原则。再生水用于冲厕、绿化、浇洒道路等用途时，其水质应符合国家《城市杂用水水质》（GB/T 18920—2002）的规定。当同一处理系统用于多种用途时应满足最高水质标准的要求。

2.4.3 再生水回用系统

（1）借鉴发达国家的经验

不论是污水处理规模还是污水收集管网的普及率发达国家都高于我国目前水平。美国以及英、法、德等国平均每万人拥有一座污水厂，污水处理率和污水管网的普及率在 90% 以上，经历了近 60 年的发展历程。以美国为例：在 1950 年代以前，是大规模的水利开发阶段，以满足供水需求为主；1950 ~ 1970 年代，是水污染防治阶段，以去除水中污染物为主；从 1980 年代开始，面对城市用水量越来越大而水资源有限的矛盾，美国的水资源管理策略发生了重大转变，由水污染治理转向加强用水管理、提高用水效率方面。[13]2007年 3 月在美国巴尔的摩召开的"分散式污水处理与利用需求"中长期发展战略规划会议上，美国开始制定"分散式污水处理与利用需求"方面的中长期（目标至 2025 年）研究计划，旨在推行"就地收集、就地回用"的污水资源化发展模式，并强调应优先解决与之相关的社会、技术、政策法规等问题。日本和德国再生水回用发展较早，很多城市采用了"先收集处理，就近回用后再排放"的处理模式，有效地缓解了"水危机"。也就是说，在发达国家，已经将污水治理由单一的达标排放，向水资源综合利用转变。

案例1：日本福冈县福冈市再生水回用方案，资料来源于岗村繁树的《日本的节水管理》。福冈市在城区一定范围内建设了自来水和再生水双管供水系统，用于建筑内部冲厕、城市道路的绿化、环境生态补水等，取得了很好的节水效果[14]。

案例2：查尔德广场（Childers Square），该建筑是一幢A级办公楼，坐落在澳大利亚堪培拉市市中心。建筑平面呈U形，建筑面积约15000m²。总体功能：1层为零售和商业，2～6层为高档办公。该建筑按照4.5星的NABERS标准（新南威士州标准）和5星级国家级绿色环保建筑标准设计和建设。该建筑将各种排水分为四类：灰水（Greywater）指厨房和沐浴清洗排水、黄水（Yellowwater）指尿液或含有少量冲洗水的尿液、棕水（Brownwater）指含粪便和厕纸的冲洗排水、黑水（Blackwater）指尿粪未经分离的冲厕排水。为了达到相关标准的要求，在建筑的地下层和屋顶设备层安装了一套"灰水收集—处理—再利用"装置，灰水收集至蓄水池内，经处理后回用于冲厕和绿化，每天处理水量为20m³。

（2）再生水系统

1）再生水用途和配水管网

再生水的用途主要包括公共建筑内部冲厕、绿化、景观河道生态补水和公共建筑冷却补水等。

2）再生水系统水量平衡

再生水系统水量平衡包括两方面的内容：①确定可作为再生水原水的污废水可集流流量；②预测再生水用水量。据此绘制水量平衡图，以直观表示再生水的收集、贮存、处理、使用、溢流和补充之间的量的关系，并采取措施，确保水质安全和水量满足使用要求。

3）再生水处理工艺流程（图2-11）

A）物化处理工艺（以优质杂排水或杂排水为水源）

原水—格栅—调节池—絮凝沉淀—过滤—消毒—再生水。

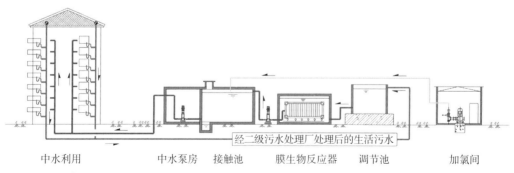

经二级污水处理厂处理后的生活污水

中水利用　　中水泵房　接触池　膜生物反应器　调节池　加氯间

图2-11　再生水处理工艺流程图
资料来源：作者自绘.

Ｂ）生化与物化相结合处理工艺（以优质杂排水或杂排水为水源）

原水—格栅—调节池—接触氧化—沉淀—过滤—消毒—再生水。

Ｃ）预处理与膜分离处理工艺

原水—格栅—调节池—膜生物反应器—消毒—再生水。

Ｄ）人工湿地处理工艺

人工湿地是一种生态处理技术，其设计和建造是通过对湿地自然生态系统中的物理、化学和生物作用的优化组合来进行废水处理的。它一般由以下的结构单元构成：底部的防渗层；由填料、土壤和植物根系组成的基质层；由湿地植物的落叶及微生物尸体等组成的腐质层；水体层和湿地植物（主要是挺水植物）等。它能消减有机污染物和氮、磷等营养盐、重金属、盐类和病原微生物等多种污染物。它具有出水水质好，氮、磷去除效率高，运行维护管理方便，投资及运行费用低等特点。但湿地植物易受气候的影响，冬季处理效率降低，需定期进行水中收割。

4）再生水的主要安全防护措施与监测控制

Ａ）运行安全稳定，出水水质达标；

Ｂ）再生水管道不得与生活饮用水管道以任何方式连接；

Ｃ）满足再生水管道与其他管道敷设间距的要求；

Ｄ）管道、设备等必须设置明显标志，避免误饮、误用；

Ｅ）不得安装取水龙头；

Ｆ）主要水质指标实行"实时在线监控"等。

2.5　建筑节水措施

2.5.1　充分利用自来水管网水压，实行末端压力控制

在确定给水方式时应充分利用市政自来水管网水压，合理进行压力分区。

高层建筑如果采用同一给水系统供水，则垂直方向管线过长，下层管道中的静水压力很大，会产生系统超压。在建筑给水排水设计规范中规定了卫生器具的额定流量，该额定流量是为了满足使用要求，在一定流出水头作用下的给水流量。[15] 当给水配件前压力大于流出水头时，给水配件单位时间的出流量大于额定流量的现象称为超压出流。此现象引起的超出额定流量的出流量称为超压出流量。超压出流量未产生正常的使用效益，而是在人们的使用过程中流失，造成的浪费不易被人察觉，因此被称为"隐形"水量浪费。另外，发生超压时，由于水压过大，易产生噪声、水击及管道振动，缩短给水管道及管件的使用寿命。水压过大在龙头开启时会形成射流喷溅，影响用户的正常使用。在有条件的情况下，可适当降低分区压力，或采用入户设减压阀等方式，控制各卫生器具配水装置处的静水压减少隐形水量损失。

2.5.2　选用节水器具

所有用水部位均选用节水器具（冲厕、龙头、淋浴器）和设备，参照《当前国家鼓励发展的节水设备》（产品）目录中公布的设备、器材和器具，并应满足《节水型产品技术条件》（GB 18870—2011）的要求。公共建筑可选用陶瓷芯水龙头等，也宜选用非接触式电子感应水龙头自动开关水，无须接触水龙头，避免细菌交叉感染。

节水效率等级是按不同的卫生器具分别制定的。目前，我国水嘴、坐便器、淋浴器和便器冲洗阀等卫生器具制定了用水效率等级指标。

水嘴的用水效率等级分为1、2、3三级，用水效率限定值为3级（0.150L/s），节水评价值为2级（0.125L/s）。即水嘴（不包含浴缸出水部分的浴缸用水嘴、淋浴用水嘴、洗衣机水嘴）在《水嘴用水效率限定值及用水效率等级》（GB 25501—2010）中规定的条件下最大出流量不得大于0.150L/s，否则就是不合格产品，流量不大于0.125L/s的水嘴为节水型水嘴。

坐便器的用水效率分为1、2、3、4、5五级，用水效率限定值为5级（单挡用水量为9.0L，双挡用水量有3个评价指标：大挡用水量为9.0L/s，小挡用水量为6.3L/s，平均值为7.2L/s），节水评价值为2级（单挡用水量为5.0L/s，双挡用水量有3个评价指标：大挡用水量为5.0L/s，小挡用水量为3.5L/s，平均值为4.0L/s）。坐便器用水量低于5级的为不合格产品，不低于2级为节水型坐便器。

不同类型建筑节水器具选择要点：

（1）学生宿舍：可选择的节水器具有：①节水龙头："掺气型"龙头、陶瓷阀芯龙头等；②节水型坐便器或"感应式"蹲便器；③节水淋浴器；④节水型洗衣机、洗碗机等节水电器。

（2）教学楼、办公楼、实验室和图书馆等公共建筑：可选用的节水器具除了包括学生宿舍可选用的器具类型之外，还可选用具有感应式延时自动关闭功能的便器冲洗阀、感应式节水型小便器和感应式水龙头等。

2.5.3　合理选择管材和配件避免管网漏损

合理选择管材与相应配件是避免管网漏损的基础条件，选用合适的管材和高性能阀门是避免隐形浪费的必要措施。

（1）给水管材：室内外给水管道要根据使用用途、水压和水质等合理选用管材，并采取有效的防腐、保护措施；按规范要求设置管道支架。

（2）选用方法：①PP-R管适用于室内小口径给水管道；②衬塑镀锌钢管适用于室内立管及干管，也适用于室外管道的敷设；③不锈钢管和铜管适用于室内、室外管道，但是造价较高；④铝塑复合管材质较软，常在室内装潢时选用；⑤PE管常用于燃气输送，当管道压力不高、管径不大时也可选用；⑥U-PVC管的连接方式为粘结，对胶粘剂要求较高，承压能力较小，建筑给水管道较少选用，可用于承压不高的雨水回用管道、绿化管道等，造价相对较省；⑦球墨铸铁管因自重较大，不宜在建筑室内使用，常用于用地范围内建筑周围的室外或城市给水管道。

2.5.4　校园自来水供水系统的优化配置

（1）建立自来水管网压力调控系统

工程实例：日本松山市，在 1982~1986 年间，建设了自来水供水管网水压调控工程。其主要功能是解决地形高差、位置不同造成的压力不均衡等问题，其结果减少了 10% 的管网漏损率。自来水供水管网水压调控系统由调压阀、压力传输、中心控制系统组成，在管网余压较高的区域设置调压阀，在灵活调整管网所需压力的基础上，还可以通过管道压力变化进行供水状况和是否有泄漏点的判断，达到节约用水和及时控制管道漏水的双重功效，降低管网漏损率。

（2）采取相对集中的二次加压供水方式

在总体规划布局的基础上，建设集中式二次加压供水系统和区域消防供水系统，可获得供水规模化效益，便于维护管理，减少二次增压供水系统管网漏损量。

2.5.5　节水绿化

节水绿化指根据选配的植物，采用了喷灌、微喷灌、滴灌等浇灌方式。节水绿化系统包括:绿化供水管道、喷头或"滴箭"等末端配水设备、水过滤器、增压供水系统和控制系统。为了使选用的设备和管道规模不至于过大，常常采用分区轮灌，按同时工作的分区数选择设备，配置管道。还可配套根据土壤湿度、日照、降雨量、蒸发和蒸腾量等实时控制参数确定浇灌时间的自动控制系统，使灌水量利用更经济高效，获得显著的节水效果。对于采用再生水作为水源的节水绿化系统，为了避免高压喷灌过程中产生更细小水雾分散至周围空气中造成有害微生物传播，应避免采用易于形成水雾的喷灌方式。

绿化供水系统应满足如下规定：①所有绿化供水系统均应采用节水浇灌技术；②应结合景观设计配置绿化浇灌设备；③绿化供水系统按分区轮换浇灌方式确定设备规模；④绿化供水系统的水泵流量、扬程等技术参数应满足服务范围内,各分区最不利点的水量水压要求。

2.5.6　用水计量

校园用水计量包括：自来水、再生水、回用的雨水等按水源计量；办公用水、实验室用水、教工宿舍用水等按用途计量；宾馆、学生宿舍、绿化等按不同付费单元计量等。实现上述计量的前提条件是应按用途、付费单元或管理单元设置用水计量装置。

付费单元：指一个或多个用水点（或用户）集中付费，则称为一个付费单元。例如：一幢建筑中包含多家单位，需按单位缴纳水费，则每个单位为一个付费单元。

管理单元：指一个或多个用水点（或用户）归属于一个部门统一管理和缴费，则称为一个管理单元。例如：一幢建筑或建筑群由多家物业公司管理，则每家物业公司为一个管理单元。

合理安装计量装置不仅可以满足分类收费的需求，而且可以监督水量漏失，有利于统计非传统水源利用率，以评价校园节水的成果。

注释

[1] 国家发展和改革委员会和水利部 . 全国水资源综合规划（2010-2030 年）[R]，2010.

[2] 水利部 .2011 年中国水资源公报 [R]，2011.

[3] 住房和城乡建设部 . 全国城镇污水处理管理信息系统 [R]，2013.

[4] 地表水环境质量标准（GB 3838-2002）[S]. 北京：中国环境科学出版社，2002.

[5] 国家环境保护总局 .2013 年中国环境统计年报 [R]，2014.

[6] 马建堂 .2009 年国际统计年鉴 [M]. 北京：中国统计出版社，2009.

[7] 世界粮农组织（FAO）. 世界粮食和农业领域土地及水资源状 [DB/OL]，2003.http://www.drcnet.com.cn.

[8] 陈志恺 . 人口、经济和水资源的关系 [DB/OL]. 中国水利网，2008.http://2004. chinawater. com.cn.

[9] 吕伟娅等 . 花桥国际商务城水资源综合利用规划研究 [R]. 苏州：江苏省住房和城乡建设厅科技发展中心，2010.

[10] 江苏省水利厅 .2009 年江苏省水资源公报 [R]，2011.

[11] 聂梅生 . 中国生态住区技术评估手册 [M]. 北京：中国建筑工业出版社，2007.

[12] 住房和城乡建设部 . 节水型城市考核标准 [S]，2012.

[13] 李宪法，许京骐 . 美国向节水型经济转变的重大战略决策 [J]. 给水排水，2001（6）.

[14] 岗村繁树 . 日本的节水管理 [R]. 北京：日本 JICA 集团，2009.

[15] 建筑给水排水设计规范（GB 50015-2010）[S]. 北京：中国建筑工业出版社，2010.

思考题

1. 什么是富肯玛克水紧缺指数？富肯玛克水紧缺指数有几档指标？

2. 什么是"污径比"？2013 年我国主要流域"污径比"最大的是哪一个？

3. 简述我国《地表水环境质量标准》（GB 3838-2002）的功能分区，哪类水不可以作为自来水厂的原水？

4. 什么是水的社会循环？请绘制框图表达。

5. 简述"低影响开发"理念和措施。

第3章

材料节约与绿色校园

材料是人类赖以生存的物质基础，材料创新始终伴随着人类社会前进的脚步。如今，绿色浪潮席卷全球，开发自然、造福人类是我们的责任，在利用自然的同时，保护自然、节约材料更是我们的义务。绿色材料是材料发展的必然，绿色意识的增强将提高产品的价值。21世纪绿色逐渐成为衡量材料品质的新标准，绿色材料已经成为国内外学术界和企业界聚焦的热点。[1] 材料的绿色化是绿色校园建设中不容忽视的环节。

3.1　材料绿色化评价体系和节材措施

3.1.1　材料绿色化评价体系

（1）绿色材料的概念与内涵

1988年在国际材料研究联合会召开的第一届国际先进材料大会（IUMRS）上，绿色材料的概念被第一次提出。绿色材料是在原料采取、产品制造使用和再循环利用以及废物处理等环节中与生态环境和谐共存并有利于人类健康的材料，它们要具备净化吸收和促进健康的功能。绿色材料不仅仅指在使用中对环境没有危害、对人类健康没有影响的材料，而且还在整个生命周期对环境均是有利的。在传统材料的功能性、舒适性的基础上，绿色材料强调材料在其整个生命周期中的环境协调性。校园生活中接触最多的材料是建筑结构和装修材料，绿色建材是指采用清洁生产技术所生产的无毒害、无污染、无放射性物质，利于环境保护和人体健康，对地球的负荷最小，对环境最为友好的建筑材料。

（2）绿色材料的评价

绿色材料的特征既包括按照绿色材料的基本思想和设计原则开发的新一代材料，也包括对传统材料的生态环境化改造，涉及材料设计、生产、运输、销售、使用处理等各个阶段。故而，对材料及制成品的环境行为评价应包括产品安全性能、产品质量、经济合理和重点突出等项目，并且要符合国家标准和使用惯例。[2]

Raja Chowdhury 等 [3] 采用全生命周期评价法对公路建筑材料的环境影响进行了评估，发现粉煤灰的生产运输成本、全球变暖潜能值及酸化潜势值极高，且在部分情况中更具毒性，而相比天然骨料，再生混凝土路面具有较高的全球变暖潜能值、酸化潜势值和较低的毒性。

（3）我国绿色建材评价体系

目前，阶段建筑材料绿色度的评价采用全生命周期的理念，将单因子评价体系贯穿于建材整个生命周期的四个阶段之中，即涵盖原料采集过程、生产过程、使用过程和废弃过程各阶段对环境影响显著的评价因素进行逐项评价。同时，必须满足基本目标（主要指品质要求）、环保目标、健康目标和安全目标的要求。将多项单因素指标组合成多项评价体系结构，各项评价指标根据其在体系中的重要程度确定不同的权重，通过评价模型，综合评价各种建筑材料的绿色度。

绿色建材产品的评价体系可概括为两大部分，即质量指标和环境指标。质量指标以产品质量指标是否达到或优于相应国家标准的建材产品为评价因子。环境指标涵盖建材产品生命周期中的原料采集过程、生产过程、使用过程和废弃过程中有关对资源消耗、能源消耗、环境污染诸方面的影响因素（图 3-1）。

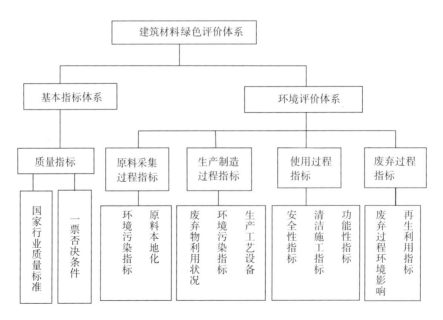

图 3-1　绿色建材产品评价体系框架
资料来源：赵平，同继锋，马眷荣. 我国绿色建材产品的评价指标体系和评价方法 [J]. 建筑科学，2007，23（4）：19-23.

依据不同的建材产品评价指标和原则，分析不同类型建材的上述评价因素的权重并量化，制定出不同建材产品的具体评价指标。通过对各项指标的实际达到值、指标值和指标的权重值进行计算和评分，综合得出某建材产品的绿色度指标。[4]

在北京奥运科技专项《奥运绿色建筑评估体系的研究》中，提出了绿色奥运和科技奥运的理念[5]，首次将建筑材料对建筑的影响作为独立而完整的评价内容加以研究。该项研究从全寿命周期过程评价建筑所用建筑材料的资源消耗（土地与耕地、森林与植被、水等）、不可再生能源的消耗（煤、石油、天然气等）、旧建筑材料利用率、固体废弃物处置、对环境的影响（CO_2 排放等）、对人类健康（有害气体、放射性等）的影响[6]，是对上述绿色建材产品评价体系较系统的一次应用。

3.1.2　各类耗材现状及节材中存在的问题

校园硬件设施的主体结构是建筑群体，在获得视觉美感和人体舒适感的同时，注重建筑材料的使用及节约也成为一大热点。

（1）各类耗材的现状

在高校建设和经济增长蓬勃发展的今天，建筑业呈现出欣欣向荣的景象，然而发展进程中对材料、能源、资源等的消耗也达到极其惊人的地步，寻求节约型的发展模式无疑是建设绿色化校园的重要环节。

首先，建筑材料作为建筑业的物质基础，始终扮演着举足轻重的角色。与此同时，建材工业既是对天然资源和能源资源消耗最高、破坏土地最多、对大气污染最为严重的行业之一，也是对不可再生资源依存度非常高的行业。据统计，人类从自然界获得的50% 以上的物质原料被用来建造各类建筑及其附属设备，这些建筑在建造和使用过程中又消耗了全球能源的 50% 左右[7]，在房屋建筑工程中建筑物成本的 2/3 属于材料费，大部分建筑材料的原料来自不可再生的天然矿物原料，部分来自工业固体废弃物。我国每年为生产建筑材料要消耗各种矿产资源 70 多亿 t，其中大部分是不可再生矿石、化石类资源，全国人均年消耗量达 5.3t。2012 年的数据结果显示，我国水泥产量为 22 亿 t，占世界水泥总产量的 62.86%，已连续 20 年居世界第一，其中 60% 的水泥用于商品混凝土或现场混凝土的拌制。由此看来，用于混凝土中的砂、石、水等基本原材料年用量巨大。其次，我国建筑业对其他建筑材料的消耗量也十分庞大，如玻璃、纸面石膏板（图 3-2），轻钢龙骨（图 3-3）以及化学材料等，这些材料的生产与消费，同样消耗了数量惊人的自然资源。

虽然我国是世界第一大水泥生产国，但水泥生产和应用的低散装率给我国造成了极大的资源浪费，这给今后的建材工业技术等相关领域提出了更高的要求。此外，由于包装纸袋破损和包装袋内残留水泥造成的损耗在 3% 以上，仅此一项，全国每年要损失近 2000

图 3-2　纸面石膏板
资料来源：http://blog.sina.com.cn/s/blog_5509545f0100ykt1.html.

图 3-3　轻钢龙骨
资料来源：http://www.fwxgx.com/question/gimq/detail/1294101.html.

万 t 水泥，价值 50 多亿元。

再者，建筑领域对环境造成的影响不可小视。据分析，我国目前每生产 1t 水泥熟料要排放 $1tCO_2$、$0.74kgSO_2$。根据美国橡树岭国家实验室 CO_2 信息分析中心（CDIAC）的数据，1751 ～ 2010 年全球累计 CO_2 排放达 13365.85 亿 t。[8] 而每年建筑领域排放的二氧化碳量占到总排放量的 35% 以上。因此，建筑业在满足建筑量的适当快速增长，以及建筑质量的全面提升的同时，尤其要满足低碳环保的环境友好要求。

（2）低碳与碳排放

这里提到了一个"低碳"名词，指较低（更低）的温室气体（CO_2 为主）排放。由此，引出"碳排放"问题。

低碳模式被提出后，受到了全世界专家学者的广泛关注和热捧。当前关于工业生产和化石燃料燃烧方面，碳排放核算的研究主要有四类，即 IPCC 清单法、实测法[9]、物料衡算法[10]、模型因素分解法等，不同的方式对应于不同的情况。建筑碳排放的核算涉及建筑生命周期中的生产、运输、施工、使用维护、拆除、回收及处理阶段的碳排放。通常，生活行为家庭碳排放的计算方法[11]包括排放系数法、投入产出方法、消费者生活方式方法、生命周期评价方法和碳足迹计算模型，其中碳足迹计算方法便于普及，故以此方法来进行说明。

碳足迹是指一个人的能源意识和行为对自然界产生的影响，简单讲就是指个人或团体耗碳量，目前国际上个人碳足迹估算方法主要有两种：由上而下（Top-Down）与由下而上（Bottom-Up）。由上而下以家户收支调查为基础，辅以环境投入产出分析，计算出一国中各家庭或各收入阶层碳足迹的平均概况；由下而上则利用碳足迹计算器，依个人日常生活中实际消费交通出行为估算依据，可选用由下而上的方法测算日常生活和校园运行中的碳排放量。

根据排放因子测算出活动或物质的碳足迹后，相加求和，即

$$E_{CO_2} = \sum Q_i \times C_i \qquad (3-1)$$

其中，E_{CO_2} 为碳足迹总量，Q_i 为 i 物质或活动的活动数据，C_i 为单位碳排放因子（CO_2 /单位）。例如，家居用电的二氧化碳排放量基本计算公式为：

$$碳排放量（kg）= 耗电度数（kWh）\times 0.785\ kg\ /\ kWh \qquad (3-2)$$

表 3-1 中列出了若干生活行为的排放因子。[12]

日常生活行为的排放因子举例　　　　　　　　　　表 3-1

日常生活行为	排放因子	
团体生活	电	0.96kg/kWh
	天然气	2.17kg/m³
	生活垃圾处理	2.06kg/ kg
交通出行	公交车交通	0.013kg/km
	火车交通	0.0086kg/km
一次性商品使用	塑料袋	0.1kg/ 千个
	纸制品	3.5kg/kg
	一次性筷子	23kg/ 千双
衣、食消费	肉类	1.24kg/kg
	粮食	0.94kg/kg
	衣服	6.4kg/ 件

资料来源：陈婉雪. 大学生个人碳足迹影响因素及测算研究 [J]. 现代商贸工业，2011，23（18）：220–221.

长期以来，工业领域的碳排放俨然成为 CO_2 排放源的代名词，反而忽略了校园、家庭等小团体的生活、行为导致的碳排放量。学校作为社会机构的重要组成部分，其各类运行活动（图 3-4）等过程因材料、资源的消耗而产生的 CO_2 数量巨大，随之而来的是日益增长的碳排放量和严重浪费的耗材。下列情景估计大家并不陌生：偌大的教室里空无一人，日光灯仍旧亮着，风扇始终运转着；垃圾筒旁堆放着书本、报纸、饮料瓶等，没有能够及时分类回收；而在食堂，一次性餐具依然倍受青睐；办公室内，雪白的单面打印纸张随处可见，另一面却未发挥应有的价值……殊不知，这些微小的细节，又导致多少碳排放量的增加呢？

国外对于降低碳排放从家庭入手采取了有效的行动。澳大利亚在

图 3-4　生活带来的碳排放
资料来源：http://www.nipic.com/show/1/21/6890878k1306cfc1.html.

2010年全面禁用白炽灯，此举可使澳大利亚每年减少80万t温室气体的排放。美国一些企业和政府机构在加州发起的"18s"节能行动（更换一个灯泡仅需要18s），力倡美国人更多地使用节能灯。日本环境省从2005年起提倡夏天穿便装，男士不打领带，秋冬两季加穿毛衣，女性放弃裙子改穿裤子。这样夏天可将空调的设定温度从原先的26℃调到28℃，仅这一项，办公室可节能17%，相当于节约原油155万桶。[13]英国政府则制定了强制性的建筑节能标准，要求住宅外墙必须采取双层保温措施，屋顶要铺设保温材料，外窗要做成双层，地板要铺隔热保温材料。采取这些措施后，冬天屋内只要开足两三个小时暖气，就可以温暖一整夜。

假若你留意校园的各个角落，会惊讶于耗材的惊人数量，发自内心地倡导节材行动，这是一种环保意识，一种实践态度，注意从自身角度节约耗材的使用数量，减小生活琐事的碳排放，从点滴做起，从现在做起。比如说，使用高效节能灯泡代替传统电灯泡，能避免4亿t二氧化碳释放；电视、电脑不用时及时切断电源，既节约用电又防止插座短路引发火灾的隐患；购买当地生产的食品、果蔬，能减少因为长途运输货品带来的额外的能源消耗和碳排放；多爬楼梯，少乘电梯，少坐一次电梯就可减碳2~6kg，尽量少用一次性用品等。[14]同时，植树活动的开展可确保碳中和的有效实施，每棵树每年可吸收0.107t CO_2，也可得到减碳的益处。

总之，低碳行为中，理应活跃着每个人的身影，只有注重这些不起眼的点点滴滴，我们才可以长久拥有更健康、更绿色的生活。

（3）节材工作存在的问题

我国建筑领域及校园耗材的情况令人瞠目，耗材数量巨大，浪费严重，这对整个国民经济的跨越式发展形成了负面影响。节材工作势在必行，针对建筑领域而言，节材内容主要存在以下问题：

1）因建筑节材是需要节材新技术体系作保障的，我国在这方面尚未建立新技术、新产品、新的设计和管理模式的研发及推广平台，新技术、新产品的推广应用滞后，使得建筑节材长期缺乏行之有效的技术途径。大部分的建筑规划和建筑设计未能适应社会的发展，导致大规模的老校楼宇改造和未到设计使用年限的建筑物被拆除[15]；加之，建筑设计和结构设计环境极少从节材的角度入手；另外，建筑垃圾等废弃物的资源化再利用程度低，致使可循环利用的材料资源丢弃程度较大。

2）由于缺乏相关的标准规范，如何实施节材措施、如何评价节材效果就成为一个大难题，建筑节材不可避免地存在盲目性和主观随意性。

3）缺乏有效的建筑节材激励政策、奖罚措施、强有力的法律法规体系和行政监管体系，未健全有效的建筑节材宣传机制，使得全社会的建筑节材意识不强，尚未形成全民关注建筑节材的局面，更未形成避免浪费、自觉节材的良好社会风气。[16]

4）建筑业中浪费材料的两大特点为：①业主自行装修，拆除原有厨卫的墙、地瓷砖，既大量浪费材料，又造成噪声和建筑垃圾；②为片面追求奇、特、怪，设计了不必要的曲面、飘板、构架等异形物件，不符合绿色建筑的基本理念。[17]

3.1.3 节约建材的主要措施

节材的方法应该体现在建筑物生命周期的各个环节以及设计、施工、采购等过程，在整个流程内，采用全新的科学技术，有选择、有必要地实行有效的节材措施，以达到节材的最终目标。

（1）设计理念

设计阶段的节材措施可以学科融合的方式实现，凭借优化设计的理念，将节材意识贯穿或渗透到建材产品和生产工艺的设计中，并为后续生产、施工、使用等过程提供基础，尽量采用可再生原料生产的或可循环再利用的建筑材料，减少不可再生材料的使用率。而优化设计是以数学中的最优化理论为基础，以计算机为手段，根据设计设定的性能目标，建立目标函数，在满足给定的各种约束条件下，求出最优的设计方案。而经过优化设计，可以在允许的范围内，使所设计的建筑结构更精细、更合理，性能更佳、质量更高，且更加节约建材，如在 2010 年上海世博会的国家电网馆项目中，设计阶段从建立的 BIM（建筑信息模型）[18] 关系切入，在保证建筑物功能和性能的同时，探寻降低建材使用的必要条件（图 3-5）。

（2）工厂化生产

材料的工厂化生产会节约很多材料，应努力开发此类概念的新技术，支持鼓励建材生产的工业化。工厂化生产是在总结传统材料生产工艺的基础上，改变原有的高污染、低效率、粗放型的生产模式，并充分利用先进的科学技术和管理模式，按照一定顺序完成工程多个或全部工序，消除工序衔接的停闲时间，以最短的时间、最稳定的质量、最高的性价比进行生产，降低成本，减小物耗与能耗，以形成建筑业生产与应用的新思路，实施材料的大规模生产，朝向材料加工的标准化、规模化、模块化和通用化发展。

（3）绿色施工及装配化施工

绿色施工是建筑全寿命周期的重要组成部分，通过改进传统管理思路和施工工艺，要引进信息化技术，依

图 3-5 国家电网馆项目
资料来源：http://www.nipic.com/show/1/48/4915631kbeaee5e6.html.

靠动态参数，进行定量、动态的管理，极大程度地减少对材料、能源和资源的消耗，降低污染物的排放，实现不可再生资源的高效利用，避免施工过程对环境的不利影响，彰显降耗和增效的理念。

与之相类似的装配化施工是一种集约化可持续施工手段[19]，它要求把多种不同种类的房屋视为工业产品，采用统一的结构形式，并且设计成套的标准构配件，利用先进的技术工艺，集中进行大批量的生产，然后在进驻现场实施机械化程度很高的安装，极大地减少了现场的工作，体现了节约的绿色内涵。

（4）材料的选购与优化

建筑选材充分考虑当地材料的选择及材料的特性，如寒冷地区，玻璃的选材原则就是最大程度地利用太阳能，有效地阻隔内部热能向外散失。另外，设计选材时考虑材料的可循环使用性能，包括金属材料、玻璃、铝合金型材、石膏制品、木材等；拆除旧建筑时的可再利用材料（不改变物质形态），包括砌块、砖石、管道、板材、木地板、木制品（门窗）等。[18]

（5）材料的再生利用

校园在运转中同样会产生大量的垃圾，学校管理部门应使系统自身承担废弃物的降解和减量工作。对废弃物的减量、降解、资源化处理能够降低校园的运行成本，增强校园生态系统的自足、自维持能力，增进校园对污染物的处理能力，可行的措施如垃圾分类收集并循环重复使用、生活垃圾用作堆肥或复合肥、利用垃圾焚烧产生的热能气化发电等。

（6）高新技术引进

科技的迅速发展带来一批革新的浪潮，建筑工程领域的高新技术层出不穷，如模网混凝土技术、陶粒新技术、建筑微晶玻璃技术等，推广资源节约和替代技术、能量梯级利用技术、绿色再制造技术及降低再利用成本的技术等，不断提高单位材料消耗产出水平，尽快使材料消耗从高增长向低增长、再向零增长转化，使污染排放量从正增长向零增长，再向负增长转化，从源头上缓解资源约束矛盾和环境的巨大压力。[20]

3.2 结构材料及围护材料

一般而言，结构材料是以力学性能为基础，以制造受力构件所用材料，同时对物理或化学性能也具有一定要求，如光泽、热导率、抗辐照、抗腐蚀、抗氧化性等。我国绝大多数校园建筑物为钢筋混凝土结构和砌体混合结构，其中，钢材、混凝土、砌体等为最常用的建筑结构材料，其质量直接影响建筑物的主体结构安全。除此之外，石材主要运用于地面、柱础、石柱等部位，木材因易于施工的优点也有一定数量的使用。建筑结构材料的使用类别差异，令建筑体呈现不同的结构，如木结构、砌体结构、混凝土结构、钢结构、混合结构等。而作为建筑物不可或缺的组成部分，围护材料的作用同样重要。顾名思义，建筑物的围护材料是指建筑物及房间各面的围挡结构所用物质，具有一定的强度和耐久性，兼有防水、防火、隔声、保温、隔热、美化等复杂性能。根据使用的区域不同，可分为墙体材料、地面材料、屋顶材料、玻璃幕墙（图3-6）等，常用的围护材料包括砖、砌块、板材等。如今，鉴于对建筑材料多重性能的要求，复合型的围护材料层出不穷，以砌块为例，国内常用的砌块类型为砌块与保温层复合型类别（表3-2），

图3-6 玻璃幕墙
资料来源：深圳音乐厅图片 [EB/OL]. 昵图网，2010-07-30.http://www.nipic.com/show/1/48/794fc6de0fc9a919.html.

具体包括蒸压加气混凝土砌块、陶粒混凝土空心砌块、炉渣混凝土空心砌块、普通混凝土空心砖等 [21]，能较大地降低建筑物综合造价，具有良好的经济和社会效益。

常用的砌块类型及特点 [22]　　　　　　　　　　　　　　表 3-2

类型	特点及应用
蒸压加气混凝土砌块	表观密度轻、力学性能较好，保温、隔热，具有可锯、切、钉、钻等特点，可减轻房屋自重，增加建筑使用面积，并且施工简捷、墙面平整、减少辅助材料用量，广泛应用于建筑的墙体
陶粒混凝土空心砌块	防火、质轻、高强、隔热、防潮，使用期可达50年以上。规格整齐，使用方便，施工时可随意切割、安装，适用于公共与民用建筑的框架填充墙、围护墙
炉渣混凝土空心砌块	表观密度轻、保温隔热性能好、原材料来源广，以工业废渣为原料，符合国家节地、节能及环保政策，广泛用于建筑墙体及低层房屋建筑的承重结构
普通混凝土空心砖	体轻、强度高、保温、节能，其生产过程不用烧制，不产生污染，能充分利用粉煤灰、煤渣、煤矸石等工业废料作为原料，不仅解决目前工业废料堆放的环境问题，而且节约土资源

资料来源：陈婉雪. 大学生个人碳足迹影响因素及测算研究 [J]. 现代商贸工业，2011, 23（18）：220-221.

3.2.1 结构支撑体系的选材及相应节材措施

结构支撑体系作为建筑的基石，在选择时需全面考虑整个工程的情况，并加以对比分析，选取高性能的材料，同时合理优化数量与结构，尽最大限度地节约用量，获得优良的性能。

（1）以高性能材料取代传统结构材料

加强高性能建材的研发和推广，以高性能材料代替普通材料，实现"以质代量"，减少建材总的消耗量。以钢筋为例，世界主要工业发达国家在钢筋混凝土结构中已淘

图 3-7　竹屋
资料来源：阴凉竹子用材 同济大学太阳能竹屋欣赏 [EB/OL]. 太平洋家居网，2010-07-29.http://sheji.pchouse.com.cn/zuopinku/ 1007/23715_all.html#content_page_2.

汰了低强度的钢筋，多采用高强度（400、500MPa）钢筋。我国高强度（400MPa）钢筋用量占总钢筋用量的30%～40%，中低强度钢筋用量占总钢筋用量的60%～70%。每1000t HRB335钢筋用HRB400钢筋代替约可节省钢材140t。[22]

又如，我国混凝土的应用特点是大多采用C30或C40的混凝土，C40以下的用量占80%以上；而国外C40以下使用量非常少，多采用C50、C60的高强混凝土。由于我国的设计习惯加之成本考虑，高性能混凝土的使用意识较为薄弱，若将我国混凝土应用提高1～2个强度等级，可通过材料性能的提升，以获得节材的效果。

再有，应大力推广应用新型结构材料，减小混凝土等结构材料的使用频率。现已出现的涉及铝合金、竹材等新兴结构材料，给原先的结构设计注入了新的生命力。

铝合金作为结构材料，其显著的特点[23]如下：自重轻，密度大概只有钢材的1/3；低温力学性能好，其强度、延伸率在低温下比在常温下更好；可以挤压成型，并可生产出热轧和焊接所不能得到的复杂截面的型材，使得构件截面的形式更加合理。

竹材则依托于尺寸和形状相对自由的优势，设计师完全可根据设计需要制造出不同形状的结构用材，这给建筑结构设计（图3-7）带来很大的自由度，也为大跨度建筑和各种富有创意的结构造型设计创造了条件，同时在建筑产品生产过程中，竹材易实现构件模数化、标准化，这对推进我国建筑住宅产业化和工业化，提高建筑的科技含量，实现材料可持续发展，有着广阔的前景。[24]另外，材料的高性能化也可从耐久性入手，如发展以耐久性为核心特征的高性能混凝土的工程应用技术，可以延长建筑物的使用寿命，减少维修次数，避免建筑物频繁维修或过早拆除造成的材料浪费。

（2）数量与性能的合理匹配

结构设计需实现材料数量与表现性能的最佳匹配，在满足安全性的同时，节约结构材料的使用数量。

当前已经兴起的预制装配式结构（简称PC结构）即以预制构件为主要构件，经装配、连接而成的混凝土结构。它用现代科学技术对传统建筑产业进行全面、系统的改造，通过优化资源配置，降低材料消耗，提高建筑的工程质量、功能质量、环境质量和建设劳动生产率水平，来实现建筑建设的可持续发展。[25]

3.2.2　围护结构的选材及其节材措施

建筑围护材料的性能尤为关键，保温隔热是其重要特征，对建筑降耗、节能的意义非同一般。窗是建筑能量损失的主要环节，通常做法是缩小窗墙比，控制范围在 0.45 以下。试验表明，南北墙窗面积率取 60% 时，如增加 10%，则制冷负荷就增加 4%。在玻璃的使用和设计应用上，除了要考虑常规的抗风压强度、保温效果、隔声效果、抗震性和装饰性外，还应该对采光、光反射、热工性能等进行计算。建议优先选用中空双玻璃窗户，加上热断铝合金遮阳板，可以调节热辐射强度，提高室内舒适度和温度控制。还可在人多的教室采用风动抽气风帽配以新风平衡置换系统，既改善室内空气质量又减少室内温度流失。[26]

围护结构的性能表现上，材料的选择影响极大，节材过程需提高传统材料的使用效率和综合特性，开拓高性能材料，并重视乡土材料的利用，为其注入新活力，改善功能特性。

3.3　装饰装修材料及其污染控制

3.3.1　常用的装饰装修材料及其污染现状

如前所述，建筑装饰装修材料的发展非常迅速，各类材料的品种变化也很快。为了解常用的装饰装修材料的基本性能和特点，在此，我们根据材料的性质分类，作一简要的介绍。

（1）建筑装饰石材

建筑装饰石材主要是指能在建筑物上作为饰面材料的石材，包括天然石材和人造石材两大类。

天然石材主要是指大理石、天然花岗石和石灰石等，是一类使用历史较为悠久的建筑装饰材料。通常建筑装饰石材都有较高的强度、刚度和耐磨性、耐久性等优良性能，还具有纹理自然、质感稳重、庄严宏伟的艺术效果。通过材料表面的加工可以达到良好的装饰效果。但是，天然石材质地坚硬，加工困难，自重大，开采和运输都不方便；在开采、加工过程中容易形成对自然环境的破坏和形成人为的污染源；同时，需要考虑自然界的储存量。天然石材一般都含有不同程度的杂质，例如碳酸钙质的石材在大气中容易受二氧化碳、碳化物、水汽等的作用而发生风化或溶蚀，而使表面失去光泽。经检测表明，绝大多数天然石材中所含的放射物质的剂量很小，一般不会危及人体健康。

人造石材又称合成石，它是以水泥或不饱和聚酯树脂为胶粘剂，配以天然大理石或方解石、白云石、硅砂、玻璃粉等无机物粒子，以及适量的阻燃剂、稳定剂、颜色等加工而成的一种石材。常见的有水磨石板、人造大理石板、人造花岗石板和微晶玻璃板等。

（2）建筑装饰陶瓷

应用于建筑领域的装饰陶瓷制品，主要包括墙地砖、琉璃制品、卫生设备及园林陶瓷制品等。其中，以陶瓷墙地砖和卫生设备的使用最为广泛，具有成本低廉、方便施工、使用美丽和便于清洁等特点。真正体现了建筑所追求的"实用、经济、美观"的建筑原则。陶瓷生产所使用的原料主要还是天然黏土、岩石粉和一些无机物料。生产过程中会涉及一些粉体的加工和高温烧结等工艺过程。随着生产的发展和技术水平的提高，相关的工艺流程对环境造成的影响也得到了较好的改善。

（3）建筑装饰玻璃及制品

建筑玻璃是一种无定形的硅酸盐制品，为各向同性的均质材料。建筑玻璃的性能可通过改变其化学组分而发生变化。通常的建筑玻璃及制品都含 SiO_2（70% 左右）、Na_2O（15% 左右）、CaO（10% 左右）和少量的 MgO、Al_2O_3、K_2O 等氧化物。因此，建筑玻璃及制品通常也被称为钠钙硅系统玻璃。随着现代建筑发展的需要，玻璃及制品已经成为十分重要的室内外装饰材料之一，已从过去单一的采光功能向着多功能、多用途、多品种的方向发展，如调节热量、节约能源、控制光线、控制噪声、降低建筑物自重、改善建筑物的室内外环境和增强建筑物外观美感等功能。建筑装饰玻璃及制品通常有普通平板玻璃，是建筑工程中用量最大的玻璃，主要用于建筑物的采光或作为各种功能化窗玻璃的原片材料，在大量的建筑装饰玻璃被不断应用到建筑物中的同时，有关如何防止或减少使用建筑玻璃所产生的光污染问题将成为亟需解决的重要课题之一。

（4）建筑装饰金属

金属装饰装修材料以其独特的光泽与色彩、庄重华贵的外表、经久耐用等特点，在建筑装饰工程中被广泛应用。金属材料通常分为两类：一类是黑色金属，其基本成分为铁、铁碳合金，如钢铁等。另一类是有色金属，如铝、锌、锡及其合金等。从使用性能上看，一种建筑装饰金属为结构承重材料，起支撑和固定的作用，多用于骨架（轻钢龙骨、烤漆龙骨、铝合金龙骨等）、支柱（结构钢、钢板等）、扶手、爬梯等；另一种建筑装饰金属为饰面材料，如各种铝塑板、彩色涂层钢板等。

需要指出的是，一些合金材料，例如铝合金由于具有良好的可塑性和独特的建筑装饰效果，在建筑装饰工程中已得到广泛的应用，如幕墙、门窗框、屋架等。

（5）建筑装饰用木材

木材具有许多优良的性能，如材质较轻，强度较高，弹性和韧性较佳。此外，导热性低，易于加工和表面涂饰。对电、热和声音都有高度的绝缘性，有美丽的自然纹理，装饰性较好。木材的这些性能都是其他材料所无法替代的，它不仅是我国具有悠久历史的古建筑主要材料，而且也是现代建筑的主要装饰材料。木材的缺陷是易曲翘、易受虫蛀、易燃、吸湿性大。建筑装饰用木材的主要产品包括：①实木地板，由天然木板材，通过干燥处理，锯、刨、磨、裁等工序精加工而成。实木地板能够很好地展现木材的优良性能，但是使用时要注意采取防蛀、防腐、防火和通风措施。②实木复合地板，既有实木地板的美观自然、脚感舒适、保温性能好等长处，又克服了实木地板的不足或缺陷，且安装方便，不需打龙骨。但实木复合地板的结构特征是多层木材的交错压制，在生产过程中会使用一定量的甲醛。若生产技术标准控制不严的话，容易给用户的使用环境带来一定的污染。③其他木制品，如装饰贴皮，是指以木材或纸材为原料，经加工处理而成，可贴于制品表面的装饰面材。护壁板和木装饰线脚，包括各种企口条板、胶合板、纤维板、细木条板和装饰线脚木条等。其中，装饰线脚是现代装饰工程中应用较为普遍的材料，巧妙使用这些装饰材料，可以起到以小见大，创造出复杂华丽的装饰效果。

（6）建筑装饰塑料及制品

建筑装饰塑料及制品一般都具有质轻、绝缘、耐腐、耐磨、绝热及隔声等优良性能。塑料的原料来源丰富，生产工艺简单，加工成型方便，生产企业的规模可大可小，生产品种的变化也比较容易。塑料是以合成树脂为基本原料，再按一定的比例加入各种填充料、增塑剂、固化剂、着色剂及其他助剂等加工而成的材料。

建筑装饰塑料的主要产品包括塑料壁纸、塑料地板、塑料装饰板、塑料门窗和其他塑料制品。一般而言，产品在生产过程中有严格的技术标准或要求，因此，它们对居住环境的影响是安全的，但若忽视生产技术标准或人为降低生产标准，选用劣质原料等就有可能在使用这些制品的同时也给居室内的空气质量造成不良的影响。原因是一些添加的助剂，如合成胶粘剂在使用过程中可以挥发出一定量的有机污染物，如含酚或苯的有毒性气体等。长期接触或受这些有机物的污染，会对人体和环境产生不良的影响。此外，一些建筑装饰塑料制品，如壁纸在长期使用后，容易在其表面粘附各种油脂或粉尘，且难以清除，成为室内病原微生物的滋生地，而影响居住生活质量。

（7）建筑装饰涂料

涂覆于物体表面能干结成膜，并具有防护、装饰、防腐、防水或其他特殊功能的物质称为涂料。我们将涂覆于建筑物表面，如内外墙面、顶棚、地面和门窗等部位，能与基体材料很好粘结，形成完整而坚韧保护膜，并能起到防护、装饰及其他特殊功能的涂料称为建筑装饰涂料。建筑装饰涂料通常可以分为：内墙涂料、外墙涂料、地面涂料、防火涂料、木器涂料等。建筑装饰涂料是由几种甚至几十种物质经混合、溶解、分散等生产工艺而制成的。其主要成膜物包括基料、胶粘剂和固化剂；次要成膜物包括颜料、填料、稀释剂等。稀释剂又称溶剂，是一种能够溶解油料、树脂，且又容易挥发，而使树脂成膜的有机物质。所以，稀释剂是建筑装饰涂料的一个重要的组分，其对环境的影响最大。常用的有机稀释

剂主要有松香水、酒精、200 号溶剂汽油、苯、丙醇等。[27]-[29]

3.3.2　建筑装饰装修材料绿色化趋势

建筑装饰装修材料的使用已有几千年的历史了，如我国的"秦砖汉瓦"，各种色彩及造型的建筑琉璃制品、富有玻璃光泽的孔雀石材等古代的建筑装饰材料，赋予了中国古建筑独特的神韵。随着科学技术的进步和建材工业的发展，建筑装饰装修材料的变化也日新月异。我国新型装饰装修材料从数量、质量、品种、性能、规格和档次等各方面都已进入了新的时期。今后一段时间内，建筑装饰装修材料将向以下几个方向发展[28]：①从功能单一向多功能、高性能发展。研制轻质、高强度、高耐久性、高防水性、高抗震性、高保温性和高吸声性的建筑装饰装修材料，对于提高建筑物的艺术性、安全性、适用性、经济性及使用寿命等都有着非常重要的作用。②从天然材料向人工复合材料发展。天然材料一直是房屋装饰装修的主要原材料。但一方面由于自然资源的过度开采和再生能力的降低所造成的自然资源的枯竭已成不争的事实。另一方面，现代科学技术的不断进步，也为我们提供了更多的新工艺、新设备、新技术和新产品。例如，各种人造大理石、人造皮革、化纤地毯、高分子涂料及木制人造板、铝塑板等人工复合材料得到大量应用，不但控制和减少了对国家重要生产资源的开采和利用，而且又满足了建筑空间的使用功能和美观要求，同时价格低廉，安装使用方便。③从普通材料向绿色、环保产品发展。近年来，随着我国人民群众生活水平的提高，室内装饰装修的要求也得到了极大的提高。尤其是对因装饰装修材料引起的室内环境污染对人类身体健康的影响予以了高度重视。为了预防和控制建筑装饰装修材料所产生的室内环境污染，保障公众健康，维护公共利益，国家有关部门已经制定了多项法规政策，引导或促使普通的装饰装修材料向绿色、环保型产品发展。绿色材料是指在原料、产品制造、应用过程和使用以后的再生循环等环节中对地球环境负载最小和对人类健康无害的材料。所以，建筑装饰装修材料的绿色环保是必然的发展趋势。

3.3.3　建筑装饰装修材料选材及其节材措施

合理选择建筑装饰装修材料是建筑工程建设中的重要环节。选择的原则应该是在充分理解建筑设计意图、用户要求的基础上，综合考虑建筑物的环境、气氛、空间、功能及各类材料的用量和合理的经济预算等因素。从材料的角度考虑，应该注意：

（1）安全与健康的选择是第一位的。

现代建筑装饰装修材料中天然材料的使用会越来越少，人工合成的材料却较多，绝大多数的装饰材料对人体是无害的、安全的。但是也有少部分装饰材料含有对人体有害的物质。如石材中含有对人体有害的放射性元素，木质装饰品特别是木芯中含有挥发性的甲醛，涂料中含有苯、二甲苯等。这些物质都是有害人体健康的，选购时可查阅有关的环保监测和质量检测部门的报告，未超过国家标准规定范围的，可以放心选购。此外，装饰装修工程结束后，不宜马上搬入，注意打开门窗通风一段时间，待涂料、木质制品中的挥发性物质基本挥发尽，对人的眼、鼻、呼吸道无刺激后再住进为好。

（2）色彩的选择需要充分顾及。现代建筑装饰装修的理念已有极大的变化。装饰材料敷设在建筑物的表面，不仅仅起着保护建筑物的作用，借以美化建筑与环境，造就一个舒适、温馨的居住、工作环境也是一个重要的原因。

（3）材料的耐久性、舒适性以及节省能耗、经济适用、施工可行性等问题也是选择装饰装修材料时需要考虑的项目。一般而言，作为建筑物外墙选择的装饰材料，需要注意材料的美观和耐久性。

随着现代化建设事业的不断发展和人们生活水平的日益提高，现实生活中通过建筑装饰装修材料的选择，创造出高品质的生活空间、高品位的精神空间和高效能的功能空间已经成为事实，并为越来越多的人所追求。然而，资源总是有限的，因此，我们还需要遵循可持续发展的原则，合理选材，节约用材。在工程应用中通常可采取以下几方面的措施，有效实现节约材料、资源综合利用的目标：

（1）杜绝过度装饰装修现象，不以巨大的资源消耗为代价片面追求美观，设计中严格控制造型要素中没有功能作用的装饰材料，提倡使用绿色建筑装饰装修材料的理念。同时要坚决杜绝使用劣质材料，以减少日后为改善室内污染所采取的修缮工程。

（2）鼓励使用当地生产的建筑装饰装修材料，提高就地取材制成的建筑产品所占的比例。最大程度地减少因运输过程所造成的材料损耗、资源浪费、能源消耗对环境的污染。

（3）鼓励在建筑装饰装修材料中合理采用耐久性和节材效果好的建筑材料、鼓励在施工过程最大限度地利用建设用地内拆除或其他渠道收集得到的可以再利用的旧建筑装修材料，达到节约原材料、减少废物的产生，并降低由于更新所需材料的生产及运输对环境的影响的目的。

3.4　材料的循环利用

材料是人类赖以生存的物质基础，这一简单的定义便透彻指出材料对于人类生存和社会发展的巨大意义，故而，我们亟需将材料的重大使命发挥到极致，方可真正实现循环的价值理念。

3.4.1　建筑生命周期循环系统

建筑从最初的规划设计到随后的施工建设、使用管理及最终的拆除，形成了一个全寿命周期。关注建筑的循环理念，意味着不仅在规划设计阶段充分考虑循环因素，而且确保施工过程中对环境的影响最低，使用管理阶段能为人们提供健康、舒适、低耗、无害空间，拆除后使得建筑垃圾对环境的危害降至最小。

减少、消除建筑垃圾的一个重要途径是旧建筑材料的循环利用。它是将原有直线型思路"生产－建造－使用－废弃"转变为"生产－建造－利用－拆卸－再生产－再利用"的循环发展思路，这一闭合循环将使排放的建筑垃圾最小化。整个体系是一个绿色系统，本质是物质系统的首尾相接、无废无污、高效和谐、开放式闭合性的良性循环。

（1）材料生产阶段：资源开采、材料生产、产品运输。资源开采是直接向自然界索取的环节，如炼铁要采掘大量铁矿石，生产水泥要使用石灰石等原材料，砂石骨料要开山采矿等。其主要影响是破坏植被与景观、消耗资源能源、污染环境、增加碳排量。

（2）建造使用阶段：初始建造、使用维护、更新改造。该阶段将生产出的各种材料构件组合成为建筑整体，除了初始建造与更新改造环节有少量废弃物会排向自然系统外，这一阶段很少有资源消耗。使用维护环节因保温、隔热、通风等需要会消耗整个建筑生命周期的大部分能源。

（3）建筑拆除阶段：建筑拆除、材料回收、垃圾处理。建筑拆除环节产生的一部分材料回收后粉碎或熔化，向材料生产环节提供原料；另一部分经过简单加工直接作为新建建筑或旧建筑更新的构件，基本保持原有形态；剩下的一部分变成垃圾排向自然界。[30]

3.4.2　可循环建材

在材料再利用的过程中往往需要消耗大量能量。通常来说，一个耗能量低、可循环比例高或具有显著环境效益的产品，是可持续设计的完整选择。

（1）可循环铝材在建筑中的应用

由于铝材其循环再利用可节省高达 95% 的耗能量，具有轻质、造价低、刚性及耐腐蚀性强等特点，同时上文已指出，其循环再利用的意义非凡，因而，目前铝材的可循环利用在国外亦有普遍应用。如 2002 年建筑师 Micha de Haas 为 Aluminum Centre 设计的一座平衡于银色纤细的铝柱林之上的 1000m² 盒状建筑体，被称之为"图钉上的火柴盒"。在整个荷兰景色中，这座新建筑仿佛是一件雕刻品。所有的元素（柱、楼梯、窗框、甚至是砾石）都是由铝制造，加入到结构中表达并必然形成了一种惊人的综合体。这是一个由 36 个不同型号的柱子组成的架子，其柱子的直径与跨距成比例。弯曲成为这种规模建筑中的一个要素。一些柱子被弯曲成 X 形，仿佛被风吹弯，就像在森林中一般（图 3-8）。这些 400m³ 的柱子看起来要轻得多，出乎意料地坚实而轻巧是这种尺度柱子的核心理念。而这些铝材在没有质量损失的同时，是 100% 可循环利用的。除了混凝土基础外，Aluminum Centre 能够被完全地拆开并将组件进行再利用。[31]

图 3-8　图钉上的火柴盒
资料来源：http://www.denooyer.nl/en/architecture-photographer/.

（2）可循环纸材在建筑中的应用

随着建筑材料革命的到来，已经实现了将纸制管状材料或"演化的木材"用作一种经济性及可循环性的建筑材料。[32]通过复杂精密的工程学，将卡纸板管材的使用扩展至更为复杂的结构中，如火车站、日本社区教堂，以及 2000 年汉诺威博览会上的日本豪华帐篷。该豪华帐篷成为当时建造规模最大的纸制构筑物，将博览会"人类 – 自然 – 技术"的主题表达得更加深刻。建筑斜格状的主体结构由细长的卡纸板管构成，在节点处采用白色粗绳捆扎，刚度以细丝般的木桁架提供。屋顶覆盖物是经防水及防火特别处理的半透明可循环纸材，以内部透明 PVC 膜作为强化。穹隆结构的端部同样采用斜纹网格形式的卡纸板材料进行封闭，由木材进行强化并在节点处由金属管连接。建筑的整个结构重量被传至由大量砂砾所组成的地基上，有着钢骨架的脚手架木板将砂砾围合于地面之上，由于砂子的使用不同于混凝土，可进行再利用，而建筑所采用的钢材、木料及可循环的德国纸制管体材料亦如此，当展览结束时，这里大部分的建筑构件可进行再利用。

3.4.3　废弃物的循环利用

如今，我国大力提倡可持续发展，建筑、材料也应当如此，那么"废弃物"的概念便不复存在了。人们常说，废弃物是"放错了地方的资源"，因此，"物尽其用"需进一步拓展含义。

（1）明代建造的以坩埚为建材的城墙

谈起废弃物的利用，我国古代已有将一般废弃物用于建筑中的实例。[33]我国华北地区现存尚好的明代民居代表、建筑史上的稀缺实物资料砥洎城，就是一则以炼铁废料做建材的典型。当初修建砥洎城时，城墙上大量采用古代炼铁后废弃的坩埚用作建筑材料，不仅坚固耐久，而且节约了城砖。因砥洎城外侧包着青砖，与其他城墙同出一辙，而从城墙

图 3-9　明代建造的以坩埚为建材的城墙
资料来源：http://www.mafengwo.cn/i/3246261.html.

内侧，可以清晰地看到密密麻麻、整整齐齐排列的孔洞，类似于"蜂窝"，这是坩埚与石条混砌的特殊结构（图 3-9）。坩埚城墙坚不可摧，故而砥洎城在数百年风吹雨打中仍然能够比较完整地保存下来。在明清时期，当地冶炼业发展达到了一个高峰，当地富商把冶铁业带来的财富构筑成坚固的城堡。可见，我国古代劳动人民已有如此强大的循环意识，且此座城墙至今保存较好，足见此类材料循环利用的耐侵蚀性之强。

（2）废弃轮胎作装饰材料

将废弃之物用作建筑室内外装饰材料的做法，如今已在国外建筑界悄然兴起。在美国宾夕法尼亚的一个活动中心设计中，建筑师 Bohlin Cywinski Jackson 创新地使用了可循环利用的废弃橡胶轮胎作为建筑立面的墙面板，通过材料、用途与审美的巧妙结合，该建筑体现出对循环概念认知的重要性，显示出高超的工艺。在该建筑逐渐弯曲的长长墙面上，覆盖着由废弃轮胎制成的细长片状"墙面板"。这些汽车轮胎是从河岸、停车场及其他地方捡来，经切割成为与轮胎宽度相同的条形"板材"，它们垂直固定并相互连接地排布，形成了一种耐用、防水的建筑表皮。然而，由于轮胎各自不同的胎面花纹，为其粗糙的表面质地增添了多样性（图 3-10）。[34]更重要的是，这种对废弃材料的循环再利用方式，实现了具有环保意义的创造性设计。

图 3-10　废弃轮胎作装饰材料
资料来源：张娟. 建筑材料资源保护与再利用技术策略研究 [D]. 天津：天津大学建筑学院，2010：34.

（3）建筑垃圾作景观设计

建筑垃圾如碎石、边角废料等可用于校园、园林等的景观设计，用碎石拼接图案或用碎瓦结合卵石获得几何图形，用旧石板、石块拼作花纹图案路面，用旧砖和卵石构成不规则形状路面，用剩下来的边角废料构成条状方块的路面等。这样一来，既形成古朴自然的美观效果，又充分利用旧材料，实现了材料循环使用的价值。

（4）生态住宅样板房

英国建造了一座名为 Integer 的生态住宅样板房（图 3-11），住宅建筑为一幢三层木结构住宅。为充分利用地热资源，卧室设在底层；建筑围护结构达到英国建筑节能设计最新标准，其坡屋面采用玻璃幕墙架空封闭，顶面开设天窗并安装了两个约 $1m^2$ 的太阳能热水装置，两端天沟设置雨水集中管，并通过中间水循环管道再生利用；建筑物基础混凝土采用再生骨料，外墙和地板为旧房回收废料，墙体采用由废纸纤维制成的保温材料；屋内的家用电器也全都是节能产品。[35] 据测算，该示范建筑比传统节能建筑还要节能 50%、节水 1/3，其太阳能热水装置可提供 60% 的供热需求，整个建筑材料的使用与设计无处不体现了生态循环、可持续发展原则。这样一栋外观平常的建筑竟然有如此惊人的数据结果，的确可见材料循环利用的潜力无穷、前景光明。

（5）2010 年世博会上海生态家

"沪上生态家"按照国家三星级绿色建筑设计标准设计，采用无机保温砂浆复合保温墙体、双层窗体系、可调外遮阳等组成的夏热冬冷地区气候适应性节能体系，水源热泵区域供冷采暖系统，以及太阳能和风能的建筑一体化应用等，实现建筑综合节能水平将超过 60%，其中住宅部分节能 70%。在全部 30 个技术专项中，节能减排专项占了 1/3。一连串骄人的数据可兹证明：可再生能源利用率 50%，非传统水源利用率 60%，固体废料再生的墙体材料使用率 100%，每平方米每年耗电 35kWh（图 3-12）。

建筑主体结构材料全部采用城市固废再生建材，装饰装修材料全部采用 3R 材料，采用生活废水处理回用系统和雨水收集系统，减少建造过程和运营过程中的资源消耗。实现

图 3-11　生态住宅样板房
资料来源：http://news.hfhouse.com/html/199874.html.

图 3-12　沪上生态家
资料来源：http://www.ikuku.cn/post/44989.

可循环材料利用率 10%、可再利用建筑材料使用率 5% 等。建筑的大部分工程材料来自"垃圾"。其中，60%~70% 的水泥来自粉煤灰，15 万块青砖都是废旧的；建筑外墙由"淤泥砖"砌成，它们取材于苏州河底的淤泥；而建筑内墙也全部应用新型的固废再生材料。

　　概括来讲，从当前的严峻形势看，无论是建筑材料，还是日常耗材，摆在我们面前迫切的任务是必须走出一条循环发展的道路，努力践行节约的行为准则，以可持续理念探索与自然的协调统一，在低碳模式下实现长期稳定的发展。

注释

[1] 李守泽，李晓松，余建军. 绿色材料研究综述 [J]. 中国制造业信息化，2010，39（11）：1–5.

[2] 乌春林. 电动工具绿色设计技术的研究 [D]. 苏州：苏州大学机械工程学院，2011：35.

[3] Raja Chowdhury, Defne Apul, Tim Fry. A life Cycle Based Environmental Impacts Assessment of Construction Materials Used Inroad Construction[J]. Resources, Conservation and Recycling, 2010, 54（4）:250–255.

[4] 赵平，同继锋，马眷荣. 我国绿色建材产品的评价指标体系和评价方法 [J]. 建筑科学，2007，23（4）：19–23.

[5] 绿色奥运建筑研究课题组编著. 奥运绿色建筑评估体系 [M]. 北京：中国建筑工业出版社，2003.

[6] 龚平. 电动工具绿色设计技术的研究 [D]. 重庆：重庆大学材料科学与工程学院，2007：35.

[7] （英）Randall McMullan 著. 建筑环境学 [M]. 张振南译. 北京：机械工业出版社，2003：56.

[8] Boden T.A., Marland G., Andres R.J. Global, Regional and National Fossil–Fuel CO_2 Emissions. Carbon Dioxide Information Analysis Center, Oak Ridge National Laboratory, US Department of Energy, Oak Ridge, Tenn., USA[Z], 2011.

[9] 张德英，张丽霞. 碳源排碳量估算办法研究进展 [J]. 内蒙古林业科技，2005（1）：20–23.

[10] IPCC, OECD, IEA. Revised 1996 IPCC Guidelines for National Greenhouse Gas Inventories [R]. Bracknell:IPCC，1996:21.

[11] 曾静静，张志强，曲建升等. 家庭碳排放计算方法分析评价 [J]. 地球科学进展，2012，31（10）：1341–1352.

[12] 陈婉雪. 大学生个人碳足迹影响因素及测算研究 [J]. 现代商贸工业，2011，23（18）：220–221.

[13] 日本的低碳革命与国民节能自觉行动 [J]. 节能与环保，2009（5）：6.

[14] 胡玉东，瞿丹丹. 大学生低碳生活方式现状及对策调查报告 [J]. 中国电力教育，2010（6）：196–197.

[15] 张仁瑜. 建筑节材：推广应用材料资源新技术 [J]. 新型墙材，2007（14）：44–45.

[16] 赵霄龙，张仁瑜. 建筑节材功在当代利在千秋 [J]. 住宅产业，2005（8）：19–22.

[17] 王有为.《绿色建筑评价标准》要点 [J]. 建设科技，2006（7）：14–16.

[18] 过俊，陈宇，赵斌. BIM 在建筑全生命周期中的应用 [J]. 技术专栏——BIM 技术应用：209–214.

[19] 王军翔. 绿色施工与可持续发展研究 [D]. 济南：山东大学建筑与土木工程学院，2012：10.

[20] 李彦军. 循环经济与我国外贸可持续发展 [D]. 武汉：中南民族大学经济学院，2005：47.

[21] 刘阳河，张佳. 钢结构住宅的建筑外围护体系探究 [J]. 邮电设计技术，2011（1）：73–76.

[22] 马传喜. 低碳经济与建筑选材 [J]. 四川建筑，2011，31（2）：1.

[23] 石永久，程明，王元清. 铝合金在建筑结构中的应用与研究 [J]. 建筑科学，2005，21（6）：7–11.

[24] 张叶田，何礼平. 竹集成材与常见建筑结构材力学性能比较 [J]. 浙江林学院学报，2007，24（1）：100–104.

[25] 吴水根，谢银. 浅析装配式建筑结构物化阶段的碳排放计算 [J]. 建筑施工，2013，35（1）：85–87.

[26] 范全志. 智能化推进绿色校园建筑的探讨 [J]. 能源与环境，2005（2）：36–37.

[27] 张书梅 . 建筑装饰材料 [M]. 北京：机械工业出版社，2003.

[28] 闻荣土 . 建筑装饰装修材料与应用 [M]. 北京：机械工业出版社，2007.

[29] 张洋 . 装饰装修材料 [M]. 北京：中国建材工业出版社，2005.

[30] 贡小雷 . 建筑拆解及材料再利用技术研究 [D]. 天津：天津大学建筑学院，2010：20–21.

[31] 张娟 . 建筑材料资源保护与再利用技术策略研究 [D]. 天津：天津大学建筑学院，2010：44.

[32] 张娟 . 建筑材料资源保护与再利用技术策略研究 [D]. 天津：天津大学建筑学院，2010：36–38.

[33] 中国经济网 . 砥洎城：坩埚铸造的坚固之城 [N/OL]，2014–09–21. http://sx.ce.cn/23/201409/21/t20140921_1826567. shtml.

[34] 张娟 . 建筑材料资源保护与再利用技术策略研究 [D]. 天津：天津大学建筑学院，2010：34.

[35] 敖三妹 . 绿色建筑与绿色建材 [J]. 江苏建筑，2005（3）：56–58.

思考题

1. 请测算你在日常生活中和你们学校校园运行中的碳足迹数据。

2. 材料节约实现的方式有哪些？

3. 如何实现材料的循环利用？在生活中，为提高材料循环用率，我们可以怎么做？

第4章

气候变化与绿色校园

4.1 气候概述

4.1.1 气候的基本要素

气候作为自然界的一种现象，与人类社会有着密切的联系。"气候"一词源自古希腊文（κλιμα），原意为"倾斜"，指各地气候的冷暖同太阳光线倾斜程度有关。各地的气候成因较为复杂。太阳辐射、大气环流、下垫面状况（如海、陆、植被）和人类活动是气候形成的几个主要因子。然而，这些因子之间如何互相作用而形成一个地方的气候特征，尚待进一步研究。

（1）太阳辐射

地球上的热量以及产生大气运动和洋流等的能量来自太阳辐射。太阳辐射强度随纬度和季节而变化，在一天内随日出至日没的昼长而变化。到达大气上界的太阳辐射主要是短波辐射，光谱的 99% 在波长 $0.15 \sim 4.0\,\mu m$ 之间。地面和大气辐射是长波辐射，主要在波长 $3 \sim 120\,\mu m$ 之间。飘浮在大气中的云、尘埃和其他微粒吸收反射和散射的太阳辐射。因此，云量的变化及其分布、火山爆发后的尘埃、工业污染的烟尘等物都可能使气候发生变化。

太阳辐射是重要的气候资源，同时也是大气中的物理过程和现象形成的基本因子之一，对于天气和气候的形成具有决定性意义，尤其在城市中太阳辐射会影响局部的空气温度和舒适度，从而影响微气候环境，包括建筑室内热环境、室内采光、住区的外环境如小区的植被绿地生长、人们的室外休闲活动等。[1]

（2）下垫面性质

地球表面的 71% 为海洋，其余为陆地。海洋和陆地的差异，对气候产生显著的影响。水的比热大于任何其他普通物质，一定的辐射热量使水面升温最少。太阳辐射可透射到水的一定深度，当太阳光线直接投射到水面时，在水体 10m 深处的太阳辐射量相当于水面表面太阳辐射量的 18%；而在陆地，太阳辐射变化只能影响到很浅的深度。干的沙和土的比热、导热系数很小，热量得失和温度升降都很快。例如，沙漠地面的温度日变化一般都在 40 ~ 50℃，而热带洋面温度日变化通常小于 1℃。海洋中向北和向南的洋流能够有效地交换高纬度和低纬度地区的热量。不同地形常常形成局地气候差异。例如，山脉迫使气流上升、冷却，水汽凝结，向风坡雨量增多，而背风坡雨量减少。

又如，在山地，由于山坡和谷地增热不同，形成山谷风（图 4-1）；海（湖）边由于水和陆增热不同，形成海陆风（图 4-2）。在城市，由于人类活动的强烈影响，产生特殊的下垫面，形成一种特殊的城市气候。

（3）大气环流

太阳辐射随纬度的分布、季节的变化，以及海陆的存在和地球自转的偏向作用，使得各地的气温、湿度、气压均不相同。空气总是由高压流向低压，力图使各地的气压、气温、

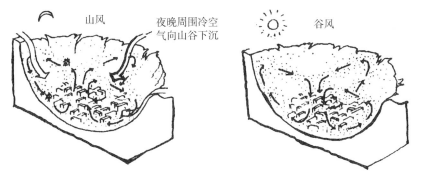

图 4-1　山谷风示意图
资料来源：吴志强、李德华 . 城市规划原理 [M]. 第四版 . 北京：中国建筑工业出版社，2010.

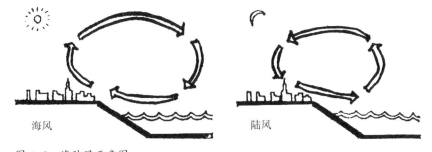

图 4-2　海陆风示意图
资料来源：吴志强、李德华 . 城市规划原理 [M]. 第四版 . 北京：中国建筑工业出版社，2010.

湿度趋向一致，于是形成大范围的气流运行，包括经圈环流和纬圈环流、行星风系，以及形成气旋、反气旋、锋面等。其所经之处，往往产生风、晴、阴、雨、雪等各种天气现象，对气候形成起重要作用。

（4）人类活动

人类利用和改造自然，改变了下垫面的性质，往往自觉或不自觉地改变着气候。尤其是产业革命后的一百多年来，人类干预自然的能力空前提高，涉足的范围也超越了地球之外。有些措施使气候得到改善，如湿地保护、植树造林等；有些行为则使气候恶化，如森林砍伐、无休止的土地开发等。由于人类社会工业化、城市化的发展，燃烧煤和石油，向大气释放大量热量，并使大气中二氧化碳、尘埃等增多，改变着大气的物理性质和化学成分，对地球气候产生了持久的影响。

4.1.2 我国气候的特点

我国气候有三大特点：显著的季风特色，明显的大陆性气候和多样的气候类型。

（1）显著的季风特色

我国绝大多数地区一年中，风向发生着规律性的季节更替。这是由我国所处的地理位置主要是海陆的配置所决定的。中国位于世界最大的大陆——亚欧大陆东部，又在世界最大的大洋——太平洋西岸，西南距印度洋也较近，因此受大陆、大洋的影响非常显著。冬季盛行从大陆吹向海洋的偏北风，夏季盛行从海洋吹向陆地的偏南风。冬季风产生于亚洲内陆，性质寒冷、干燥，在其影响下，中国大部地区冬季普遍降水少，气温低，北方更为突出。夏季风来自东南面的太平洋和西南面的印度洋，性质温暖、湿润，在其影响下，降水普遍增多，雨热同季。这种气候特点对农业生产十分有利，冬季作物已收割或停止生长，一般并不需要太多水分，夏季作物生长旺盛，正是需要大量水分的季节。

（2）明显的大陆性气候

由于陆地的热容量较海洋为小，所以当太阳辐射减弱或消失时，大陆又比海洋容易降温，因此，大陆温差比海洋大，这种特性我们称之为大陆性。和世界同纬度的其他地区相比，中国冬季气温偏低，而夏季气温又偏高，气温年较差大，降水集中于夏季，这些又是大陆性气候的特征。因此，中国的季风气候，大陆性较强，也称作大陆性季风气候。

（3）多样的气候类型

我国幅员辽阔，跨纬度较广，距海远近差距较大，加之地势高低不同，地形类型及山脉走向多样，因而气温降水的组合多种多样，形成了多种多样的气候。从气候类型上看，东部属季风气候，西北部属温带大陆性气候，青藏高原属高寒气候。从温度带划分看，有热带、亚热带、暖温带、中温带、寒温带和青藏高原区。从干湿地区划分看，有湿润地区、半湿润地区、半干旱地区、干旱地区之分。而且同一个温度带内，可含有不同的干湿区；同一个干湿地区中又含有不同的温度带。因此，在相同的气候类型中，也会有热量与干湿程度的差异。地形的复杂多样，也使气候更具复杂多样性。

4.1.3　度日数

现代生活中，为了提高室内空间的舒适性，根据季节和地区不同，我们往往要采取人工手段来改善室内热环境，冬季需要供热，夏季需要空调供冷。建筑物节能综合指标中，常用的有采暖耗热量指标和单位面积空调能耗指标。为了计算建筑的供热、空调能耗，首先必须统一室内的计算温度，该温度能满足基本的热舒适需要。一般取冬季采暖室内计算温度为 18℃，夏季空调室内计算温度则为 26℃。

我们常用度日数来反映某一地区的供热与空调所需的能耗大小。在很多国家和地方的建筑节能设计标准中，都采用了采暖度日数和空调度日数。采暖度日数（heating degree day，简称 HDD18）是一年中当某天室外日平均温度低于 18℃ 时，将低于 18℃ 的度数乘以 1d，所得出的乘积的累加值，其单位为 ℃·d。空调度日数（cooling degree day，简称 CDD26）为一年中当某天室外日平均温度高于 26℃ 时，将高于 26℃ 的度数乘以 1d，再将每一天的此乘积累加，其单位同样为 ℃·d。采暖度日数指标包含了寒冷的程度和持续寒冷的时间两个因素，空调度日数也反映了炎热程度和持续高温的时间。

4.1.4　气候数据软件简介

（1）Climate Consultant

Climate Consultant 由美国加州大学洛杉矶分校（UCLA）能源设计工具团队研制开发，是一个免费、易用、图形化的计算机软件（图 4-3）。能以表格或图形（二维和三维）方式显示某地的空气温度、湿度、风速风向、云量、太阳辐射、地表温度、日出日落时间、日影图等诸多气候数据。这些 EPW（Energy Plus Weather files）格式的气候数据可以免费从美国能源部网站下载，覆盖全球 1300 多个气象台站（包括中国数百个城市）。

除了显示各地的气候数据外，该软件还可在空气焓湿图上显示该地全年间的温湿度区域，以及与人体舒适区之间的关系，并推荐了合适的被动式节能设计策略。对于建筑设计、施工或物业管理人员了解气候如何影响建筑的能耗有较好的作用。

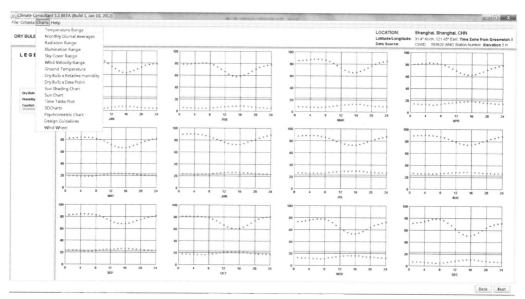

图4-3　上海全年12个月的逐时平均干球温度和相对湿度
资料来源：作者自绘．

（2）中国建筑热环境分析专用气象数据集

"中国建筑热环境分析专用气象数据集"由中国气象局气象信息中心与清华大学建筑技术科学系合作开发。它以全国270个气象台站1971 ~ 2003年的实测气象数据为基础，通过分析、整理、补充源数据以及合理的插值计算，建立了一整套全国主要地面气象站点的全年逐时气象资料。

本软件可以在主界面的地图上直接点击所需的地理位置，也可以在菜单栏中选择打开数据文件。所需的数据输出到Excel软件中，包括节能设计用的各地室外气象参数，以及逐时的各类气象参数，如干球温度、相对湿度、各方向的太阳辐射强度、地表温度、风速风向，以及部分数据的日平均值、月平均值、分布频数，还有采暖度日数和空调度日数等。大部分提供了直观的图形显示（图4-4）。

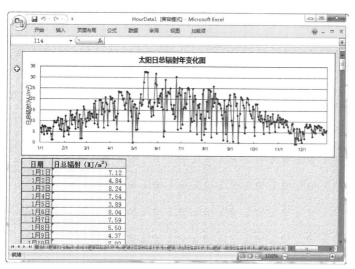

图4-4　以表格和图形方式输出各项气候数据
资料来源：作者自绘．

4.2 城市与校园区域气候

4.2.1 气候的区域尺度

　　校园的规模有大有小，我国传统的大学都有一个相对封闭的校园，功能基本齐全，具有教室、实验室、图书馆、办公室、食堂、商场、学生宿舍、教工宿舍等建筑，还有运动场、篮球场等运动场地，相当于一个小型的社会和小城镇。但随着城市的膨胀和大学的兼并扩招，处于城市中心的大学无法获得足够的土地来发展，于是，一所大学拥有多个校区或在郊区建设大学城的模式出现了。

　　校园小气候环境中的温度、湿度、风速等的垂直梯度和水平梯度，比城市中气候相应的梯度要大。这种差异也是下垫面物理特性不同所造成的。我国不同时期、不同地区建设的大学校园，其规划布局、建筑组群的相互位置关系差别较大，形成的校园小气候也需要因地制宜地进行分析。

4.2.2 热岛效应

　　由于城市人口集中、工业发达、交通拥堵、大气污染严重等诸多原因，可使城市年平均气温比郊区高出 2℃，夏季城市局部地区的气温有时甚至比郊区高出 6℃以上。在温度的空间分布上，城市犹如一个温暖的岛屿，从而形成城市热岛效应（The Urban Heat Island Effect，图 4-5）。由于城市热岛效应，城市与郊区形成了一个昼夜相同的热力环流。热岛效应是由于人们改变城市地表而引起气候变化的综合现象，在冬季最为明显，夜间也比白天明显，是城市气候最明显的特征之一。

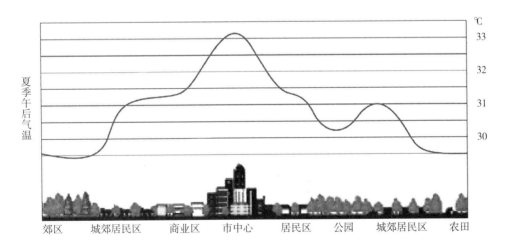

图 4-5　热岛效应示意图

资料来源：黄晨 . 建筑环境学 [M]. 北京：机械工业出版社，2005.

一年四季都可能出现城市热岛效应，但对居民生活和消费构成影响的主要是夏季高温天气下的热岛效应。为了降低室内气温和使室内空气流通，人们使用空调、电扇等电器时，需要额外消耗大量的电力。《绿色校园评价标准》中规定，对中小学及高等学校，都应保证校园及周边环境的景观建设质量，改善室外热环境，室外日平均热岛强度不高于 1.5℃。

4.2.3 城市与校园风场

随着城市的发展、扩大以及高层建筑的增多，市区平均风速呈现逐年变小的趋势。一般来说，年间市区平均风速比郊区小约 20% ~ 40%。当气流经过市区时，会出现一定程度的绕流现象，使得位于上、下风侧的盛行风频率也略有差异。

当天气晴朗和天气形势稳定时，城市热岛往往发展得很明显，形成一个弱低压中心，四周郊区的地面气流流向城市中心，辐合成为"乡村风"。热岛区有上升气流，至一定高度向郊区辐散并在郊区下沉，形成一个微弱的局地环流，即城市热岛环流。城市热岛环流在各季白天和夜晚都能出现，风速大都在 1 ~ 2m/s，持续时间一般不足 3h。

由于建筑物的阻碍作用和建筑群高低、间距和朝向的不同，市区的风向、风速发生明显的局地性差异。风速随高度而增加的速率称为风速梯度，它取决于地面的粗糙度（图4-6）。大楼的背风面风速比迎风面小，形成明显的"风影区"。而在两楼中间的通道上，因"狭管效应"风速比空旷处大得多，易造成灾害。横贯市区与风向一致的河道上"狭管效应"也很明显。一些建筑群间通道处的瞬间风力就大大超过七级,造成的"风害"不在少数。"狭

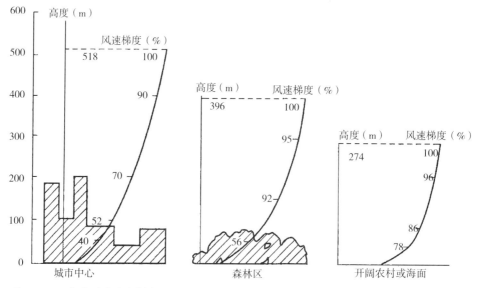

图 4-6　三种类型的风速梯度
资料来源：T・A・马克斯著 . 建筑物・气候・能量 [M]. 陈士骅译 . 北京：中国建筑工业出版社，1990.

管效应"的威力大小，与该地区高层建筑的数量、间距、建筑物的位置有着密切关联。高层建筑物越多、体积越大、间距越近，出现"狭管效应"的机会越大，反之则越小。

可根据学校所在地的冬夏主导风向合理布置建筑物及构筑物，使校园风环境有利于冬季室外行走舒适及过渡季、夏季的自然通风。建筑主朝向可选择该地区最佳朝向或接近最佳朝向。研究结果表明，建筑物周围人行区距地 1.5m 高处风速 $v < 5\text{m/s}$ 是不影响人们正常室外活动的基本要求。此外，通风不畅还会严重地阻碍空气的流动，在某些区域形成无风区或涡旋区，这对于室外散热和校园污染物消散非常不利，应尽量避免。

4.2.4　校园太阳辐射与日照

太阳辐射量是决定区域气候的重要因素，尤其是对城市和校园的热环境、光环境都会产生直接的影响。影响太阳总辐射和日照时数变化的主要因子是太阳高度角和大气透明度，而大气透明度取决于大气中所含水汽、水汽凝结物和尘埃杂质等的多少。

（1）日照与健康

阳光对人们的生活有不可忽视的影响，更与人的健康息息相关。充足的太阳光线不仅能起到调节室温、除湿、杀灭细菌、减少疾病产生和传播的作用，更能使人心情愉悦，增强人的安全感、舒适感。在冬季还能一定程度地增加建筑的室内温度，降低对供热空调系统的依赖程度，从而减少能源消耗。

建筑自然采光又称昼光照明，是将日光引入建筑内部，以便减少白天的人工照明。它需要适当的建筑设计手段来实现，如设置窗户或采光设施。自然采光不仅能有效地提高工作效率，还能显著地降低建筑能耗，充分体现绿色校园可持续发展建筑的生态化。近年来的研究表明，自然采光能改善人体的生理节律，有利于人们的身心健康。

（2）日照的相关法规

建筑日照的权利历来受到各国习俗或法律的约束与保护。联合国及一些发达国家均已制定法规条例，将"日照权"作为一种基本人权及公民权加以保障。在我国，《城市居住区规划设计规范》中也明确规定大寒日和冬至日为两级日照标准日，并且对不同地区室内的日照时数都有一定的规定和要求。日照的研究和设计，主要体现在建筑物的间距、朝向和高度上，合理的间距、朝向及适宜的高度总会取得良好的效果。

（3）校园建筑的日照

大学校园内建筑的室内外日照环境和天然采光直接影响室内环境的舒适度，良好的日照与采光会对在校学生的身心健康以及学习、生活产生积极的作用。所以，校园的选址首先要做到建设用地本身无自然地势的遮挡，其次是通过合理的校园整体规划与布局，使园区建筑之间无相互遮挡。寒冷地区的建筑一般都需要争取较好的日照，在夏热冬冷地区的冬季也需要日照，从而获得较多的太阳辐射热，提高室内温度，改善室内的热舒适性。

学校教学楼、行政楼等公共建筑布局应保证室内良好的日照环境、采光和通风条件。教室对光环境质量的要求较高，教室内要求有足够的天然采光，还要避免因为阳光直射而产生的眩光，尽量使室内照度均匀分布。教学楼的布置方式对其热环境及风环境的影响显著，要充分利用自然要素，综合协调日照、通风间距等因素合理布局。寒冷地区可以采用合理的防护单元，采用单元组团式布局，教学楼组群形成封闭、完整的庭院空间，能充分利用和争取日照。[2]

4.3　气候变化及其影响

相对于天气而言，气候是比较稳定的。一万年以上时间尺度的气候变化，强烈地影响到地貌和生态系统，并在地层中保存着丰富的遗迹，可从地质资料的分析中得到其事实，称为地质时期的气候变化。近几千年来的气候变化，可依据历代史书文献中关于当时的农牧业生产、自然资源、灾害的记载和各种考古文物，推证当时的气候状况，获知气候的变化过程，故称为历史时期的气候变化。近一百多年来，则是在气象观测网的基础上，人们用系统的气象记录来研究气候变化，称现代气候变化。

4.3.1　气候变化的原因

在地球的漫漫历史中，气候总在不断变化，究其原因可概括为自然的气候波动和人为因素两大类。自然因素主要包括太阳辐射的变化、地球轨道的变化、火山活动、大气与海洋环流的变化等。人为因素，主要是指工业革命以来的人类活动，它被认为是造成目前以全球变暖为主要特征的气候变化的主要原因。其中包括人类生产、生活所造成的二氧化碳等温室气体的排放、对土地的利用、城市化等。联合国政府间气候变化专门委员会（IPCC）第四次评估报告第一工作组报告的决策者摘要指出，人类活动与近50年气候变化的关联性达到90%。人类的活动能力仍在不断增长，研究人类活动对气候的影响，是越来越迫切的重要科学问题。

4.3.2　太阳辐射的变化

太阳辐射对地球上各地区的气候形成起着至关重要的作用。然而，到达地面的太阳辐射却不是一成不变的。近几十年来，全球和我国大部分区域的地面太阳辐射都经历了一个从减少到增加的过程，也就是所谓的地球从"变暗"到"变亮"。

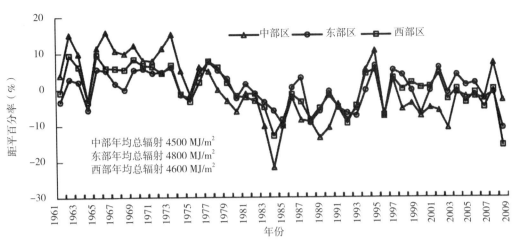

图 4-7　西安各区域太阳总辐射年际变化
资料来源：张宏利等．西安太阳总辐射时空变化特征及对城市发展的响应 [J]．生态学报，2013，33（7）．

　　根据国际上公认的质量较高的地面辐射观测资料进行的分析发现，在 1950 ～ 1990 年期间，全球大部分区域的地面太阳辐射量呈下降趋势，也就是所谓的全球变暗，综合不同的研究资料，其下降的平均幅度约为每 10 年 5 ～ 7W/m²。从 1980 年代中后期开始一直到 2000 年，在北半球以及南半球的澳大利亚和南极等地，这种变暗现象不再持续，相反地，则是到达地面太阳辐射量的逐渐增加，平均每年约增加 0.66W/m²，也就是所谓的全球变亮。[3]

　　国内学者也对中国不同区域内的太阳辐射及日照时数的分布及变化趋势作了大量研究。研究指出 1961 ～ 1989 年太阳总辐射下降趋势明显，而从 1990 年开始呈现出上升的趋势，但目前还没有恢复到 1961 ～ 1990 年的平均值（图 4-7）。研究发现，近 50 年全国的平均日照时间呈显著下降趋势，且主要发生在华北和东南部，尤其是华东地区。其他日照时间减少的地区还包括西北地区、华南地区、青藏高原、黄河流域地区，涵盖了我国的大部分地区。

　　许多学者认为，城市发展引起的大气浑浊度增加及大气中悬浮颗粒增多，是地面太阳辐射减少的重要原因。

4.3.3　二氧化碳浓度变化

　　有资料显示，工业革命前的全球大气二氧化碳浓度约为 280×10^{-6}。2013 年 5 月，美国商务部国家海洋和大气管理局下属的权威观测机构表示，观测到的全球大气中二氧化碳浓度日均值首次突破 400×10^{-6} 这一关口。观测数据显示，1950 年代末以来，地球大气中二氧化碳含量每年上升 0.7×10^{-6}，而最近 10 年每年上升 2.1×10^{-6}。浓度的持续增长将会造成全球变暖等气候环境变化（图 4-8、图 4-9）。

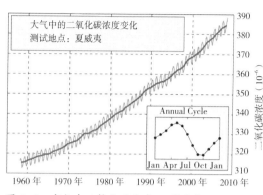

图 4-8　空气中二氧化碳浓度 50 年变化
资料来源：政府间气候变化专门委员会．IPCC2007 气候变化综合报告 [R]，2007.

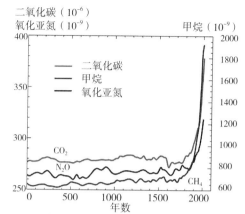

图 4-9　空气中二氧化碳浓度 2000 年变化
资料来源：政府间气候变化专门委员会．IPCC2007 气候变化综合报告 [R]，2007.

4.4　气候变化与绿色校园

4.4.1　校园空间的特征

我国不同时期建设的校园具有不同时代的特征。传统校园建筑群体布局规整，强调轴线、对称布置，整齐的路网和行列式的建筑控制着整个校园，校园建筑与空间各自为政，零散而不完整。整体风格严肃整齐，空间分离、呆板，缺少学生驻足小憩、谈天说地的人性化的交流空间。[4] 校园空间承载了师生的教学、交流、活动等多种校园行为，对师生的心理有众多层面的影响、导引与暗示。校园空间所呈现的属性也多种多样，必须满足校园生活的丰富多彩，体现绿色生态的特点。所以，校园空间特征表现为以下几点：

（1）空间的公共性：为师生提供公共交往活动的场所空间；

（2）空间的文化性：满足师生的心理需求，展现校园历史文化、教育文化；

（3）空间的功能性：学校类型、自然风貌、受众群体的不同，需要不同功能的校园空间，提供复合的校园生活情趣；

（4）空间的艺术性：特征鲜明的校园空间形象需要艺术的创造与整合，是形成特色校园的提升要素；

（5）空间的动态性：校园是不断变化和发展的，伴随时间的推进，校园功能的不断丰富与更新，校园建设与改造一直会伴随着校园发展不断进行，校园空间也呈现动态变化。

我国地域辽阔，不同地区气候千差万别，建设绿色校园应结合当地的自然与气候，寻找最适当的生态策略。校园环境是一个有机的整体，每幢建筑、每一处环境甚至校园内的"一草一木"都是一个绿色校园的范本（图 4-10），参与整个绿色教育过程，对推广绿色理念起着潜移默化的作用。

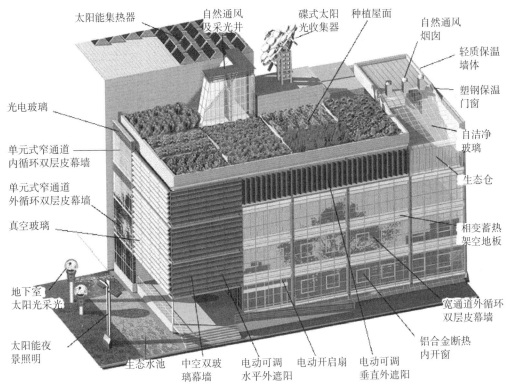

图 4-10　清华大学节能示范楼

资料来源：江亿等．清华大学超低能耗示范楼 [J]．暖通空调，2004，34（6）．

4.4.2　校园建筑密度对区域气候的影响

　　校园中的建筑往往不是独立存在的。办公楼、教室、图书馆、实验室、食堂、宿舍、体育馆等若干相互关联的建筑按照特定的功能和空间需要聚集在一起，形成"建筑组群"。与城市中有些虽然群聚在一起但彼此间漠不相关的建筑群不同，"建筑组群"的个体相互之间的有机组合非常密切。

　　校园不同的建筑组群密度会影响该区域的微气候，如宿舍区组群、教学区组群等。所有组群建筑密度累积起来的效果决定了对校园小气候的改变。这种改变主要集中在校园风环境、空气温度、日照时间等方面。相同的建筑密度下，对区域气候的影响很大程度上取决于建筑的细节，如屋顶和墙面的颜色（对太阳辐射的反射或吸收不同），建筑物的体量和相对位置（影响区域风场）。这些细节能够影响建筑密度对区域气候的改变程度，甚至其影响因子更大。建筑的存在改变了校园的下垫面性质，因而改变了区域风环境、太阳辐射以及地表附近的温度状况。因此，建筑密度是判断对校园气候影响的一个重要因素。但建筑的一些细节，比如屋顶和外墙的材料、颜色（特别是玻璃幕墙），会对太阳辐射产生不同的反射，进而改变建筑对城市辐射的平衡和温度影响。对于校园建筑，上海市规定，中小学校教学楼的新建、改建、扩建工程以及立面改造工程，不得在二层以上采用玻璃幕墙。

图 4-11　沈阳建筑大学校园规划方案
资料来源：www.syjz.edu.cn.

建筑密度影响校园风速的决定因素是建筑的平均高度以及间距。校园建筑的间距，在很大程度上影响室内外的通风条件。建筑物在南北方向上的距离，还会影响建筑物的日照时间和冬季利用太阳能的潜能。校园通风主要受建筑物平均高度以及建筑密度的影响，高层建筑对风速的阻滞作用更强，建筑物平均高度相同时，区域内的通风条件也会因建筑高度的不同组合而产生差别。

根据以上分析，校园建筑密度和建筑高度会影响校园热岛效应强度的分布，建筑密度大和建筑物高的区域热岛强度也大。有学者通过模拟提出，热岛效应强度随着建筑密度的增大而减弱，建筑密度每减少 0.1，就会引起城市热岛强度降低 0.36℃。

如沈阳建筑大学的校园规划（图 4-11），结合了气候特点对校园进行规划设计，取得了良好的生态效益。规划方案考虑到沈阳 6 个月的漫长冬季，应与传统上分散的布局、院系独立设置的做法不同，把校园建筑设计成一种集约式的空间形态，创造围合的空间布局，使学生进入到房子里就会感觉很温暖。对校园建筑主体网络进行扭转，旋转 45° 以平衡最不利的北面朝向，让所有房间都有阳光射入的可能。建筑组群围合，降低了风速，既避免了冷风渗透导致的能耗增大，也构成了学生室外交流的空间。

4.4.3　校园道路对区域气候的影响

道路系统是校园的骨架，也是校园结构布局的重要影响因素。绿色校园道路结构规划应处处体现以人为本的指导思想，既要安全、便捷、结构清晰，又要符合学生流的行为轨迹以及园区内车流的通行规律。校园交通以步行和自行车为主，由于道路的特殊作用，它也成为影响校园规划形态的重要因素之一。

校园道路的宽度决定了两边建筑物的距离，对通风和太阳能利用都会产生影响。道路走向决定了日照和通风的潜能，进一步影响到校园气候。

校园道路走向决定了沿路建筑以及建筑之间的空地接收太阳辐射的模式，由此影响建筑物的自然采光情况和街道上行人的舒适度。炎热干燥的地区，道路设计的主要目标是在夏季给行人提供更多的荫凉以及沿路建筑接收最少的光照。与宽阔的街道相比，狭窄的街道通过建筑物为人行道上行走的行人提供更多的遮荫。但在宽阔的街道，也可以通过建筑（如连廊）和树木的独特设计为人行道提供遮荫。

除了道路之外，校园中也有采用连廊的交通方式，这也是适应气候的一种做法。如沈阳建筑大学采用一条长廊将教学区与学生生活区联系起来，底层架空，二层封闭，三层为屋顶平台，解决了东北地区因冬天气候寒冷，学生不便长时间在户外行走的问题。浙江万里学院则因为南方多雨，其连廊空间是教学区的一大特色。连廊高两层，与教学主体建筑脱开，是一个独立存在的系统。其底层是柱廊的形式，为防止随处穿越连廊两侧的草坪，设有低矮的不锈钢栏杆；二层是屋顶平台的形式，连廊使原本接近行列式排布的教学楼间产生了院落的分隔与围合，但视线依然通透。这种交通方式为师生们的种种交流交往活动提供了极大的可能。这些有特色的公共性开放空间的营造，是组群空间富于人性化的重要原因。

4.4.4　校园绿化及水系对区域气候的影响

许多有着悠久历史的老校园都以校园景观和绿化而著名。除了带给人们视觉上的美感和心理上的放松，绿化对环境的遮阳降温作用也是非常明显的。不同种类的植物遮阳效果差异较大，校园中适宜栽种常绿树木，配合适当的修剪整饬，可以形成林荫大道的效果，使其所处的地面免受太阳的直接辐射。对于那些夏季枝叶茂盛、冬季落叶的植物而言，阳光在夏季被阻挡，冬季则又通行无阻，这样的植物对微气候的调整最为有利。

绿化植物对局部区域小气候的影响一个是温度影响，一个是湿度影响。植物的蒸腾作用可以使周围环境温度下降（图4-12）。低矮的草坪和高大的树木都能通过蒸腾作用来达到降温效果。比如四周围绕草坪的建筑，其空调冷负荷要比周围没有植物只有硬质铺地围绕的建筑要小。但是如果考虑高大树木的遮阳、净化空气、阻挡噪声等作用，树木给人带来的舒适感就比草坪更好，树木的蒸腾往往在地面数米以上，因此不会增加地面附近的湿度，就这一点来说对于湿热地区的降温更为有利。有研究表明，当植物对建筑提供有效的遮阳和降温后，空调冷负荷可减少超过50%，而没有空调的房间，室内温度在有植物提供遮阳和降温后，可比没有植物遮挡时下降6℃。[5]

为了解决校园绿化面积不足的矛盾，不少学校都进行了立体绿化的尝试（图4-13），即地面绿化结合屋顶绿化、墙面绿化。如果将校园建筑的屋面面积和墙面面积进行绿化，绿化率将以惊人的数值增加，对校园小气候将产生积极的影响。

校园水系可分为人工与天然水体。人工水体包括小型水景、人工河、人工湖、水库等；天然水体包括自然形成的湖泊、溪流等水资源。一般情况下，水景规模较小，维护运行过程存在水量蒸发流失，局部气候调节作用并不明显。但天然水体对气候的影响不容忽视，如城市水体分布对校园区域温湿度与空气品质的调节，江面或湖面局域风的形成；对于穿流于校园的湖泊、河流而言，除昼夜水面与陆地温差形成的空气流动外，还应考虑河床走

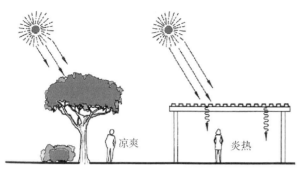

图 4-12 植物的降温作用
资料来源：李愉.应对气候的建筑设计——在重庆湿热山地条件下的研究 [D]. 重庆：重庆大学硕士学位论文，2006.

图 4-13 同济大学行政楼垂直绿化
资料来源：作者拍摄.

势方向可能形成的通风廊道。这些现象都对校园小气候产生影响。

　　校园应加大自然通风被动式技术的应用。房间内有良好、合理的自然通风，一是可以显著地降低夏季房间的自然室温，改善室内热环境，提高热舒适度；二是可以充分利用过渡季节温度较低的室外空气，减少房间空调设备的运行时间，节约能源。

注释

[1] 张多才.三维城市日照模拟分析及其应用研究 [D]. 长沙：湖南科技大学硕士学位论文，2012.

[2] 张亚楠.寒冷地区大学校园中低碳技术的应用研究——以山东建筑大学为例 [D]. 济南：山东建筑大学硕士学位论文，2011.

[3] 张宏利等.西安太阳总辐射时空变化特征及对城市发展的响应 [J]. 生态学报，2013，33（7）.

[4] 宋晟等.中西方大学校园建筑文化比较 [Z]. 全国第八次建筑与文化学术研讨会，2004.

[5] 李愉.应对气候的建筑设计——在重庆湿热山地条件下的研究 [D]. 重庆：重庆大学硕士学位论文，2006.

参考文献

[1] 杨柳.建筑气候学 [M]. 北京：中国建筑工业出版社，2011.

[2] 巫萍.1980年代以来中国新建大学校园建筑组群形态研究 [D]. 北京：清华大学硕士学位论文，2004.

[3] 王超.以适宜生态设计策略为指导的大学校园规划 [D]. 济南：山东建筑大学硕士学位论文，2010.

[4] 李甜甜等.建筑密度对城市热岛影响的多孔介质数值模拟 [J]. 西安交通大学学报，2012，46（6）.

[5] 沈清基.城市生态与城市环境 [M]. 上海：同济大学出版社，2010.

[6] 柳孝图.建筑物理 [M]. 第三版.北京：中国建筑工业出版社，2010.

[7] 刘加平.建筑物理 [M]. 第四版.北京：中国建筑工业出版社，2009.

[8] 何镜堂等.传统文化与建筑技艺的融合——中国馆 [J]. 建筑技艺，2010（9）.

[9] 巴鲁克·吉沃尼.建筑设计和城市设计中的气候因素 [M]. 汪芳等译.北京：中国建筑工业出版社，2011.

思考题

1. 观察校园中不同年代建造的建筑，其使用的建筑材料、适应气候的策略方面有哪些不同？

2. 观察校园中哪些设备或器材的使用会导致热岛效应或臭氧层的破坏？

3. 分析比较南北不同地区的校园建筑，在建筑设计、绿化选择等方面存在哪些差异？

4. 用风速计、温湿度计、红外测温计等仪器，测试校园同一天中，不同下垫面上方的温湿度和风速差异。

第5章

土地节约与绿色校园

5.1 土地资源利用与节约

5.1.1 土地资源概念及其分类

联合国环境规划署对于资源的解释是："所谓资源，特别是自然资源，是指一定时间、地点条件下能够产生经济价值，以提高人类当前和将来福利的自然环境因素和条件"。从该解释中可以看出，对于资源的界定是"能够产生经济价值"。

而土地资源则是指"在一定技术经济条件下可以为人类利用的土地，包括可以利用而尚未利用的土地和已经开垦利用的土地"。[1]随着科技的进步和社会的发展，人类对土地的需求和利用不断加大，这样原本"不可被利用"的土地会被转化为"可以被利用"的土地资源。同样，如果目前"可以被利用"的土地资源，由于利用不当（如严重的水土流失、荒漠化、土地污染等）或自然灾害等，也会变成"不可被利用"。

土地资源兼具自然属性和社会经济属性两个特点。

（1）自然属性

土地资源的自然属性指土地本身固有的内在属性，是由构成土地的诸要素，如岩石、坡度、海拔、土壤性质、地表形态、有效土层厚度、盐渍化程度、水文状况、植被等长期相互作用、相互制约而赋予土地的特性。[2]这些特性直接影响土地的适宜性和限制性，是衡量土地质量等级的重要依据。土地的自然属性分为以下几种。

1）整体性

土地是气候、土壤、水文、地形、地质、生物及人类活动的结果所组成的综合体，土地资源各组成要素相互依存，相互制约，构成完整的资源生态系统。

2）生产性

土地具有一定的生产力。土地生产力是指土地的生物生产能力，它是土地的最本质特性之一。土地生产力按其性质可分为自然生产力和劳动生产力。前者是自然形成的，是土地资源本身的性质，后者是施加人工影响而产生的，主要表现为对土地限制因素的克服、改造能力和土地利用的集约程度。[3]

3）有限性

地球陆地表面的土地面积是有限的，一个国家、一个地区的土地面积也是有限的，难以像其他生产资料那样通过人类再生产来大规模增加数量。土地面积的有限性，要求我们一方面要保护土地，另一方面要尽一切可能节约使用土地。

土地面积的有限性决定了人们只能对土地进行合理的开发利用、治理和保护，不能任意扩大土地的总面积，土地生产率也不可能无限制地提高。

4）固定性

土地是不能移动的，具有位置的固定性，这是土地区别于其他各种资源或商品的重要标志。尽管从严格意义上讲，地球表层存在因各种自然原因而产生的移动变化，但对于整个地球和人类生产活动来说实在是微不足道的。它既没有实质意义，也不能从根本上改变土地的固定特性。

5）区域性

由于受水热条件支配的地带性规律以及地质、地貌因素决定的非地带性规律的共同影响和制约，土地的空间分布表现出明显的地域分异性。不同地区的土地存在着显著的差异性，形成地表复杂多样的土地类型以及不同的土地生产潜力、不同的土地利用类型和不同的土地适宜性。土地的这种地域分异性（或称差异性），要求我们在利用土地、进行生产布局时，必须因地制宜，充分发挥土地的区域优势。

6）动态性

土地不仅具有地域的空间差异，而且具有随时间变化的特点。例如，土地随时间而产生的季节变化，即动植物的生长、繁育和死亡，土壤的冻结与融化，河水的季节性泛滥等。这些都影响着土地的固有性质和生产特性。土地的时间变化又与空间位置紧密联系，处于不同空间位置的土地，其能量与物质的变化状况是不相同的。[3]

7）可更新性

土地是一种可更新的资源，表现在土地的生产力在合理利用条件下可以自我恢复和维持，并且不会因连续使用而降低。生长在土地上的生物，不断地生长和死亡，土壤中的养分和水分及其他化学元素，不断地被动植物消耗和归还。这种周而复始的更替，在一定条件下是相对稳定的。此外，土地对于外来污染物也具有一定的自我净化能力。

但是，土地的这种自我更新的能力绝不意味着人类可以对其进行掠夺性的开发利用。人类一旦破坏了土地生态系统的平衡状态，就会导致水土流失、次生盐渍化、荒漠化等各种土地退化形式的发生，使土地生产力下降，使用价值降低。若任由这种土地退化趋势发展到一定程度，土地生态系统的原有结构和功能就会被严重破坏而不可逆转和自我恢复。

8）多功能性

土地可以被用于各种不同的用途，如农业用地、林业用地、工业用地、住宅用地、商业用地、旅游用地等特殊用途、交通等基础设施用地。而同一用途的土地又可以选择不同的利用方式。土地的用途概括起来可以分为四大功能，即生产功能、环境功能、承载功能和空间功能。由于土地的多功能性决定了土地利用的竞争性，因而存在土地资源在国民经济各生产部门之间的合理配置和优化利用问题。如何确定土地的最佳用途，发挥土地的最佳综合效益，也就成为土地利用规划的主要目标和任务。

9）不可替代性

土地是各种自然资源的载体，为人类源源不断地提供各种矿产资源。土地具有承载的功能，人类的居住、休息、娱乐和一切生产活动都必须以土地作为载体。土地是生物生存、人类生产和活动的基地。在人类社会的进化和发展历史中，随着科学技术的不断发展和进步，一般的生产资源可以被更先进、更完备的生产资料所代替，而土地尚不能被其他任何生产资料所完全代替。因此，土地在人类的生存和发展过程中发挥着不可替代的功能和作用。

（2）社会经济属性

1）供给稀缺性

土地资源供给的稀缺性包含两层含义：一是土地供给总量与土地需求总量的矛盾，即能为人们所利用，从事各种活动的土地总面积是有限的；二是在某些地区（城镇地区和经济文化发达、人口密集的地区），某种用途的土地面积是有限的，往往不能完全满足人们对各类用地的需求。土地供给稀缺性是引起土地所有权垄断和土地经营垄断的基本前提，由于土地供给的稀缺性，在土地私有并可以自由买卖或出租的情况下，容易出现地租、地价猛涨，土地投机泛滥等现象。[4]

2）产权特性

土地与土壤、景观等概念的最大区别之一就在于土地具有明显的产权内涵。土地产权是指"存在于土地之中的排他性完全权利，它包括土地所有权、土地使用权、土地租赁权、土地抵押权、土地继承权、地役权等多项权利"。[2]

3）增值特性

由于土地的稀缺性和人类社会对土地的不断改造利用，使得土地具有增值特性。此外，土地作为生产资料因人们的创造性劳动而不断地增值。它可以包括对该增值土地的劳动成果，如修筑梯田、种植果园，而使原来无人问津的山坡地价增值；也可能仅仅是由于利用方式的改变（如农业用地转为工业用地、建设用地），或四周的环境、区位的改变（如交通网络的建设）而产生的土地增值。

4）利用方向的多样性

任何一块土地，特别是好的土地，其往往适合多种土地用途。它可以作为从事第一产业的耕地，也可以用于发展第二产业的工厂建设，还可用于第三产业用地，例如公共用地、居住用地、商业用地等。由于这一特性，对一块土地的利用，常常同时产生两个以上用途的竞争，并可能从一种用途转换到另一种用途。这一特性要求人们在利用土地时，必须坚持土地利用的最有效利用原则，防止土地资源的浪费。

5）利用后果的外溢性

任何土地利用都会对周围产生作用和影响。每块土地利用的后果，不仅影响本区域内的自然生态环境和经济效益，而且必然影响到近邻地区，甚至整个国家和社会的生态和经济效益，产生巨大的社会后果。如在一块土地上建有一座有污染的工厂，就会给周围地区带来环境污染。流域上游土地的滥垦滥伐，造成的水土流失，往往引起下游河、湖的泥沙淤积，调洪蓄洪能力下降，出现洪涝或旱灾。

5.1.2　中国土地资源的特点

（1）我国土地资源概况

我国位于东半球，地处欧亚大陆东部，国土辽阔，从北纬53°30′至4°15′，南北跨49个纬度；从寒温带至赤道带，从东经73°40′至135°20′，东西跨62个经度，由太平洋沿岸直到欧亚大陆的中心，自然资源极其丰富。土地总面积约为960万km²，折合144亿亩，约占欧亚大陆面积的22.1%，为世界陆地面积的6.4%，仅次于俄罗斯、加拿大，居世界第三位。根据《联合国海洋法公约》的规定，我国享有充分自主权的领海海域面积为38万多km²，可以管辖的海域面积近300万km²，这个面积是我国陆地国土面积的1/3。考虑到300万km²的海洋"蓝色国土"，我国土地总面积应该是1260多万km²。

从我国地形情况来看，从世界屋脊的青藏高原，到海拔较低的平原，地形相当复杂。概括起来，可以分为平原、盆地、丘陵、山地和高原，还有许多河流和湖泊，以及辽阔的海域和众多的沿海岛屿。具体来讲，我国是个多山地的国家，山地、丘陵和高原共占66.1%，其中，山地占43.5%，丘陵占11.7%，高原占10.9%，平原、盆地约占我国陆地面积的33.9%。在全国的2000多个县中，约有56%位于山地丘陵区，全国约有1/3的人口、40%的耕地以及绝大部分的森林分布在山区。[5]

（2）我国土地资源的特点

1）土地资源总量大，但人均占有量少

除去约占27.53%的未利用地（含寒漠、永久积雪、冰川和石骨裸露山地等）以及3.36%的城市、工矿、水利、交通用地外，我国只有69.11%的土地用于农、林、牧、渔业生产，若按人口计算，我国人均各类土地的占有量均低于世界的平均水平。按人均占有土地，世界平均水平为39.2亩，而我国只有12.59亩，不足1/3。按人均占有耕地来算，世界平均为3.96

亩，而我国为 1.4 亩，约占 1/3。按人均占有森林面积来算，世界平均水平为 11.68 亩，而我国为 1.67 亩，约占 1/7。按人均占有草原面积来算，世界平均水平为 9.26 亩，而我国为 3.01 亩，约占 1/3。总之，我国各类人均占有用地面积均远远低于世界平均水平。

2）土地垦殖系数低，地区分布不均衡

土地经过开垦变为耕地种植农作物，一定区域内耕地面积占土地总面积的比率，即为土地垦殖系数。我国土地垦殖系数为 18.31%，在世界上低于印度（55.5%），但高于世界平均水平。应当指出，单纯就垦殖系数来评价一个地区土地利用状况是具有一定片面性的，应当充分考虑自然和社会经济条件，因地制宜地加以具体确定。既不能盲目追求垦殖系数高指标，又不容忽视不断提高垦殖系数的必要性。

3）林地面积极少，森林覆盖率极低

我国是世界上人均森林蓄积量和森林覆盖率最少的国家之一，这对于我国生态环境保护和木材供应量极为不利。根据国家林业局第七次全国森林资源清查（2004~2008 年）结果，我国森林面积为 19545.22 万 hm^2，森林覆盖率 20.36%，活立木总蓄积 149.13 亿 m^3，森林蓄积 137.21 亿 m^3，人均森林面积 0.145hm^2，不足世界人均占有量的 1/4，排在世界第 139 位，人均森林蓄积 10.151m^3，只有世界人均占有量的 1/7。

4）土地资源质量低，且退化严重

由于我国山地面积较多，所以坡耕地所占比例很高。坡耕地不仅产量低，而且随着水土流失中氮、磷、钾等有机质的不断流失，其地力会持续下降。据统计，2009 年我国共有耕地 18.26 亿亩，其中坡耕地约为 3.59 亿亩，占了近 1/5。而半个世纪以来，全国因水土流失毁掉的耕地达 5000 万亩，平均每年 100 万亩，其中绝大部分为坡耕地。

土地资源退化是指在自然因素和人类不合理的开发利用下，土地质量发生的衰减甚至完全丧失。近半个世纪以来，全国因荒漠化导致 772 万多 hm^2 耕地退化，67 万 hm^2 粮田和 235 万 hm^2 草地变成流沙或沙漠。中国荒漠化危害每年造成的直接经济损失达到 540 亿元。而且，近二三十年来，由于人口大量增长和粗放的增长方式，使我国土地资源的退化状况愈趋严重。

5）土地资源空间分布不平衡

以大兴安岭—长城—兰州—青藏东南边缘为界，我国东部季风区气候湿润、水源充足、地势平坦、开发条件优越，但人多地少，土地占全国的 47.6%，拥有全国 90% 的耕地和 93% 的人口；西部干旱、半干旱或高寒区难以利用的沙漠、戈壁、裸岩广布，交通不便，开发困难，相对人少地多，土地占全国的 52.4%，耕地和人口分别只占 10% 和 7%。

同时，区域水土资源匹配错位，以秦岭—淮河—昆仑山—祁连山为界，南方水资源占全国总量的 4/5，耕地不到全国总耕地面积的 2/5，水田面积占全国水田总面积的 90% 以上；而北方水资源、耕地资源分别占全国总量的 1/5 和 3/5，耕地以旱地居多，占全国总面积的 70% 以上，且水热条件差，大部分依赖灌溉。耕地资源分布的不均衡性和水土资源的严重错位 [6]，严重影响了我国土地资源利用效率和区域粮食安全。

6）土地利用结构不够合理

草地、森林、农田构成了我国土地资源的基本格局。2008年我国农业用地占土地总面积的68.4%，与发达国家相比，农用地的比例仍然较低。同时，我国农用地中草地占比较大，为39.86%，接下来依次为林地35.94%，耕地18.52%，其他农用地3.88%和园地1.80%。1980年代后我国加快了林业、果树、牧业的发展，逐步调整了农业产业结构。

7）建设用地不断增加，耕地面积逐年减少

据统计，我国1980年全国只有223座城市，其中15座城市的人口超过100万，2005年年底我国共有城市661座，其中113座城市人口超过100万。全国城市和建制镇用地由1996年的264.91万hm^2增至2005年的337.71万hm^2，年平均增长率为3.05%。根据国家标准，村镇人均建设用地应控制在$150m^2$以内，而我国广大农村地区，农村居民点人均用地在$200 \sim 400m^2$，超标严重。

国土资源部的国土资源统计年鉴表明，1995～2005年间我国耕地面积减少995.36万hm^2，平均年净减少142.14万hm^2，期间2003年减少耕地面积达288.09万hm^2。其主要原因是自1998年中国发生百年不遇的大洪水后，国家从1999年开始大规模实施生态退耕，加大了对生态建设的投入力度。

5.1.3 基于可持续发展的土地利用规划

（1）基于可持续发展的土地利用规划的问题提出

改革开放以来，我国坚持以经济建设为中心，取得了巨大的成就。在经济增长的有力刺激下，我国工业化和城镇化高速推进。与此同时，在资源开发与利用、环境保护等方面，我国也出现了一系列问题，如耕地面积锐减、气候恶化、环境污染、能源紧张、草原退化、土地沙化、物种灭绝等。世界发展到今天，人类面临着生存危机。全球性问题的产生冲击着人类对待土地资源的唯意志论，促使人类从生态经济学的角度和伦理学的角度重新审视人与土地资源的关系以及土地利用问题。

世界环境与发展委员会1987年发表了《我们共同的未来》（Our Common Future）的报告，将"可持续发展"（Sustainable Development）定义为"既要满足当代人的需求又不对后代人满足其需求的能力构成危害的发展"，并指出21世纪世界各国都应把可持续发展作为共同的发展战略，当今世界人类面临的人口、资源环境和发展问题或多或少地、间接或直接地与土地资源及其利用有关。可持续发展的重要内容是自然环境的持续能力，围绕自然环境的持续能力，国际研究的热点之一就是土地资源的持续利用。从一定意义上讲，研究土地资源可持续利用问题，是资源与环境持续性和社会经济可持续发展的重要内容和物质基础，也是解决人类面临重大问题的主要途径和内容。

（2）基于可持续发展的土地利用规划的思路和建议

1）树立可持续发展的土地利用规划观

我国土地资源"山地多、平地少、人均土地资源少、后备资源不足"等特点已经影响到社会经济的可持续发展。土地资源亟待合理配置和节约利用，获取最大的社会、经济和生态效益，达到土地资源的持续利用。因此，必须树立可持续发展的土地利用规划观，在规划的观念和理念上贯穿可持续发展的思想。

2）代际公平观

可持续发展的代际公平观，一方面注重节约、保护土地资源，使土地资源合理利用和配置，并使土地资源利用自身的生态系统能够进行自我更新和修复，达到资源的持续利用。另一方面，要摒弃以外延式、扩张式为主的土地利用模式，通过科学技术、经济、生态等措施集约利用土地资源，进行土地整理、复垦等对土地资源进行内部挖潜，着重于生态环境质量的改善，提高土地资源的利用率。

3）人地共荣观

目前水土流失、土地沙漠化、土地环境污染和盐碱化、森林资源破坏、草地资源退化、湿地资源减少等生态问题的出现，其中一个根本原因就在于人们在开发利用土地资源时，忽视或低估了生态环境破坏给社会和整个土地生态系统所造成的损失。人们在利用土地时发生的人地关系，是相互依赖、相互影响、相互制约的。[7] 所以土地利用规划不仅要体现人们利用土地的主导意识，而且要体现土地作为自然资源的客观属性，其自身所具有的生态系统和面积有限、位置固定等特性制约着人们对土地的利用。人地和谐就是要在土地利用规划中考虑人的需要，也要考虑土地自身的需要。

4）动态规划观

土地利用规划是一种长期的战略规划，但其在编制方法上存在"静态"和规划时间跨度大等不足，而对于不断变化的社会、经济和环境情况，很难得到有效的反映。规划是对未来的预测和安排，但未来的情况存在不确定性和复杂性，那么规划也应当适时调整，成为一个不断逼近规划目标和与实际适应的动态过程。在市场经济条件下，土地资源的经济属性凸现，容易使土地的利用"跟着项目和资金走"，造成土地的不合理配置和利用，不利于土地资源的持续利用。所以，应当建立相应的动态规划审批制度，使规划的评价和调整有章可循，限制随意修改土地利用规划。

5）规划协调观

在规划实施中，面对新情况、问题和形势，在作出评估的基础上，需要"自下而上"地向上一级反馈，并且也需要对县、乡级规划进行调整，以适应社会经济发展的需要。采取"自下而上"和"自上而下"相结合的方法[7]，充分考虑了市场因素，在一定范围内相互协调，这样使规划尽量符合客观实际，有利于土地资源的持续利用。

6）公共参与观

应充分保障社会公众在土地利用规划的编制、实施等不同阶段发挥参与、决策和监督的权利，使得规划能够从社会公众利益的角度上反映土地资源利用中各自的价值取向，协调各自的利益关系，监督规划的实施和调整自己的用地行为。只有当公众充分了解、认识土地利用规划，才能转化为自觉合理和节约利用土地的行为，进而保证土地利用规划的完全实施。

7）以人为本的规划观

以人为本的规划在国外应用较为广泛，如在美国，强调人与环境"和平共处"、不可再生资源的持续利用，人类居住环境的设计应适合人类活动的范围和规模，最佳的土地利用模式应该是用途混合和顺应自然，抛弃排他性的功能分区，采用兼容型的功能分区，将工作、娱乐、休憩、商务和市民生活紧密结合、交织在一起，鼓励经济适用房等。[7]

8）土地资源安全观

土地资源安全是指一个国家或地区可以持续地获取，并能保障生物群落（人类）健康和高效能生产及高质量生活的土地资源状态或能力，包括土地资源的生态安全、经济安全、产权安全、食物安全和文化安全。由于我国水土流失、土地沙化、土地污染、土壤盐渍化和酸化、植被破坏等现象严重，土地资源安全状况不容乐观。进入新世纪后，我们要全面建设小康社会和实现"三步走"的第三步战略目标，土地资源安全更在社会、经济领域显现其重要性。[7]

5.2 我国大学建设的发展

大学是提供教学、研究条件和授权颁发学位的高等教育机关，包括综合性大学、学院、高职高专等。英国《经济学家》杂志认为未来的大学："不仅是知识的创造源、人才的培养库、文化的传播者，也将是经济的增长源和高新技术的辐射源"。随着中国经济的提升，中国高等教育的发展迅速，自1999年实施大学扩招政策以来，根据相关统计数据，2000年大学招生人数为220.61万人，2001年268.28万人，2002年320.5万人，2003年382.2万人，2004年447.3万人，每年都在以近50万人数进行递增。相应的大学数量与规模都出现了严重的不足，很多高校都进行了校区新建、扩建，以满足不断增长的招生人数。仅两年时间，全国规划建设的大学城达50多座，涉及21个省、市。各个大学城都以占地面积之大、规模宏伟引人瞩目，例如广州大学城规划范围约43.3km²、廊坊大学城规划占地6.49km²、松江大学城规划占地5.3km²、南京"仙林大学城"规划面积高达70km²、陕西的西部大学城占地26km²、山东菏泽大学文化城占地31km²等，很多城市甚至拥有多个大学城。而从目前的情况来看，很多大学大面积征地建设，造成大量农田被占用，在建设之初缺少宏观考虑、有序规划，造成学校土地利用率很低，可持续发展后劲不足，为高校后续改扩建带来隐患。

5.2.1　高校建设用地概述

（1）区域规划中的大学

大学是百年育人的创造知识的场所，对于城市的发展有着举足轻重的作用，基于大学在推动社会进步、经济发展领域的特殊作用，大学的位置选择、规模、配置等要素在城市区域规划中占有重要地位。大学既是城市产业的重要组成部分，也是社会职能的主要构成部分。高校作为知识信息经济时代知识产业的物质载体，受到国家和城市大环境很大的影响，而高校对城市区域的发展起到举足轻重的作用。因此，在区域规划中，根据地区社会经济发展的状况以及土地生态利用适宜性，合理配置大学的规模和使用方式，将给地区的经济发展和社会进步提供强大的精神动力和智力支持。因此，应从土地可持续发展利用的模式出发，整合各种资源，利用各种条件，发展集约化校园。

随着城市的发展，大学旧校区从位置分布来看，大多分布在市区，学生数量的剧增给这些市区的大学带来了很大的资源缺口，尤其是有限的土地资源给学校的扩建带来很大的制约。综上所述，大学基本采用以下四种模式。

1）原地校址进行扩建

原地扩建是在保持和延续学校校园文化和场所特征的前提下，针对学校新的发展规模和规划要求，对现有的教学空间和资源进行重新整合，将新旧建筑根据功能需求进行分布和有机结合，通过可持续设计探寻更为有效地开发宝贵的土地资源的发展策略，节约利用土地资源，以适应新时代下学科发展对校园建筑调整的要求。

2）原地扩建并建第二校区

由于学校扩招及相关发展需求，仅仅原地扩建已经无法满足其自身的发展，一些大学在进行原地扩建的同时，在周边地区进行第二校园的扩建，例如同济大学，在面对市区在校学生不断增加的趋势时，在学校附近的赤峰路上进行了南区校园的建设，建设第二校园及学生宿舍等小高层楼房，在资源紧张的情况下，整合相关空间的使用条件，达到校园的可持续发展。

3）选址建第二校区

根据学校发展规划需求，在原有学校的基础上扩展高校校区，例如多个大学具有多个不同的校区，有些老校区作为高年级和研究生所用的研究型校区，教师和学生常常乘校车往返于新老校区。而随着学校规模的不断扩大与完整，老校区的一些学院等将逐渐搬入新校区内。这样独立的分校，常常在解决学生生活、学习的相关基本要求的前提下，更进一步地完善自身体系的发展，其教学的功能结构、校园的空间组织、专业设置、办公管理机构等也进一步地完善和发展。

4）整体搬迁

整体搬迁模式往往是以下几种情况：原有的校园场地已经无法满足其自身的需求，并严重制约了扩招后的规模发展，校方在无法解决的情况下利用市区价格高昂的校区地块与相对低价的城市郊区地块进行整体置换，进行重新建设；或在城市发展、高校整合资源的时机下，城市内的几个大学一起在郊区建设新的大学校区。例如：由河北化工学院等几所高校合并而成的河北科技大学，因为其前身的几个学院都分布在石家庄市区的不同地段，管理和学习都十分不方便，随着招生规模的扩大以及城市对学院的要求，经相关部门审批，几个大学在石家庄南部的大学园区进行新校园园区建设。[8]

（2）高校建设现状

大学教育在 21 世纪肩负着提高全民族文化素质的巨大任务和使命，其越来越成为一个国家知识全面教育发展的标志。在这样的需求及发展前提下，我国的高校建设日益发展，现代的大学校园已经俨然成为整个社会的重要资源，在提高我国国民知识素养的"文化知识中心"外，更带动了周边城市的发展，慢慢形成了城市发展的"科技中心"。

随着 1999 年年初党中央、国务院的"科教兴国"的战略部署对高等教育大扩容的重大决策，我国的各大院校间的合并和扩大招生对我国高等教育的发展以及校园建设产生了深刻的影响。快速发展的高校教育，其庞大的学生、教工给高校的基础设施带来了更多的要求，许多高校"硬件"跟不上校园发展的需求，很多高校超负荷运行，急需扩建。因此，很多学校进行了原地扩建、原地扩建并建第二校区、整体搬迁和重建。但是很多学校在建设中存在诸多的问题：例如在原有的基础上进行扩建的学校因为土地资源有限，很多学校不得不在校园内见缝插针地增建一些教学楼、宿舍楼和实验楼，缺乏可持续发展的统筹规划，常常是根据现有功能的需求损毁草地建低矮楼房，侵占休闲广场和体育场地，低密度建设楼房，甚至填湖建楼，使校园呈现出布局混乱、拥挤的状态，校园活动空间减少，景观生态受到破坏，使学生们缺少了必要的学习交流和生活活动的空间，对其发展产生了一定的影响。

而新建的校区存在着土地利用率低下的情况。例如，在建设校园规划初期缺乏校园整体发展规划，盲目扩大规模，并不考虑学校的实际发展情况，很多校园占地面积很大，主要建筑彼此孤立，生活区与教学区距离较远，学生难以在学校内步行生活，必须依靠自行车上下课，校园主体功能的分散导致了大广场、大水面、大草坪等空旷的过渡空间，因尺度较大，新校区在最初缺少必要的遮荫树木，在气候炎热时期，学生没有良好的校园景观停留，破坏了校园应有的良好学习氛围，以上已经定型的校园功能空间为校园后续可持续发展带来了很大的压力，也与城市用地紧张的情况产生了强烈的对比。

5.2.2 绿色校园建设策略

（1）校园选址及整体规划

校园选址：校园在初期选址时应注重安全性与科学性，规划应在场地建设时不破坏文物及其历史环境、自然水系和其他自然与文化保护区，应不任意占用基本农田、森林、湿地和其他限制性用地。学校选址应进行用地适宜性评价，不宜建设在地震断裂带、地质塌陷等高风险区域，且校园内部应无排放超标的污染源，且与各类污染源的距离符合国家现行相关标准关于防护距离的规定。

　　校园规划与建设应合理利用土地资源，学校教学楼、行政楼、住宿楼等建筑应保证室内良好的日照环境，室外风环境应有利于室外行走、活动舒适和建筑自然通风。学生生均学校用地指标合理，校园建筑在满足学校使用要求的前提下，按照"多功能综合利用"原则进行建设，整合建筑功能需求，避免相近功能建筑的重复建设，适当建造小高层建筑，提高学校场地容积率，预留更多的后期建设用地，为学校后续的发展留有余地。

（2）规划中的地下地上空间

　　开发利用地下空间是节地的主要手段，为保证随着高校招生规模进一步扩大而能满足相关建设需求，应合理利用地下空间。为了保护校园的生态环境并保留发展用地，在不提高建筑占地面积的情况下，可采用对土地进行立体化开发利用的方法，充分开发利用空中、地面和地下空间，即向空中和地下发展建设。如学校的车库、设备用房、文化、体育等功能用房可建在地下。科学地协调地上及地下空间的承载及噪声等问题，满足人防、消防及防灾规范要求，避免对既有设施造成伤害，预留与未来设施连接的可能性。

　　校园交通立体发展有利于人车分流、增加绿化面积、减少环境污染、改善校园景观环境和保护校园历史文脉。学校原址扩建时，更应协调好地下空间和老建筑的关系，积极探索在扩建中不破坏原有的建筑风貌和历史文脉，做到在学校发展中紧密联结新旧教学楼形成集中式布局，调整优化校园结构，高效利用土地资源，实现多方面的综合效益和老校园的持续发展。学校在新校区进行重建及扩建时，应在规划初期综合考虑建筑布局和造型与地上和地下空间的整合关系。例如，可将建筑首层做成架空层，设置座椅和绿化，形成优美舒适的校园交往空间，学生可在此看书、讨论和聊天，免遭日晒雨淋；也可把架空层用作集中自行车停车场。适当提高楼层数以满足建设需求，丰富校园空间层次，进一步提高容积率，减小建筑密度，增大校园的绿化面积，为其他设施提供较多的地面空间。

（3）校园景观环境与土地集约利用

　　校园规划应以人为本，营造出优美的校园环境，突显出学校浓郁的文化气息，合理布局校园教学、行政、生活空间，在其周边及过渡空间中考虑校园环境建设的良好规划，例如通过校园内的乔木、遮荫构筑物的建植、设立为学生提供沟通的良好场所。校园绿化要坚持乔木、灌木、草坪、花卉并举的原则，巧妙运用高、中、低三个层次相结合的方法提高绿化覆盖率。

　　校园景观环境与土地集约利用的重点是结合现状地形地貌进行场地设计与建筑布局，保护场地内原有的自然水域、湿地和植被，充分利用场地空间，合理设置下凹式绿地、雨水花园等有调蓄雨水功能的绿地和水体，合理衔接和引导屋面雨水、道路雨水进入地面生态设施等，充分运用生态补偿措施来达到景观环境与土地利用的要求。

　　校园景观环境建设要符合学生的心理需求，为学生们提供方便。增加绿化面积对学生与教职员工的身心健康具有重要的作用。在有限的土地上，通过变平地为伏地，设置多层活动平台创造立体化的景观效果；强调绿化与人们生活空间的关系，构建屋顶绿化，提供尺度宜人的绿化使用空间，在增加绿化的同时可有效地缓解区域的热岛效应并创造舒适宜人的学习生活环境。

（4）校园交通与土地节约集约利用

校园选址和出入口的设置应方便学生及教职员工充分利用公共交通网络，校园出入口到达公共交通站点的步行距离不宜超过500m。校园应遵循"步行为主、人车分流"的原则，以校园格局与功能布局为导向，科学布置可达性良好的道路系统和交通体系。学校内使用频率最高的是步行系统，它也是最具有活力的交通系统。步行系统一般由主步行道结合绿地系统中的慢步道，共同形成完整连续的外部空间步行网络系统。车行交通要求便捷、顺畅、可达性好。校园设计应针对学校建筑使用功能需求进行校园体系分区，合理布置步行系统、交通系统以及具有大量人流和短时间集散特性的建筑，为了保证各类人员顺畅方便地进出，要求将大量人群与少量使用专用车辆的特殊人群按照人车分行的原则组织各自的交通系统。在疏散性强的建筑布局中，道路的线型要兼顾校园的标志性建筑、校园景区、观赏视线以及对景，强调步移景换的视觉效果。随着社会节奏的加快，学生和工作人员拥有汽车的比例越来越高，校园汽车停放问题日益突出。学校应本着最大效益地利用土地资源的原则，通过修建地下或半地下车库形成立体交通，车库屋顶采用屋顶绿化，地面停车场采用透水材质，增加绿化面积及透水面积，更好地营造生态绿色校园。

（5）校园建筑与土地节约集约利用

校园建筑在学校中扮演着举足轻重的角色，其不仅从侧面体现出学府的文化底蕴以及治学风格，而且也是校园整体规划中一个个重要的环节和联结点，是校园各种设施及活动在规划及土地利用上的真实反映。校园的土地集约利用以校园建筑为载体进行空间布局，因此应对校园建设规模进行充分挖掘，合理布局建筑造型。建筑总体规划应有利于冬季日照并避开主导风向，应有利于夏季自然通风。建筑主朝向选择本地区最佳朝向或接近最佳朝向。

教学楼首层架空，增加绿化面积，形成建筑立体交通及风道，有效地改善场地中的热岛效应和风环境，例如北京电影学院总体规划通过缜密规划，紧密联结新旧教学楼形成集中式布局，底层架空，调整并优化校园结构，很好地满足了学生需求且提高了土地和设施的利用率。另外，在保证建筑日照的前提下，可以通过恰当的建筑布局和建筑形式来节约建筑能耗。例如，沈阳建筑大学建工学院教学楼底层架空，并与场地形成一定的角度，夏天引入自然通风降低区域的热岛效应，冬天形成自然的形体屏障阻碍冬天寒风的侵蚀，有效地起到了保温节能的作用。

学校建筑的材料选择直接影响了建筑的结构形式，而结构形式与建筑面积具有很大的关联性。采用新型墙体材料的钢结构建筑可提高节能效率50%，增加有效使用面积6%~8%，还可缩短工期，节约施工用水，从而做到土地集约化利用。例如，同济大学1960年代中期建设的图书馆，因功能需求在 2002 年的改建及扩建中，采用了钢结构形式，不仅维护了图书馆原来的风貌，而且合理地提供了更多大空间的使用功能分区，有效地增加了土地的使用面积。因此，要通过恰当的建筑布局和建筑形式来提高建筑面积，要集约化利用建筑和土地，要适当预留土地，满足校园更多的功能需求。

5.3　案例研究

山东建筑大学新校区选址位于济南市东部产业带，地块的南面和东面为绿化用地，北面为规划的区域中心和居住区。南侧临 84m 宽的城市快速路经十东路，东、北两侧邻 60m 宽的城市干道泉港路和十号路，交通方便、位置显赫。中南部植被茂密的雪山，成为该区的环境景观中心。

5.3.1　因地制宜的场地规划

新校区建设用地主要为市郊的荒地。建设中注意保持原有地形地貌，对于确实需要改造的原始场地和环境，在建设过程中采用了相应的场地环境恢复措施，减少对原有场地环境的改变，避免因土地过度开发而造成对城市整体环境的破坏。基地内地势起伏较大，在建设施工过程中尽量利用基地内的谷地、冲沟建设新的"地景"，大大减少施工土方量，节省劳动力，缩短工期。

例如，校园原址东南向有一南北走向冲沟，也就是校园自然地势特征中的"一谷"。工程中充分利用此冲沟设置立体交通和地下停车场，实现人车分流，提高土地利用率，体现人文关怀。同时，工程利用此冲沟形成的部分地下空间作为工程训练中心用房，在节约土地资源的同时扩大了建筑使用面积，降低了土方填埋量，有效降低了建设费用。对于其他地段的施工，在高程设计中考虑了土方量的平衡，尽量使挖方和填方量相等，减少施工工程量，降低施工难度、节约运输费用（图 5-1）。[9]

工程中充分利用原有地形地貌特征营建了低造价、高景效的水景体系。这主要得益于以下几个因素：第一，流经校园的郎茂山水库至雪山水厂和工业区的原水管道能够为校园水体提供纯生态的原质水，保证了水质的更新；第二，以校园内原有泄洪沟的低洼地势为基础进行

图 5-1　建设用地原状
资料来源：山东建筑大学.

水系的设计建造，避免了挖填土石方，同时也不会对自然地势地貌造成破坏；第三，经十东路南侧山区的泄洪沟从校园内部经过，也为水体的整体设计提供了天然的地势条件。因此，在有充足水源的基础上，生态廊道内自南向北规划了百草溪、春晖湖、月牙泉、叠水池、励志湖、映雪湖、星光旱喷、清泉石上流等水景景观。为了保持水质和良好的校园生态和卫生状况，水系通过与校园绿地的喷灌系统相连，实现了水景中水的再利用，有效节约了水资源（图5-2～图5-5）。

校园整体规划在遵循因地制宜原则的基础上，综合考虑影响校园室外环境的声、光、热、风等自然因素进行了合理设计。校园建筑尽量避免布置在城市主干道附近，对于面向城市主干道的建筑均作后退处理，且在城市主干道与建筑之间种植高大乔木形成声屏障。在园区二期建设中，为减少建筑施工过程中的噪声对广大师生正常工作、学习和生活的影响，在整个园区建设用地的西北角开设专门的施工入口，所有与建筑施工有关的车辆（包括建筑材料的运输车辆、土石方的运送车辆以及各种施工作业车辆等）都必须通过这一专用入口进出校园，使其行驶路线尽量远离园区内的教学、办公和生活区域。同时，对施工时间进行严格控制，夜间暂停施工活动，为教学、生活提供了有利的声环境。[10]

图5-2 地势较低的冲沟

图5-3 原冲沟位置交通主干道施工现场

图5-4 地下空间用作工程训练中心
资料来源：山东建筑大学.

图5-5 地下停车场
资料来源：山东建筑大学.

图 5-6 映雪湖施工现场
资料来源：山东建筑大学.

此外，对映雪湖基地开挖出的大量土壤，作为学校的绿化用土，解决了学校建设中缺乏植被用土的问题。位于冲沟东侧的原有基地为湿陷性黄土，不能作为建筑基础的持力层使用。因此，在办公楼、博文馆、建艺馆和外文馆等建设时需要较大的开挖量，将挖出的黄土作为绿化用土，就地使用，减少了运输费用且满足了学校绿化建设用土的要求（图 5-6）。

5.3.2 绿色交通设计

校园的主入口设在凤鸣路中段，方便南北向交通，功能性较强。经十东路设礼仪性、标志性的南大门。除此之外，在泉港路上设置东大门，即校区的功能性大门。另外，还在东北、北、西、西南设置了共计 5 个次入口，分别解决一部分交通出入问题，各司其职，保证交通便捷合理。

车行流线为环绕核心教研区的一圈外环干道，有效地解决了核心区的交通问题，避免了车行穿越对生态廊道的不良影响，保持了一片学习研究的净土。除此之外，还规划了与环路衔接的尽端路、直行路，解决各功能组块的交通问题。校园的次级干道由主干道向各个组团内部延伸，解决其内部的交通问题。主干道路宽 18m，次干道路宽 12m，符合大学校园的尺度，产生宜人的效果。[11]主次干道，层次分明，各尽其能。同时，将城市公共交通系统引入校园，沿车行道设置公交站点，保证了学校各建筑出入口到公共交通站点的步行距离不超过 500m。

考虑到新校区南北用地狭长，学生规模较大，势必会形成以自行车交通为主的交通模式，故在人行道基础上加宽路面，形成中间 10m 自行车道，两侧各 4m 人行道的自行车与步行专用道。此道沿生态廊道两侧贯穿各功能组块，较好地解决了南北狭长的交通问题，同时形成了两条极佳的景观视线走廊（图 5-7）。

图 5-7　道路交通组织图
资料来源：山东建筑大学.

图 5-8　应用于半地下空间的采光通风廊道
资料来源：山东建筑大学.

5.3.3　地下空间的合理规划及使用

为解决校园建设用地紧张、地价高昂、空间拥挤、绿化缺乏等难题，在新校区规划建设时，采用了结合地上建筑附建地下室或半地下室的解决方案（图 5-8）。

教学楼及办公楼附建的地下室或半地下室常被用作工作间、实验室、资料室及仓库。这些地下室或半地下室都是有人经常或长时间在其中工作的空间，应尽可能地采取必要措施改善其内部的空间环境，满足天然采光及自然通风的需求。为此，在校园建设过程中为使用半地下空间的教学楼及办公楼设置了采光通风廊道。这不仅保证了半地下空间的日照、采光和通风要求，而且提高了半地下空间的使用效率，减少了因半地下空间的照明及通风而带来的额外能源消耗，有效降低了运行费用。

汽车采用集中式停车场和路边停车相结合的方式，均衡分布在校园内部；自行车停车分散布置，结合教学区、宿舍区的底层架空和室外自行车停车场布置，其中集中（地下或半地下）停放率大于60%。

5.3.4　可持续建筑规划

建筑通过空间的收放穿透、顺应山、谷之势，使每座建筑都能获得良好的日照和采光。夏季将西南季风送入校区的各部分，有效辐射影响整个用地区域，为园区建筑的夏季自然通风降温提供了有利条件。同时，园区的大面积绿地及丰富的水系，极大地降低了园区地面对太阳热辐射能的吸收。

为适应济南寒冷地区的气候特征，山东建筑大学校园内单体建筑多采用围合形式的布局形式，在夏季能够通过自然通风为室内空间降温，在冬季有利于防止冷风侵袭，保持室内温度，降低采暖能耗。建筑单体积极采用太阳能，充分利用自然通风和采光，减少能耗。

例如，图书馆内设置的中庭，形成一个高大的空气自然流通空间。此外，图书馆的采光顶，充分利用自然采光，使每个楼层光线格外充足，不再需要采用人工照明措施，节约能源，降低运营成本（图 5-9）。

学生生活区位于校园西北部，由 13 栋学生公寓和 2 栋学生食堂组成。校园所在地为北方寒冷地区，校园建筑大部分坐北朝南布置。学生公寓为保证北向房间有一定日照，对建筑进行了一定的倾斜布置。建筑总平面设计均考虑冬季避风、夏季导风，冬季周边无疾风区，夏季自然通风良好。

学生公寓楼的朝向偏东南或西南 30°，使北面房间获得一定的日照，兼顾了南北两侧宿舍的采光要求。根据地势起伏，平面采用错层布置形式，平面形式呈折线形。两端部分采用正南朝向，中间部分与南向成一定角度，在一定程度上解决了北向房间通风采光差、冬季温度偏低的问题，为每幢公寓每个房间提供了舒适且健康的居住环境。

图 5-9　学生公寓松园
资料来源：山东建筑大学.

5.3.5　老建筑利用改建

学校积极开展城乡旧建筑保护工作，先后整体搬迁了老别墅，异地重建了凤凰公馆、老电影院门楼等历史建筑，为拆迁中的旧建筑保护做了大量工作，同时这些旧建筑在新校区得到重生，也丰富了校园建筑人文景观。山东建筑大学新校区建设用地基本上为市郊的荒地，原址并无已建成且投入使用的建筑。但在新校区的建设过程中搭建了许多临时性建筑，其中规模较大的当属新校区建设指挥部，对其保留部分原有使用功能进行加固，改变部分原有使用功能进行改造设计。

原位于济南市经八纬一路的一栋老别墅，为一层带阁楼砖木结构，占地面积 135m²，总重 320t，距今已有 80 余年历史。2009 年 3 月 1 日，经过近 12h 的"长途跋涉"，

图 5-10　迁移中的老别墅
资料来源：山东建筑大学.

图 5-11　从博文馆上看老别墅
资料来源：山东建筑大学.

它被迁往距旧址 30km 的山东建筑大学博文馆西玉兰路、天健路交叉口。经过进一步的修整复原，老别墅焕发"新颜"，成为学校又一亮丽的建筑人文景观（图 5-10、图 5-11）。

学校以异地重建的方式将凤凰公馆、老电影院门楼等建筑移至校园进行保护。同时按照传统工法，使用传统材料，建设了海草房、木鱼石房等传统民居，保护了传统建筑文化。

5.3.6 绿色景观

校园内对原有植被进行保留与保护，实行了绿化植物配置多样性，植被造景，土地无裸露，绿地率高于国家标准要求。在学校非主要交通道路、广场、停车场等地面铺设过程中，采用生态透水措施，如采用生态透水砖、卵石、碎石、植草砖等，使得校园室外透水地面面积比高达 40% 以上。经过透水路面保存下来的雨水，不仅可以补充校园地下水，地下水还可以慢慢蒸发出来，从而增加校园内的空气湿度和舒适度，滋养树木、花草、减少浇灌用水，而且能在夏季为校园降温、减少扬尘（图 5-12）。

植物种植采用乔灌结合的立体化方式，力争取得三季有花、四季常绿的效果。冬季观赏主要突出树形、枝干、果实、开花植物；秋季突出叶色的丰富变化；夏季植物品种丰富，考虑此时开花的植物；春季可观赏开花植物。在树种的选择上，以"落叶乔木、常绿灌木为主，常绿乔木、落叶灌木为辅，适当点缀花卉地被"为准则，突出地方特色，充分利用乡土树种。在注重发挥树木的生态效益的同时，兼顾树木的叶、花、果以及其自身的观赏价值（图 5-13）。在校道两旁列植法国梧桐和槐树；次要道路植白玉兰与紫玉兰；在湖区岸边植柳树，点植枫树；水中丛植荷花；庭院种植桃、李、杏树，点植银杏；草地上丛植迎春、郁金香与龙柏；主要广场植雪松；西北边的住宿区和运动区植白杨。

图 5-12 生态透水地面
资料来源：山东建筑大学.

图 5-13　"生态廊道"绿地景观系统规划结构
资料来源：山东建筑大学.

　　植物种植重点设计如下区域：①简洁大方的广场与主入口区：中心以草坪为主，外围配植雪松、日本樱花及其他多种花木；②滨水秋色区：以白蜡、芦苇、鸢尾、金银木为主，适当配植垂柳、桃花、蔷薇、水杉等；③秀木佳荫的内环路：以合欢为主，配植白皮松、紫荆、紫薇等；④林荫广场区：以毛白杨作庇荫树，少量配有香味的花木，如丁香、海桐、蜡梅、大叶女贞等；⑤雪山自然山林风光区：以黄栌、桧柏、五角枫为主，适当配植国槐、刺槐、火炬、山杏、连翘等。

注释

[1] 田富华.云南芒市土地利用效益评价研究 [D].昆明：云南财经大学，2012.

[2] 国际互联网 www.baike.baidu.com.

[3] 赵朋.污水处理厂特许经营研究 [D].天津：天津大学，2004.

[4] 周明芳.保定市城镇化进程中城市土地集约利用研究 [D].保定：河北农业大学，2007.

[5] 陈群.我国土地利用情况的参考资料 [J].农业经济丛刊，1980（4）:50-59.

[6] 张士功.耕地资源与粮食安全 [D].北京：中国农业科学院，2005.

[7] 翟惠萍、白世强、任涛.科学发展观指导下的土地利用规划初探 [J].河北农业科学，2010（1）:94-96.

[8] 于洪.我国大学校园土地的节约集约利用 [D].太原：太原理工大学，2007.

[9] 王坤花.高校新校区校园文化建设中文化景观的传承研究——以山东建筑大学为例 [D].天津：天津大学管理与经济学部硕士论文，2011.

[10] 房涛.绿色大学校园的构成模式研究与实践——以山东建筑大学新校区建设为例 [D].济南：山东建筑大学硕士论文，2009.

[11] 王超.以适宜生态设计策略为指导的大学校园规划 [D].济南：山东建筑大学硕士论文，2010.

参考文献

[1] 陆春其、徐美娟.校园建设中土地的开发利用分析 [J].常州工学院学报，2010（Z1）:19-21.

[2] 杜惟玮、张宏伟、钟定胜.生态校园建设的现状与发展趋势 [J].四川环境，2005（3）:30-34.

[3] 偶春、姚侠妹、陈杰.生态城市背景下的地方高校校园景观建设探讨——以皖西北高校校园景观建设为例 [J].

中国农学通报，2009（21）:240-243.

[4]　杨子君.论大学校园建设与城市土地利用的协调[J].河北软件职业技术学院学报，2007（2）:78-80.

[5]　王万茂.土地资源管理学[M].北京：高等教育出版社，2010.

[6]　谭术魁.土地资源学[M].上海：复旦大学出版社，2011.

[7]　刘黎明.土地资源学[M].第五版.北京：中国农业大学出版社，2010.

[8]　吴斌等.土地资源学[M].北京：中国林业出版社，2010.

[9]　刘峰，吕相权，张国欣.浅谈土地资源合理利用与可持续发展[J].吉林农业，2011（9）.

[10]　郝磊.合理利用土地资源保证经济社会的可持续发展[J].经济论坛，2005.

[11]　江以平，曾克峰，魏源.土地资源的合理利用与可持续发展[J].江西社会科学，2002（7）.

[12]　郭焕成，陈佑启.我国土地资源合理利用研究[J].中国土地科学，1994（7）.

[13]　刘序，陈美球.推行可持续发展的土地利用规划观[J].国土经济，2003（12）.

[14]　王万茂.土地利用规划与可持续发展[J].国土经济，2001（4）.

[15]　但承龙，厉伟.可持续土地利用规划初探[J].生态经济，2001（11）.

[16]　郭勇等.对可持续土地利用规划的理性思考[J].广东土地科学，2009（12）.

[17]　潘文灿.可持续发展与土地利用规划[J].资源产业，1999（6）.

[18]　舒婷.研究型大学土地节约集约利用初探[D].天津：天津大学管理与经济学部硕士论文，2010.

[19]　王崇杰.首批"节约型校园建设"示范高校——山东建筑大学节能节水技术应用[J].建设科技，2009.

[20]　陈洋.论中国高校生态可持续校园模式[D].西安：西安建筑科技大学博士论文，2004.

思考题

1.针对我国土地资源特点，你对我国土地的合理开发与利用有什么合理建议？

2.结合自身实际生活，试列举你身边土地资源开发利用的不合理现象，并分析危害及提出合理解决措施。

3.浅谈土地资源合理利用与保护与你个人的关系，以及你能为此作出哪些努力？

4.试从正反两方面举例说明如何基于可持续发展观念进行校园土地利用规划。

5.尝试对自己的学校的校园土地利用进行初步规划利用方案构想。

下 篇

绿色校园及其标准

　　绿色校园评价标准是指导和规范绿色校园建设的准绳，是引导和发展绿色校园建设的基石。在此基础上，绿色校园的节能建筑、节能设备、室内外环境、校园文化以及运营管理等软硬件建设为绿色校园的健康发展构筑了物质文明与精神文明两个层面的支持系统。

第6章

绿色标准与绿色校园

6.1 编制背景

在当前经济高速增长和城市快速发展的时期，人们越来越认识到能源供应与生态环境正在面临危机的严峻事实。党中央、国务院发布了推进节能减排与发展新能源的战略部署。其中，推进建筑节能、发展绿色建筑是实施中国能源战略的关键环节。

校园是社会的重要组成部分，是为国家提供发展支撑力量的重要摇篮和基地。根据2011年中国相关统计数据，全国共有各级各类学校 50.5 万所，全国各级各类学历教育在校生为 2.63 亿人，比上年增加 332.86 万人。其中，幼儿园 16.68 万所，普通小学 24.12 万所，初中阶段学校 5.41 万所，高中阶段学校 2.76 万所，高等学校 2762 所，比上年增加 39 所，全国各种形式高等教育在学总规模达 3020 万人，比上年增加 98.91 万人。全国各级各类学校专任教师数为 1542.25 万人，比上年增加 30.61 万人。与此同时，全国各级各类学校拥有校舍建筑面积总量达 22.13 亿 m^2 [①]。校园拥有大量的建筑存量，设施多样、人口稠密、能源与资源消耗量大，是社会组成的一部分，也是社会能耗的大户。

6.1.1 编制"绿色校园评价标准"的必要性

（1）国内尚缺乏以学校整体环境为对象的绿色校园评价标准

近些年，随着可持续发展的思想逐渐深入人心，我国的绿色建筑评价标准得到了快速的发展，然而与发达国家相比，我国并没有一套针对学校的评价标准。目前，校园建筑设施量大面广，能源管理水平低，严重制约着绿色校园工作深入持久地开展，从规划、设计到运行都缺乏全面系统的可持续发展建设标准，来指导和规范绿色校园建设。

---

① 具体数据引自：中华人民共和国教育部.中国教育概况——2011年全国教育事业发展统计公报 [R]，2012.

（2）国外绿色校园评价标准与中国国情具有一定差距

目前，国外已有绿色校园评价标准，例如美国的 LEED for School、英国的 BREEAM Education 2008、澳大利亚的 Green Star Education、德国 DGNB 专项的学校版本标准等。这些评价标准都旨在创造健康、舒适的居住环境、节约能源和资源、减少建筑对自然环境的影响。但与发达国家相比，我们的学校建设尚存在一定差距，这些国外标准在某些方面的设置不符合我国国情，采用国外标准对我国的绿色校园进行评价，缺乏一定的合理性。

6.1.2 编制情况介绍

在《关于落实〈国务院关于印发"十二五"节能减排综合性工作方案的通知〉的实施方案》中明确指出，"应完善绿色建筑评价标准体系，制定针对不同地区、不同建筑类型的绿色建筑评价标识细则，科学地开展评价标识工作。"

2010 年 11 月份，根据中国城市科学研究会的工作安排，由中国绿色建筑与节能专业委员会绿色校园学组组长、同济大学副校长吴志强教授担任主编，何镜堂院士和刘加平院士担任编制顾问，中国城市科学研究会绿色建筑与节能专业委员会绿色校园学组会同同济大学、中国建筑科学研究院等全国 20 多所大中小学和科研单位，共同承担学会标准《绿色校园评价标准》（以下简称《标准》）的编制工作。于 2012 年 3 月完成了初稿，8 月下旬《标准》征询意见稿向社会广泛征求意见。在征求全国众多大中小学校、设计单位、施工单位反馈的修改意见基础上，2012 年 10 月 14 日完成了送审稿并通过审核。标准于 2013 年 4 月 1 日起正式实施，编号为 CSUS/GBC 04-2013，其作为我国开展绿色校园评价工作的技术依据（图 6-1）。

图 6-1 中国绿建委学会《绿色校园评价标准》审查会合影
资料来源：绿色校园学组拍摄.

6.1.3　标准编制目的、适用范围与主要技术内容

（1）编制目的

通过编制《标准》，进一步贯彻落实我国"科学发展观，加快建设资源节约型、环境友好型社会，促进循环经济发展"和"绿色校园建设"的方针政策；实现校园设施的全寿命周期内节地、节能、节水、节材、保护环境、保障学生和教职员工健康以及加强学校节能运行、教育推广管理的要求，引导我国绿色学校的健康发展。

（2）适用范围

《标准》适用于评价新建、既有的中小学校园、高等学校校园建设和运营，包括中小学、高等院校的教学用房、教学辅助用房、行政办公用房、生活服务用房等建筑，以及绿色校园建设的组织制度建设、校园规划、校园资源能源利用效率管理、绿色教育、绿色人文等各方面的全面评价。《标准》可作为中小学校、高等院校申请绿色校园示范建设单位的评价工具，以及新建校区的规划评价和既有校区的运行评价。促进绿色校园建设工作更加深入地开展和长久机制的形成，充分发挥中小学、高等学校引领可持续发展的积极作用。

（3）主要技术内容

《标准》的编制框架和主要内容在与现有标准规范保持一致的基础上，契合学校自身特点，强调绿色理念的传播和应用，并借鉴国际先进的经验，推广符合我国国情的适宜技术，在满足学校建筑功能需求和节能需求的同时，重点突出绿色人文教育的特殊性与适用性。《标准》分为中小学、普通高校两套评价体系，包括：1. 总则，2. 术语，3. 基本规定，4. 中小学校评价标准，5. 普通高校评价标准，6. 条文说明。其中第 4 ~ 5 章评价标准体系内包含 7 个评价体系：规划与可持续发展场地、节能与能源利用、节水与水资源利用、节材与材料资源利用、室外环境与污染物控制、运行管理、教育推广。每类指标均分为控制项、一般项与优选项。控制项是必须满足的条文，一般项作为评估学校生态技术的常规设计标准，优选项为较难达到的生态技术。绿色校园根据满足一般项数和优选项数的项数，划分为一星级、二星级和三星级，星级越高，难度越大。评价分为规划设计和运行管理两个阶段，规划设计阶段在施工图完成后评价，运行管理阶段的评价在运行一年并达到设计规模后进行。

6.1.4　评价体系分析

（1）指标体系分析

绿色校园评价体系设置 7 类指标体系，每类设控制项和一般项、优选项。中小学评价部分条文共计 99 条，控制项的比例为 30%。普通高校评价部分条文共计 103 条，控制项数比例为 28%。现行《绿色建筑评价标准》（GB/T 50378—2006）设置 6 类。

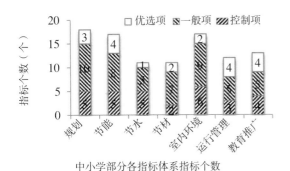

中小学部分各指标体系指标个数

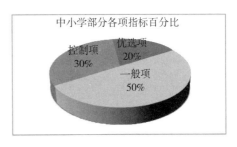

图 6-2 《绿色校园评价标准》中小学部分指标体系指标分析

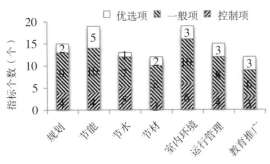

高校部分各指标体系指标个数

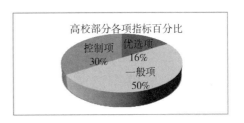

图 6-3 《绿色校园评价标准》高等学校部分指标体系指标分析

指标体系，每类设控制项、一般项和优选项，条文共计 83 条，控制项的比例为 31%。与相关国家标准比较，《绿色校园评价标准》控制项比重均达到评价条文总数的约 1/3，都能确保获得标识的建筑满足国家强制性要求以及绿色建筑的一些基本要求，见图 6-2、图 6-3。

（2）条文的适应性

《标准》依据我国学校自身特点进行编写，弥补了我国绿色校园评价领域的空白，条文设置更加明晰完整、条文内容更加契合我国国情，具备更好的适应性和可操作性。①规划与可持续发展：针对校园选址、规划、道路交通规划、生均用地、绿化率、地下空间利用等均给出了适合校园要求的评价标准。②节能与能源利用：依据学校建筑特点，从围护结构热工性能、冷热源性能参数、房间空调器能效比、室内温度控制、热计量和照明节能设计等方面进行控制。③节水与水资源利用：涉及室外雨、污水的排放、再生水利用以及绿化、景观用水等与城市宏观水环境直接相关的问题，倡导增加水资源利用率，减少市政供水量和污水排放量。④节材与材料资源利用：涉及建议合理利用校园范围内的已有建、构筑物，采用资源消耗和环境影响小的结构体系，采用再生材料或可循环材料制作的设施、器具等。⑤室内环境方面：提出了办公楼、宿舍以及教室等不同区域在光环境、声环境方面应满足的要求，提倡学校建筑设计和构造设计有促进自然通风的措施。⑥在运行管理方面：针对校园总体管理机构组织、章程、资源管理、绿化管理、垃圾管理均分别提出了相应条文要求。⑦教育推广部分：提出环境教育、教师培训和专题研讨会、教育宣传工作、环保活动、竞赛等绿色校园教育推广机制，真正实现将"绿色硬件"变成"绿色教育软件"，学生"在环境中学习"。

6.2 标准第五章高等学校部分内容要点介绍

6.2.1 规划与可持续规划场地内容要点介绍

编制思路：从中国高等学校建设模式特征出发，结合中国国情与法规，控制项必须达标，提升大学的场地可持续发展，分别从安全选址、日照环境、环境噪声控制、生均用地指标、容积率、绿化率、热岛效应、自然通风、合理开发利用地下空间等方面进行控制。

控制项技术指标

☐ 选址安全
☐ 日照环境
☐ 隔离与防噪措施

一般项技术指标

☐ 生均学校用地指标
☐ 容积率指标
☐ 校园绿化率指标、生均绿地
☐ 倡导与周边社区资源共享
☐ 热岛强度不高于 1.5℃
☐ 自然通风
☐ 校园选址的服务半径
☐ 室外透水地面面积比不小于 40%

优选项技术指标

☐ 合理开发地下空间，集中（地下或半地下）停放率大于 60%
☐ 反映学校历史的古建筑及设施保护

体现中小学校校园特色

☐ 鼓励学校绿化面积的提升，结合国家及地方标准，主要体现在对绿地率的要求
☐ 鼓励合理提高建设场地利用系数，倡导资源共享、建筑布局自然通风
☐ 鼓励充分利用地下空间，减少停车场设置对环境的不利影响

6.2.2 节能与能源利用内容要点介绍

编制思路：控制项必须达标，解决校园节能的基本问题。建筑能耗是校园能耗的主要组成部分，节能部分以评价建筑能耗为主，从围护结构热工性能、冷热源性能参数、房间

空调器能效比、室内温度控制、热计量和照明节能设计等方面进行控制。

控制项技术指标

☐　围护结构热工性能

☐　冷热源机组性能

☐　集中采暖或集中空调的室温调节设施

☐　照明功率密度值

一般项技术指标

☐　年度生均能耗降低率不小于2%

☐　校园建筑平面布局

☐　遮阳设施

☐　教学楼不采用玻璃幕墙。外窗可开启面积要求

☐　外窗气密性要求

☐　冷热源设备性能要求

☐　通风空调系统风机和冷热水系统的性能要求

☐　照明功率密度值

☐　能源分项计量

优选项技术指标

☐　年度生均能耗降低率不小于5%

☐　余热利用

☐　可再生能源利用

☐　其他可靠、经济的技术措施

体现高等学校校园特色

☐　鼓励低成本、被动式技术，例如教学楼外窗具有较大的可开启面积的要求；鼓励
可再生能源的利用，没有量化要求，主要是体现其重要的教育展示意义

6.2.3　节水与水资源利用内容要点介绍

编制思路：高等学校作为培养人才的基地，从国家发展的长远考虑，应培养出具有先
进的环境资源理念和节约习惯的专业人才。高等学校的"绿色校园"工作应与科研、教育
工作相结合，做好校园内的"节能减排"工作本身就是对在校学生最好的环境资源教育。
同时，高校也是重点耗能耗水单位之一，高校的耗能总量呈现刚性增长态势。为此，住房
和城乡建设部、教育部和财政部共同拟定了《关于推进高等学校节约型校园建设的指导意
见》，并已经进入全面推进阶段。

因此，"节水与水资源利用"章节的编写思路围绕"节水减排"展开，通过运用"低
冲击开发"理念及相关技术，推行模拟和遵循自然规律的设计模式，在获得"节水减排"

环境效应的同时，减轻开发建设对城市的冲击。目标是：构建与周边环境相适宜的、和谐共生的生态环境。

控制项技术指标

- [ ] 水资源规划与应用现状调查
- [ ] 降低管网漏损率
- [ ] 采用节水器具，节水率不低于8%
- [ ] 安全使用非传统水源
- [ ] 合理收集和利用雨水
- [ ] 景观用水不得采用自来水或地下水

一般项技术指标

- [ ] 减少设备超压出流
- [ ] 地表径流控制
- [ ] 杂用水应用非传统水源
- [ ] 绿化高效浇灌
- [ ] 按用途设置计量水表
- [ ] 洗浴用水采用"智能卡水量控制"

优选项技术指标

- [ ] 提高非传统水源水用量

体现高等学校校园特色

- [ ] 对校园水系统规划和运营提出要求：水系统综合规划应包括校园内的给水水源、供水方式、污水达标排放、雨洪管理等基础设施建设，还包括再生水回用、雨水利用、污泥处置、水景观等深层次的校园建设内容，直接影响到高校自身的可持续发展，也与高校所在城市的风貌和环境休戚相关；校园水系统在满足教学、生活等用水量和水压的前提下，强调供水安全。并结合学生用水规律，提出一系列诸如采用"智能卡水量控制"系统等有针对性的技术措施

- [ ] 校园水系统具有"统一建设，统一管理，自行使用"的特点，适宜推行污水资源化和雨水回用技术，在兼顾对学生开展环境教育的同时，有望获得较好的经济效益和社会效益

6.2.4　节材与材料资源利用内容要点介绍

编制思路：根据高等学校的特点，主要从材料资源利用、建筑设计优化、施工过程控制和校园材料回收四个方面入手。突出校园整体总量控制，从校园整体来考虑节材而非单体建筑。

控制项技术指标

- [ ] 环保建材
- [ ] 无装饰性构件

一般项技术指标

☐　本地建材

☐　预拌混凝土、商品砂浆

☐　高性能混凝土、高强度钢

☐　旧建筑利用

☐　土建装修一体化

☐　建材中废弃物的使用

☐　施工节材

☐　可再利用材料、可再循环建材

☐　结构体系优化

优选项技术指标

☐　旧设备利用或再生材料或可循环材料的利用

☐　其他创新型节材措施

体现高等学校校园特色

☐　校园旧设备利用是绿色校园节材与材料资源利用的特色。在保证安全性能的前提下，合理利用校园范围内的已有建、构筑物以及原有设施设备，既可实现材料的节约，也有着极大的教育意义

☐　结合高校特点，提出了高性能混凝土、高强度钢的要求

6.2.5　室内环境与污染控制内容要点介绍

编制思路：相对于其他建筑，高等学校为保证学生的身心健康和学习效率，对教学用房的室内环境质量要求较高，为此,适度增加了室内环境质量篇章的控制项和优选项数量。

控制项技术指标

☐　室内空气质量

☐　建材安全性

☐　室内采光、照度、统一眩光值和显色指数

☐　实验室污染物控制

☐　教学区禁烟

☐　室内噪声控制

☐　食堂设计

一般项技术指标

☐　室内声、光、热环境质量

☐　室内自然通风

☐　防止围护结构内部和表面结露

　　☐　固定电风扇

　　☐　空调末端可调

　　☐　教学用房混响时间

　　☐　无障碍设施

优选项技术指标

　　☐　室内二氧化碳监测

　　☐　改善室内或地下光环境

　　☐　外遮阳设置

体现高等学校校园特色

　　☐　教室室内声、光、热环境的较高要求是舒适的学习环境的重要因素

　　☐　结合高校特点，大学生多数已为成年人，故禁烟区只限制教学区

　　☐　实验室是高校的重要组成部分，严格控制实验室污染，是保护高校环境安全的重要措施

6.2.6　运行管理

　　编制思路：从学校人员密集、服务对象年龄较轻、一切工作以教学为中心、经济条件一般等运营特点出发，提出适应高等学校的运营管理措施。

控制项技术指标

　　☐　绿色校园运行管理组织机构及管理制度

　　☐　废弃物分类收集和处理

　　☐　安全设施定期检查维护

一般项技术指标

　　☐　师生参与

　　☐　运营设备、管线方便维修

　　☐　乡土植物

　　☐　景观水系定期监测维护

　　☐　人员培训

优选项技术指标

　　☐　智能化系统

　　☐　运行管理体系外部评估审查

　　☐　其他创新技术和创新方法

体现高等学校校园特色

　　☐　绿色校园运营管理组织机构的建立，是绿色高等学校校园绿色运营的前提

　　☐　师生参与、人员培训是绿色高等学校校园绿色运营的保障

□　运营管理体系的外部评估审查，是绿色高等学校校园绿色运营的提升

6.2.7　教育推广

编制思路：调动高校的知识和技术优势，突出学生的独立自主参与能力，强调服务社会，推动社会可持续发展建设。

控制项技术指标

□　制订长期总体规划

□　公共课程建设

□　鼓励、组织学生参与相关社会实践活动

一般项技术指标

□　绿色校园工作信息发布制度

□　专题讲座与观摩活动

□　组织和鼓励学生参与绿色校园建设竞赛活动

□　整合社区资源，师生服务社区

□　技术研发与推广

□　学校经费支持

优选项技术指标

□　带动周边学校和社区参与

□　积极参与创优比赛，宣传创绿经验

□　鼓励学校进行绿色校园相关的发明创造

体现高等学校校园特色

□　高校拥有强大的知识和技术优势，既是绿色技术的使用者，也是其研发者和推广者。

□　学生是高校的主体，也是社会发展的生力军，将其融入学校体验和参与绿色教育中使其进入社会后影响和带动更多的人，从而具有雪球效应。

6.3　高等学校试评估报告

6.3.1　山东建筑大学评估背景介绍

山东建筑大学新校区校园规划以保护生态环境为出发点，使行为环境和形象环境有机结合，尊重自然生态，结合地域、地区特点，以高起点的环境艺术及景观设计，创造一个适于师生学习生活的、现代化的山水园林式校园环境。同时，校园规划又以信息时代特征为指导，反映信息教育和教育智能化的特点，打破院系独立封闭的布置，设计共享环境，以适应学科交叉的教学、科研模式，实现资源共享、信息共享，利于培养新时代的复合型

人才。新校区总用地面积 133hm^2，其中可建设用地面积约 116.11hm^2。校园规划总建筑面积约 81.56 万 ㎡。通过园区环境综合保障技术的应用，山东建筑大学在新校区建设过程中采用了诸多节能新技术和再生能源技术，显著提升了园区环境品质，减少了园区对周边环境的不利影响，同时有效地降低了因园区用能对环境造成的污染，具有显著的经济效果和社会效益。

6.3.2　山东建筑大学评估报告书内容介绍

本评价属于运营阶段评价，主要从以下七个方面对山东建筑大学进行了评价：①规划与可持续发展场地；②节能与能源利用；③节水与水资源利用；④节材与材料资源利用；⑤室内环境与污染控制；⑥运行管理；⑦教育推广。

（1）规划与可持续发展场地

选址：新校区选址位于济南市东部产业带，地块的南面和东面为绿化用地，北面为规划的区域中心和居住区。建设用地主要为市郊的荒地，区内地层北倾，层序正常，未见有断裂构造。区内未发现其他不良地质现象，场地稳定，其他隔层地基土岩土质较好，适宜建筑。新校区选址无核辐射，电磁辐射，易燃易爆物品存储建筑，有毒物质车间，污染物排放超标的污染源。

生均学校用地指标：山东建筑大学新校区总用地面积 133hm^2，含部分山地，规划建筑总面积 81.56 万 m^2，学校人数 30000 人，生均用地 73.9m^2，容积率 0.61。

公共绿地面积、绿地率：学校绿化面积 59.85 万 m^2，绿地率为 45%，生均公共绿地面积为 19.95m^2。

室内日照：在建筑设计过程中，利用场地自然条件，合理设计建筑体形、朝向、楼距和窗墙比，使建筑获得良好的日照环境、天然采光、自然通风。学生公寓楼的朝向偏东南或西南 30°，使北面房间获得一定的日照，兼顾了南北两侧宿舍的采光要求。对使用半地下空间的教学楼及办公楼设置了采光、通风廊道，保证了半地下空间的日照、采光和通风要求。

学校可比容积率与建筑密度：山东建筑大学新校区位于济南市东部中心城外，总用地面积 133hm^2，含部分山地，规划建筑总面积 81.56 万 m^2，学校人数 30000 人，生均用地 73.9m^2，容积率 0.61。

公共设施以及生活福利设施的共享：除了树人园内的大学生活动中心这一综合建筑外，经过分析生态廊道内的人流特点和空间形式，布置了商业服务点、邮箱、校车站、IC 电话亭、宣传栏、公厕等六类服务设施，垃圾箱沿主要道路每 70m 一处。

出入口与公共交通：校园的主入口设在凤鸣路中段，方便南北向交通，功能性较强。经十东路设礼仪性、标志性的南大门。除此之外，在泉港路上设置东大门，即校区的功能性大门。另外，还在东北、北、西、西南设置了次入口共 5 个，分别解决一部分交通出入问题，各司其职，保证交通便捷合理。将城市公共交通系统引入校园，沿车行道设置公交站点，保证了学校各建筑出入口到公共交通站点的步行距离不超过 500m。

图 6-4　利用采光窗地下空间自然采光
资料来源：山东建筑大学.

　　景观绿化：建设过程中充分利用原有地形地貌特征营建了低造价、高景效的水景体系。校园内对原有植被进行保留与保护，实现了绿化植物配置多样性，植被造景，土地无裸露，绿地率高于国家标准要求。植物种植以"落叶乔木、常绿灌木为主，常绿乔木、落叶灌木为辅，适当点缀花卉地被"为准则，采用乔灌结合的立体化方式，力争取得三季有花、四季常绿的效果。

　　停车场设置：利用冲沟设置立体交通和地下停车场，实现人车分流。汽车采用集中式停车场和路边停车相结合的方式，均衡分布在校园内部；自行车停车分散布置，结合教学区、宿舍区的底层架空和室外自行车停车场来解决，集中（地下或半地下）停放率大于 60%。

　　透水地面：在学校非主要交通道路、广场、停车场等地面铺设过程中，采用生态透水措施，如采用生态透水砖、卵石、碎石、植草砖等，室外透水地面面积比大于 40%。

　　旧建筑利用：山东建筑大学新校区建设用地基本上为市郊的荒地，原址并无已建成且投入使用的建筑。但在新校区的建设过程中搭建了许多临时性建筑，其中规模较大的当属新校区建设指挥部，对其保留原有使用功能进行加固，改变原有使用功能重新改造设计。

　　地下空间利用：在新校区规划建设时，采用了结合地上建筑附建地下室或半地下室的解决方案，如利用冲沟形成的部分地下空间作为工程训练中心用房（图 6-4）。

　　废弃场地的利用：新校区用地基本为市郊的荒山地和废弃采石场。教工宿舍区将废弃采石场和荒山地改造为宜居绿色社区，并获得相应补贴。

　　历史文物的保护：学校积极开展城乡旧建筑保护工作，先后整体搬迁了老别墅，异地重建了凤凰公馆、老电影院门楼等历史建筑，为拆迁中的旧建筑保护做了大量工作，同时这些旧建筑在新校区校园得到重生，也丰富了校园建筑人文景观。

（2）节能与能源利用

　　主要功能建筑节能设计：建筑围护结构均严格按照设计建设期相关国家和地方标准进行设计建造，综合考虑了建筑功能、造型与节能的要求，通过控制建筑体形系数来节约建筑能耗，降低建筑造价。

　　在建筑设计过程中，采用被动式节能设计策略，利用场地自然条件，合理设计建筑体形、朝向、楼距和窗墙比，使建筑获得良好的日照环境、天然采光、自然通风。部分建筑采用外围护结构保温系统。对全校的用能单位和主要用能设备实行能源统计和监测，实现能源的统计计量。

高效能设备和系统：省部共建教育部重点实验室应用学校科技成果，设计安装了太阳能与浅层地热能结合的热泵系统为中央空调供冷供热，利用太阳能在秋季向地下热源补热，进行负荷平衡，实现了跨季节蓄热，确保了地源热泵系统长期高效运行。

校园主要从智能照明控制、节水控制、制冷与采暖智能控制和分散设施监管系统四个方面设计实现节能监控。采用有效的节电智能控制技术，被控设备的家电率大约在30%～60%；在教室安装的节电装置，节电率达20%~30%；对校内路灯实行分区分时控制，安装太阳能路灯61组，直接经济效益为72000元。学生浴室安装自动控制系统，每年可节约自来水3000m³，同时太阳能系统集热器提供浴室的日常使用需求，减少了用电量。

节能高效照明：建筑室内房间照明功率密度值低于《建筑照明设计标准》（GB 50034—2004）规定的现行值，夜景照明的照明功率密度值低于《城市夜景照明设计规范》（JGJ/T 163—2008）的规定，园区道路照明采用了太阳能路灯，道路照明的照明功率密度值低于《城市道路照明设计标准》（CJJ 45—2006）的规定。

室温调节设施：在教室、办公室内安装了智能空调控制器，使其能够通过人体检测来判定室内是否有人，同时实时地检测室内温度，并且内置时钟，能够按照作息制度控制空调开启。对采用集中空调系统的办公楼建筑，均采用可独立控制温度湿度的房间空气调节器，且能效比高于《房间空气调节器能效限定值及能效等级》（GB 12021.3—2010）的2级要求。

年度生均能耗降低率：山东建筑大学采取太阳能综合利用技术、节水与水资源利用、节能与能源监控等措施，使得年生均能耗降低率高于2%。

自然通风：校园建筑布置于生态廊道周围，合理的布局使每座建筑都能获得良好的日照和采光，并且生态廊道因势利导，通过空间的收放穿透，顺应山、谷之势，夏季将西南季风送入校区的各部分，有效辐射影响整个用地区域，为园区建筑的夏季自然通风降温提供了有利条件。

遮阳设施：学校建筑均根据需要设置了外遮阳或遮光窗帘。

外窗可开启比例：生态学生公寓建设中全部采用节能窗，大部分建筑外窗为推拉窗，可开启面积不小于外窗总面积的30%，梅园1号公寓除开窗通风外，还设有用于冬季微量通风的窗上通风器及卫生间背景通风系统。建筑幕墙具有可开启悬窗，教学用房未采用玻璃幕墙。

外窗气密性：生态学生公寓建设中全部采用节能窗，外窗气密性不低于现行国家标准《建筑外门窗气密、水密、抗风压性能分级及检测方法》（GB/T 7106—2008）规定的6级要求。

能量回收：低温热媒质来自于供暖系统回水管道内的低温热水，为校园建筑的部分房间低温地板辐射提供采暖供热。

可再生能源利用：校园根据济南地区气候和自然资源条件，使用了太阳能热水、光伏发电以及地源热泵等可再生能源技术，起到了显著的节能降耗作用。

学校公寓采用了太阳墙空气加热系统；生态学生公寓中利用太阳能烟囱加强通风；学生浴室使用太阳能热水系统；教职工宿舍区住宅全部使用太阳能热水；道路照明采用了太阳能路灯，局部采用了光伏幕墙，及 1MW 光伏发电站。

地源热泵综合利用方面：省部共建教育部重点实验室和教工宿舍区幼儿园设计安装了太阳能与浅层地热能结合的热泵系统为中央空调供冷供热。

其他技术措施：利用太阳能采暖新风系统为北向房间提供采暖和新风，在建筑南向墙面利用窗间墙和女儿墙的位置安装了 157m² 的深棕色太阳墙板，该色彩的选用在满足较高太阳辐射吸收率的情况下（黑色的太阳吸收率为 0.94，深棕色为 0.91），保证了建筑立面色彩的统一协调。

校园建筑的部分房间采用了低温地板辐射采暖技术。

（3）节水与水资源利用

水系统规划设计：编制有校园水系统规划设计，在满足校园用水定额、用水指标、用水安全的前提下，优化设计校园水系统中的给水排水系统、节水器具与非传统水源利用，达到了节约、回收、循环使用水资源。校园内的饮用水、生活用水、杂用水、景观及绿化用水等按照高质高用、低质低用、分质供水的目标，有效提高了水资源的利用率。

节水措施：新校区建设中采用智能节水控制器创新性地将人体感应终端和水表相结合，并具有了数据远程传输的功能，兼具漏水事故监控功能。

在校园建筑的供水系统用户端均采用了节水器具，保证节水器具的使用率为 100%，节水率大于 25%。

在学生浴室安装了磁卡智能控制设备，磁卡中带有水量的相关数据信息，洗浴用水量实行预付费制度。

绿化节水灌溉：校园的绿化灌溉采用渗灌与低压喷灌的节水灌溉方式。

在学校非主要交通道路、广场、停车场等地面铺设过程中，采用生态透水措施。

用水分项计量：安装有监控系统，监控水电暖使用情况，进行分类分项统计计量。

雨水回渗与集蓄利用：根据雨水来源不同，设定有不同的收集途径。雨水收集进行沉淀过滤后，与中水系统相结合，回用于冲厕、道路冲刷、消防、绿化及景观用水。

再生水利用：园区内建有中水站，年产中水 100 万 m³，收集校园内的杂排水，包括学生宿舍的盥洗、洗浴排水，学校餐厅的蔬菜、餐具的冲洗排水，处理达标后主要用于校园绿化、冲厕、冲洗道路、人工湖补水等。无法接入市政排水系统的校园污水处理率和达标排放率达 100%。

（4）节材与材料资源利用

建筑结构体系节材设计：在建筑设计中，校园内建筑少用造型要素中没有功能作用的装饰构件。

预拌混凝土使用：对于用量较大的钢材与混凝土尽量按照就近取材的原则，建筑结构体系中选择强度大的高强度钢，混凝土也以使用预拌混凝土为主。

建筑废弃物回收利用：在施工过程中，将建筑施工和场地清理时产生的固体废弃物分类处理，用于校园道路地砖的铺设、临时施工建筑的建设等。

可循环材料和可再生利用材料的使用：墙体材料选择了黄河淤泥多孔承重砖。

土建装修一体化设计施工：实施。

施工节材规划：在施工过程中，使用耗能比较少的材料，尽可能不用耗能高的材料。在使用材料时，采取了制订科学采购计划、增加堆销材料的周转次数等方法，以降低材料的消耗，提高材料的使用效率。并制订了钢材节约措施、水泥节约措施、木材节约措施等。

（5）室内环境与污染控制

日照：教室室内照度满足《建筑采光设计标准》（GB/T 50033—2013）的要求，保证80%以上的建筑采光系数满足要求。

通风：学校建筑设计时均考虑了自然通风气流组织问题，有效通风开口面积大于5%。生态学生公寓的设计中，北向房间利用太阳能采暖新风系统，南向房间运用了冬季涓流通风技术来进行室内外空气交换。

室内环境：山东建筑大学各建筑中室内空气质量均符合《室内空气质量标准》（GB/T 18883—2002）的有关规定；校区内建筑的室内照度、统一眩光值、一般显色指数均满足《建筑照明设计标准》（GB 50034—2013）的要求；通过检测，各测点的噪声监测值，无论是昼间还是夜间，均低于标准值，符合《民用建筑隔声设计规范》（GB 50118—2010）中Ⅰ类标准要求，建筑室内背景噪声满足《民用建筑隔声设计规范》（GB 50118—2010）中室内允许噪声标准一级要求；建筑室内热环境质量符合《民用建筑室内热湿环境质量评价标准》（GB/T 50785—2012）中的2级要求。

围护结构保温隔热设计：通过合理的建筑围护结构热工设计及自然通风措施，建筑围护结构内部和表面无结露、发霉现象，满足《民用建筑热工设计规范》（GB 50176—1993）的要求。

固定电风扇设置：山东建筑大学教室、食堂、学生宿舍及部分办公室、实验室设置了固定电风扇，用于改善夏季热环境。

室内空气质量监控：学校在学生密度大、使用时间长的教学和活动空间，安装了室内污染监控系统，对室内温湿度、二氧化碳、空气污染物浓度等进行数据采集和分析，并与空气调节系统联动，实现自然通风调节，保证室内始终达到健康的环境要求。

禁烟措施：山东建筑大学已实行教学区内全面禁烟制度，并发布相关文件。在教学区内设置了明显的禁止吸烟标识。

食堂设计：学校内有两个学生食堂，设计均符合《饮食建筑设计规范》（JGJ 64—1989）的要求。

（6）运行管理

绿色校园运行管理组织机构：山东建筑大学成立了由主要校级领导负责的校园建设管

理委员会，分管校领导担任组长的创建绿色校园领导小组，副组长由相关职能部门负责人担任，领导小组下设有办公室和督查室，并制订了一系列制度措施。

制度建设：在运行过程中，通过对传统校园公共区域照明工作模式的分析研究，采用了多种绿色照明技术。在教室里安装节电装置，达到节电 20% ~ 30% 的目标。并制订和完善了能源计量、收费管理系统，实现能源管理的数字化、自动化；逐步建立了校园用能用水经费的指标化管理制度；建立了校园节能节水奖励制度；建立了校园节能节水办公室责任制；建立了校园用能用水设施档案制度等。

智能化系统应用：通过智能节能技术对制冷与采暖设备实施有效监测，实施分项计量。

师生参与校园运营管理：学校团委、学生会及相关教育部门将绿色大学校园建设工作纳入学生工作中去，培养学生的节能意识，积极引导和支持学生开展校园节约活动。

废弃物的分类收集和处理：根据教学区、宿舍区、后勤服务区及校园绿化区等垃圾的特性，实行不同的垃圾分类收集措施和回收处理措施。校园的垃圾站选址隐蔽，并对周围环境进行了绿化景观设计，垃圾站内部设冲洗和排水设施。建立垃圾管理制度，保证存放的垃圾及时清运，不污染环境，不散发臭味，最大限度地减少了对园区环境的污染。

绿化管理维护：学校后勤部门制定了严格的制度，采用了科学的方法，并有专业人员对校园区内植物进行维护，确保绿化效果的长久有效。在校园绿化维护中，采用无公害病虫害防治技术，规范杀虫剂、化肥等的使用，有效地避免对土壤和地下水环境的损害。

系统及各类设施的高效运营：对校园设施进行了有效的监控和智能控制，保证了设施的高效运营。采用了 JZJD-1 型绿色照明技术、JZJD-7 型绿色照明技术、基于 zigbee 无线网络技术的路灯监控系统等绿色照明技术，新型空调节电控制技术、暖气智能温控节能技术、校园智能节水控制技术等制冷与采暖设备智能节能技术。

（7）教育推广

制定绿色校园发展规划：学校制定了绿色校园近期、长期总体规划，建立了绿色校园建设实施措施计划和绿色校园管理机制。

校内外的环保教育宣传活动：开展了能源紧缺体验，开展了城市节水宣传周、节能宣传周等活动。2008 年 7 月 12 日，山东建筑大学学生参加了"迎绿色奥运，促节能减排，共建节约型校园"大学生演讲会。

科普教育基地：建立了相关学生社团或科普教育基地，鼓励、组织学生开展节能、节水、环境保护、资源利用等社会实践活动或社区服务活动，创建节能网站（www.jienengnet.com）。

参与校外环保类活动和竞赛：学生在首届全国大学生节能减排科技创新竞赛中获得二等奖。

绿色校园建设的科学研究：山东建筑大学历来重视新能源建筑技术、尤其是太阳能建筑技术的研究和应用，并取得了较为丰硕的科研成果。

6.3.3 试评分析

（1）项目创新点

提出了利用山地、冲沟和废弃采石场进行规划设计、建筑设计的新方法。通过合理的规划设计，将原有的冲沟和山地进行优化整合设计，充分利用了原有的地形地貌，大大减少了土石方工程量，保护了原有的植被绿化，节约了投资；通过合理的建筑设计，充分利用原有的采石矿坑作为建筑的停车、储存空间，并进行废弃空间梯级利用，直接降低了工程造价。创新性地将可再生能源技术、污水雨水零排放技术、节地技术和材料循环利用技术应用到大学园区的建设中。

首次在大学园区中创建了水、电、暖智能监控技术平台。通过智能监控平台，实现对整个园区不同部门的用电监控和公共教室、路灯等公共用电场所的智能自控功能，实现了公共用水点异常状况自动报警功能，实现了节假日供暖系统的自动防冻运行功能。研发了智能一卡通技术。首次将学生用餐、洗浴、热水、借书等多种功能集成设计到智能卡中，方便了学生的学习和生活。建立了绿色大学园区运营管理体系，实现了校园的高效可持续运营。

（2）综合效益分析

山东建筑大学生态校园节能技术的应用增加了校园建设的初投资，但校园运行过程中的节能收益会偿还原始投资，并带来经济、社会和环境收益。

山东建筑大学绿色校园的建设涵盖了从最初的规划、设计、建设直至最后运营管理四个阶段。在新校区建设过程中通过节能、节地、节水、节材、保护环境和减少污染等来实现"以人为本"、"节能型"、"智能型"的规划理念，因此校园建设涉及技术项目类型多，各技术项目差异性较大，不能比较全面、条理地统计各个技术的经济性。在此，仅以生态学生公寓利用技术为例，简要介绍经济性分析。利用生态设计手法、绿色建材、高效暖通空调设备等相结合，降低了能耗，必然会增加工程造价。通过经济分析，计算节能经济效益，可以直接反映出节能措施带来的收益，同时衡量技术的实用性和推广的可行性（图6-5）。

节能经济效益主要通过由建筑物耗热量、采暖耗煤量以及节能投资综合计算出的节能收益和投资回收期两个指标来评价。其中，建筑物耗热量和采暖耗煤量在前面的章节中已作了

图6-5 生态学生公寓
资料来源：山东建筑大学.

比较详细的计算，结果如下：

经过多种技术措施加强保温隔热性能的生态学生公寓，围护结构保温共增加成本5.6%，减少耗热量486.47GJ，达到了节能72%的目标，合标准煤32.43t，减少 CO_2 排放量84t。太阳墙系统增加成本约70元/m^2，增加成本5.4%，提供热量139.81GJ，合标准煤10.5t，减少二氧化碳排放量14.85t。

太阳能热水增加成本60元/m^2，增加成本5.6%，可提供每日9t45℃的生活热水，合每日1323000kJ热量，45.15kJ标准煤。除去假期，每年约减少耗煤量26t，减少 CO_2 排放量68t。综合计算可得节能收益约为27.8元/m^2。由此，即可计算出节能投资回收期。投资回收期也称投资返本期，这种方法是以逐年收益去偿还原始投资，计算出需要偿还的年限。按投资年利息7%计算，生态学生公寓所使用的相关节能措施的综合投资回收期为4.65年，相对于建筑50年的设计寿命还是比较快的，而且随着节能技术的发展和国家对节能事业支持力度的不断增大，节能产品价格及节能投资利率都会不断降低，节能建筑的投资回收期会不断缩短，为学校带来巨大的收益。

（3）评价结果

对山东建筑大学综合评价后，认定其满足《绿色校园评价标准》三星级标准要求（表6-1）。

山东建筑大学项目试评估判定表（高等学校） 表6-1

等级		一般项数（共56项）							优选项数（共18项）
		规划与可持续发展场地（共9项）	节能与能源利用（共10项）	节水与水资源利用（共6项）	节材与材料资源利用（共9项）	室内环境质量（共11项）	运行管理（共5项）	教育推广（共6项）	
★		3	4	2	3	4	2	2	—
★★		5	6	3	5	5	3	3	7
★★★		6	8	4	6	7	4	4	10
本项目达标情况	不参评项	—	—	—	—	—	—	—	—
	不达标项	—	—	—	—	—	—	—	—
	达标项	9	1	6	8	1	5	6	13
项目星级		★★★							

资料来源：绿色校园学组绘制.

6.4 结语

《绿色校园评价标准》针对学校整体建筑、环境进行条文设置，强调运行和教育等学校特点，具有较强的合理性与针对性。对于如何在不同地域、经济条件下，因地制宜地采用适宜生态技术措施，《标准》中也设置了相关评价条文。这些条文的设置，增加了评价结果的公正性，使得《标准》更加契合中国学校建设的实际情况，更加适合推广使用。绿色校园不单单要为学生创造舒适、健康、高效的室内环境，降低能源和资源的消耗，也要作为可持续发展理念传播的基地，通过学校本身向学生、教师和全社会传播绿色生态观。在我国发展绿色学校评估体系，是我国现阶段国情和社会进步的需要，其根本目的就是为了更好地推广和规范绿色学校的建设和发展，让全社会对绿色学校有一个更深刻的了解，并在两者之间产生良性互动，从而推动我国的可持续发展事业迈向一个更高的台阶。

参考文献

[1] 吴志强，汪滋淞.《绿色校园评价标准》编制情况及主要内容 [J]. 建设科技，2013.

[2] 房涛.绿色大学校园的构成模式研究与实践——以山东建筑大学新校区建设为例 [D]. 济南：山东建筑大学，2009.

思考题

1. 校园建筑节能三要素如何在你身边的生活、学习、工作中实现？请各举两个例子加以说明。

2. 在校园生活中，有许多领域（或场景）都包含着节能思想与理念，请你举两个例子说明其节能思想。

第7章

节能建筑与绿色校园

7.1 校园建筑单体节能主要原理

7.1.1 校园建筑节能三要素

校园节能建筑设计是在合理组织、创造有利于节能的校园外环境后的设计关键阶段，涉及一定的技术条件，除了要满足使用功能、外观形式且经济合理的要求外，校园建筑单体节能将充分应用现代科技，应用并综合大量技术措施，以降低校园建筑对能量的需求，一般而言，校园建筑单体节能应遵循"建筑节能三要素"原则。

（1）采集

校园节能建筑应提高利用阳光提供能量的效率。运用相应的技术措施和设计手段，尽量多地采集阳光提供的能量进入校园建筑室内，是校园建筑利用自然条件、适应气候环境的重要问题。

"采集"是校园建筑节能的保证，也是最有效的方法。

1）南向敞开度：校园建筑的南向（向阳面）应有足够的开敞程度，没有不良遮挡，有一定的宽阔地带，没有影响日照的因素。

2）加大日照面积：尽量增加南向日照面积，缩小东、西和北的立面面积，可以争取较多的采热量，同时可使能量流失的量最小。要求在校园建筑平面组合中，注意采用加大日照面积的原则，尤其复杂平面更应考虑增加"采热量"的意识。[1]

3）墙面平直：为了减少建筑外立面长度，要求校园建筑尽量减少不必要的形体错落和凹凸，校园节能建筑以采集热量为目的，尤其注重校园建筑南侧墙面要平直，避免校园建筑自身阴影对建筑"采热"带来影响。

4）朝向正确：建筑向阳布局是采热的基础，应使尽量多的室内空间有好的朝向，保证向阳墙体和窗发挥采集热量的功能作用。

5）被动式太阳能建筑集热方式：半个多世纪以来，被动式太阳能建筑在校园建筑实践中积累了丰富经验。重视与校园建筑充分结合，发掘校园建筑本身的技术因素达到建筑节能，可采用 Trombe 墙、附加日光间等措施。

6）外墙吸热性能：校园建筑外墙如果材料、位置合理将可以成为能量"采集"的构件。应调整好墙体构造设计，使"采集"到的热量能均匀、持久地提供给教室室内。需针对建筑受太阳辐射的外墙研究其遮挡情况、材料的选择、材料的厚度及细部构造。

7）调整窗面积：窗是能量"采集"的主要途径，又是热量散失的重要因素。因此，应正确协调好校园建筑窗面积，根据不同的使用情况和不同的立面需要，调整窗面积：尽量加大向阳窗体面积，缩小热流失严重的北窗面积等。[2]

8）外墙面色彩与质地：墙体色彩深暗、表面质地粗糙对吸纳热量有利。

9）间接日照：阳光所提供的热量主要是直接透过窗进入室内，但也可以间接地通过校园建筑室外地面、构筑物反射进入室内。校园节能建筑应有效组织阳光进入室内的途径，尽量多地加强阳光反射以吸纳更多的能量，间接日照主要有：硬地反射、挡板反射、水面反射等（图7-1）。

10）有组织的天窗：玻璃天窗是阳光入室的有效途径，处理不当也会成为夏季阳光辐射的"灾难源"。因此，应确定有利于冬季射入阳光的天窗位置，如利用台阶式建筑之间空间设置面向阳光的天窗，并要组织好天窗室内的日照调节——遮阳问题，以克服天窗给夏季带来的过热因素。上述"采集"自然能量的方法利用了建筑设计本身的规律，不会花费高昂的代价，但对于校园建筑节能来说却是有效的"采集"方法。

（2）保存

阳光所提供的能量被采取相应措施引入建筑内部以后将会很快地通过进来的路线向外流失，如果不采取一定的技术手段来减缓其流失，那么之前花费一定造价、十分艰难地引

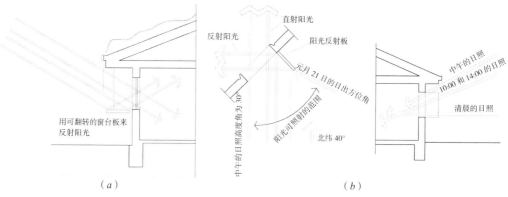

图7-1 间接日照示意图
资料来源：作者自绘．
（a）可翻转的窗台板；（b）西南（东南）向的房间

入（采集）的能量将难以改善室内舒适环境。"保存"的概念主要基于以下考虑：

1）延长流失时间：能量失去是必然的，问题在于尽量延缓其流失速度；

2）保持条件稳定：室内条件应克服短时间内的骤变，舒适环境要求温度在一定时段内相对稳定或呈渐变过程；

3）多次反复利用：在能量流失过程中应采取措施改变其能量方式或流失途径，以使能量不直接流向室外而是经过多次反复应用，从高温空间到低温空间，物尽其用后流失于大气之中；

4）提高能量质量：能量质量反映了能量在人体传导过程中表现的舒适程度。能量通过墙体吸纳，然后由辐射来影响室内，并传递到人体表面。这样就应使吸热墙体有足够面积，墙体内温度分布宜均匀，不能使室内的几片墙体存在明显温差，造成热辐射的不均匀，以至影响能量质量。

为了在校园建筑设计中达到能量保存的目的，建筑师需要在平面、构配件设计等方面具备一定的节能意识，才能有效实现能量保存的需要。

（3）释放

采集太阳能以达到建筑采暖目的，一部分能量被利用，另一部分则通过技术措施贮存了起来。到夜间，一旦失去太阳得热的补充来源，被贮存起来的热量通过释放以保持室温稳定。释放热量要恰到好处，过早或过迟、过强或过弱均会造成室内温度不适。热释放以辐射方式进行，为保证辐射对室内相对稳定地传热，必须使贮热单元的温度达到均匀，并对其辐射方向做好组织，以使"能尽其用"。

1）热滞后散热应用

热滞后散热也称之为散热时效，与材料的热容量、导热性及厚度有关，其计算式为：散热时效（h）= 42 × 厚度（m）× 热容量 / 导热性。

利用材料的热滞后，可以使材料中贮存的热量满足室内温度条件，需要其释放热量时再散失热量。为了达到该目的，我们应了解贮热最大值与室内需要热量（如深夜）之间的时间差，通过计算，确定材料厚度、选择满足热滞后要求的材料（以热容量和导热性为依据），应用这些方法可以使室内温度保持相对稳定，改善室内热舒适条件。

2）辐射源位置和数量

辐射源应选择在建筑几何中心位置，并与室内空间无任何遮挡；应用地面层以下的卵石贮热，其楼板要做薄板，以保证辐射指向室内，提高采暖效率。以冬季采暖为目的时，辐射源数量越多越好。

7.2 校园建筑围护结构与节能技术

校园建筑单体节能围护结构设计主要包括校园建筑围护结构的保温、隔热措施及其解决防湿、防结露、防冷热桥等问题的设计方法，而其中外墙由于占全部建筑围护结构的60%以上，通过外墙的耗热量约占建筑物全部耗热量的40%，提高外墙保温热性能对建筑节能具有重要意义。[3]

7.2.1 墙体节能设计

外墙保温是指通过传热系数小的建筑材料合理组合，或者将墙体进行组合设计，阻隔热量由墙体向外传递的途径，以达到节能的目的。各种形式的外墙保温在设计、施工、经济性方面有各自不同的特点，适合于多种场合，一般常用方法有如下几种。

（1）建筑内保温

建筑内保温就是在外墙内表面上加设保温材料，再在其上做内表粉刷、涂料，达到建筑保温之目的。

1）优点：墙体内表面不用加强防水层，构造处理简单，保温材料可以免受室外雨水影响；

2）缺点：如果是旧建筑改建项目，内保温将极大地影响室内的使用，并使工期延长；建筑使用面积也会由于保温层的增加而缩小、进而降低房率；影响内墙壁面的再装修，钉子无法钉入或无受力特性；最重要的是内保温将大大影响墙面的蓄热性能，对保持室温稳定不利。[4]

（2）建筑外保温

在外墙外表面上做保温材料，覆以防水层，再设外墙装修的构造，称为建筑外保温。早在1970年代中期就有研究人员开始研制复合外保温外墙，目前已被广泛接受。

1）优点

①保温层设在外表面，可以有效地保护外墙砌体免受太阳辐射影响，减小墙体应力损害；

②外保温对建筑柱、梁、墙角等敏感部位处理容易，可减少热桥产生，并可避免内表面结露；

③围护结构内侧为重质砌体，有较高的热容性，可以改善室温的波动；

④在夏季，外保温材料对墙体起到很好的隔热作用，使墙体不会升温过快，内表面温度降低，增加了室内舒适度；

⑤适用面广：可用于新建建筑；亦可在旧房改造中应用，而不至于影响原有建筑中的正常生活。

2）局限

由于保温材料位于室外一侧，不仅要求保温材料要表观密度轻、导热系数小，而且为防水、防冻、防老化，同时又要求具有憎水特征。因此，目前国外常将保温、防水、外表装修数层次复合制成保温用复合构件，达到综合提高之目的：

①外保温材料应具备抗风力和轻度碰击的能力，要求在保温层外覆增强外表涂料（弹

涂或喷涂），以满足一定的硬度，这将会使造价上升；

②会限制外墙装修的选材，一些面砖、锦砖等装饰材料将不可使用，只能全部改作涂料。

7.2.2 屋顶节能设计

屋顶节能设计采用以下方法：

（1）采用浅色外饰面，减小当量温度。当量温度反映了围护结构外表面吸收太阳辐射热使室外热作用提高的程度，而水平面接受的太阳辐射热量最大。因此，要减少热作用，必须降低外表面太阳辐射热吸收系数 ρ_s。目前，屋面材料品种较多，ρ_s 值差异较大，合理地选择材料和构造是完全可行的。

（2）增大热阻与热惰性：围护结构总热阻的大小，关系到内表面的平均温度值，而热惰性指标值却对谐波的总衰减度有着举足轻重的影响。

通常，平屋顶的主要构造层次是承重层与防水层，另有一些辅助性层次。因此，屋顶的热阻与热惰性都不足，致使其隔热性能达不到标准的要求。为此，常在承重层与防水层之间增设一层实体轻质材料，如炉渣混凝土、泡沫混凝土等，以增大屋顶的热阻与热惰性。

（3）通风隔热屋顶：利用屋顶内部通风带走面层传下的热量，达到隔热的目的，就是这种屋顶隔热措施的简单原理。这种屋顶的构造方式较多，既可用于平屋顶，也可用于坡屋顶；既可在屋顶防水层之上组织通风，也可在防水层之下组织通风，基本构造如图 7-2 所示。通风屋顶起源于南方沿海地区民间的双层瓦屋顶，在平屋顶房屋中，以大阶砖通风屋顶最为流行。

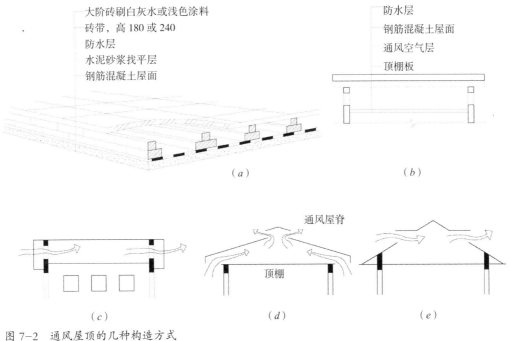

图 7-2 通风屋顶的几种构造方式
资料来源：作者自绘.

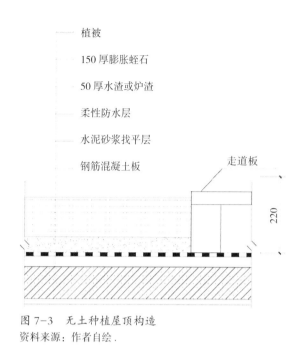

图 7-3　无土种植屋顶构造
资料来源：作者自绘.

（4）水隔热屋顶：利用水隔热的屋顶有蓄水屋顶、淋水屋顶和喷水屋顶等不同形式。

水之所以能起隔热作用，主要是水的热容量大，而且水在蒸发时要吸收大量的汽化热，从而减少了经屋顶传入室内的热量，降低了屋顶的内表面温度，是行之有效的隔热措施之一。蓄水屋顶在南方地区使用较多[5]。

（5）种植隔热屋顶：在屋顶上种植植物，利用植物的光合作用，将热能转化为生化能；利用植物叶面的蒸腾作用增加蒸发散热量，均可大大降低屋顶的室外综合温度；同时，利用植物培植基质材料的热阻与热惰性，降低内表面平均温度与温度振幅。综合起来，达到隔热的目的。无土种植屋顶构造如图 7-3 所示。

总之，从节能机理而言，屋顶有多种节能方式，各地都有一些传统经验与做法，今后应多向综合措施方向发展，构造方案甚多。

7.2.3　门窗节能设计

从节能的角度考虑，在校园建筑的围护结构中，必然会有一些异常部位，这些部位包括：门窗洞、外围护结构转角及交角、围护结构中的各种嵌入体、地面等。

门窗的作用是多方面的，除需满足交通、视觉的联系、采光、通风、日照及建筑造型等功能要求外，还作为围护结构的一部分，同样应具有保温或隔热、得热或散热的作用。从围护结构的保温性能来看，门窗是保温能力最差的部件，主要原因是门窗框、门窗樘、门窗玻璃等的热阻太小，以及经开启、缝隙渗透的冷风和门窗洞口带来的附加热损失。

（1）控制各向墙面的开窗面积

窗墙面积比是表示窗洞口面积与房间立面单元面积（即房间层高与开间定位线围成的面积）的比值，并规定采暖居住建筑当墙体按最小总热阻设计时，各朝向的窗墙面积比为：北向不大于 0.20；东、西向不大于 0.25（单层窗）或 0.30（双层窗）；南向不大于 0.35。

（2）提高门窗的气密性，减少冷风渗透

除少数空调房间的固定密闭窗外，一般窗户均有缝隙。特别是材质不佳、加工和安装

质量不高时，缝隙更大。从而影响了室内热环境，加大了围护结构的热损失。为此，我国相关标准作出了一系列的具体规定。如果达不到标准的要求，则应采取密封措施。[6]

必须了解，在提高窗户气密性的同时，并非气密程度愈高愈好。前已提及，窗户过分气密对居室卫生状况和人体健康都是不利的。

（3）提高门窗框的保温性能

通过窗框的热损失，在窗户的总热损失中占有一定的比例。其大小主要取决于窗框材料的导热系数。用木材或塑料做窗框时，其保温性能较好，热损失较少；而用钢或铝合金做窗框时，由于金属材料导热系数大，其热损失亦相应增大。因此，为节约能源与提高校园建筑室内环境质量，宜推广应用塑料窗框。但不论用什么材料做窗框，都应将窗框与墙之间的缝隙用保温砂浆或泡沫塑料等填充密封。[7]

（4）增加窗户玻璃的保温性能

单层玻璃热阻较小，在严寒和寒冷地区的校园建筑应采用双层窗甚至三层窗。这不仅是为了保证室内正常的使用条件，也是节约能源的重要措施。增加窗扇层数，可使层与层之间形成封闭空气间层，从而增大窗的热阻。

（5）门前设"门斗"

门斗是阻止热交换的空间，通过门斗可以有效阻绝热的交换。在校园建筑中，其大门会经常开闭，由于门的开启而流失的能量很多。在节能建筑中应尽量设置门斗，尤其当外开启门设在西北立面时，门斗是一个很好的节能空间。

7.3 校园建筑自然通风与节能技术

建筑自然通风，是指借助风力而达成的换气，户外风速超过 1.5m/s，靠其风力就可促成自然换气。普通的校园建筑，只要注意门、窗的位置、面积和开启方式，通常就可以达到良好的通风效果。

空气的流动，必须有动力。利用机械能驱动空气的，称为机械通风；利用自然因素形成的空气流动，称作自然通风。校园中的自然通风，关键在于室内外存在空气压力差。形成空气压力差的原因有二：一是热压作用，二是风压作用。

1. 热压作用

空气受热后温度升高，密度降低；相反，若空气温度降低，则密度增大。这样，当室内气温高于室外气温时，室外空气因为较重而通过建筑物下部的门窗流入室内，并将室内较轻的空气从上部的窗户排除出去。进入室内的空气被加热后，又变轻上升，被新流入的

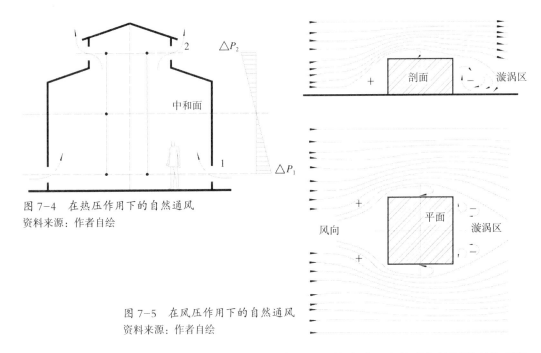

图 7-4　在热压作用下的自然通风
资料来源：作者自绘

图 7-5　在风压作用下的自然通风
资料来源：作者自绘

室外空气所替代而排出。因此，室内空气形成自下而上的流动。这种现象是因温度差而形成，通常称之为热压作用[8]（图 7-4）。

2. 风压作用

风压作用是风作用在建筑物上产生的压力差。当自然界的风吹到建筑物上时，在迎风面上，由于空气流动受阻，速度减小，使风的部分动能转变为静压，也即是建筑物的迎风面上的压力大于大气压，形成正压区。在建筑物的背面、屋顶和两侧，由于气流的旋绕，这些面上的压力小于大气压，形成负压区。如果在建筑的正、负压区都设有门窗口，气流就从正压区流向室内，再从室内流向负压区，形成室内空气的流动[9]（图 7-5）。

上述两种自然通风的动力因素对各建筑物的影响是不同的，甚至随着地区和地形的不同、校园建筑的布局和周边环境状况的差异、室内使用情况等产生很大的变化。沿海地区的校园建筑室内外，往往风压值较大，因此房间的通风良好。在一般的校园建筑中，室内外的温差不大，进排气口的高度相近，难以形成有效的热压，主要依靠风压组织自然通风。当室外的风速较小，或者没有风时，建筑物内部的通风将难以通畅。

7.3.1　风速与人体舒适度

风速的等级称之为风级，气象分析上均是用 Beaufort 风力等级表示的（表 7-1）。一般气象统计取三个数据：① 平均风速；② 平均最大风速；③ 极端最大风速。在自然通风设计中以平均风速作为设计参考值。极端最大风速大多应用在力学分析上。

在教室进行一般作业时，理想的风速宜限制在 1.0m/s 以内，而以 0.8m/s 为最佳，因

Beaufort 风力等级及对人体的影响　　　　　　　　　　　表 7-1

风速（m/s⁻¹）	对人体作业的影响
0~0.25	不易察觉
0.25~0.5	愉快，不影响工作
0.5~1.0	一般愉快，但是须提防薄纸张被吹散
1.0~1.5	稍微有风击以及令人讨厌的吹袭，桌面上的纸张会被吹散
> 1.5	风击明显，薄纸吹扬，厚纸吹散。如若维持良好的工作效率及健康条件，须改正通风量和控制通风路径

资料来源：作者自绘．

为风速处于 0.8m/s 时，风不会扰乱纸面作业；当风速超过 1.5m/s 时，气流则会干扰到纸面作业，这时必须限制风量，控制风经过的路径；同时，当风速超过 1.5m/s 时，风压较大，人体有风击的感觉，会造成不舒适感（见表 7-1）。

7.3.2　校园单体建筑形态与风

校园建筑的朝向和间距是影响建筑通风的主要因素。自然界的风具有方向的变化性、时间上的不连续性和速度的不稳定性。校园建筑的高度、长度和深度对自然通风也有很大的影响。图 7-6 表示校园建筑的高度和漩涡区的关系；图 7-7 表示校园建筑长度和漩涡区的关系；图 7-8 表示校园建筑深度与漩涡区的关系；图 7-9 表示不同几何形体的校园建筑

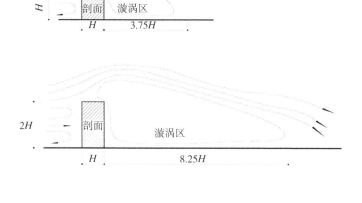

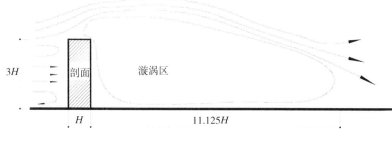

图 7-6　校园建筑高度与漩涡区的关系
资料来源：作者自绘．

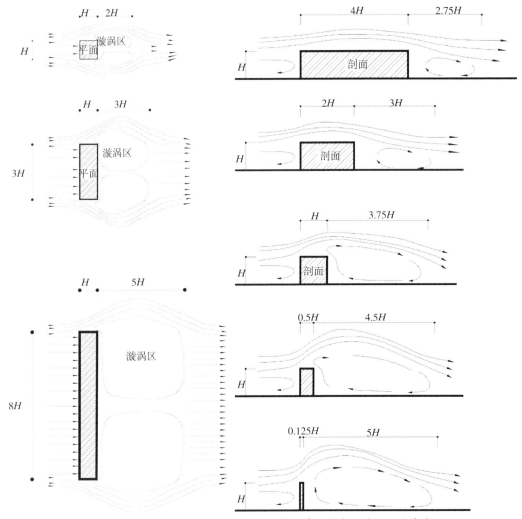

图 7-7　校园建筑长度与漩涡区的关系
资料来源：宋德萱 . 建筑环境控制学 [M]. 南京：
东南大学出版社，2003.

图 7-8　校园建筑深度与漩涡区的关系
资料来源：宋德萱 . 建筑环境控制学 [M]. 南京：东南大学出版社，
2003.

在不同风向下背风区的漩涡区。校园建筑的平面和剖面的设计，除了满足使用条件以外，在炎热地区应该尽量做到有较好的自然通风。为此，同样有一些基本原则可供设计师参考。

（1）主要的使用房间应该尽量布置在夏季的迎风面，辅助用房可以布置在背风面，并以建筑构造与辅助措施改善通风效果。

（2）开口部位的位置应该尽量使室内空气场的布置均匀，并且力求风能够吹过房间中主要使用空间。

（3）炎热期较长的地区校园建筑的开口面积宜大，以争取自然通风。夏热冬冷地区，校园建筑的洞口不宜太大，可以用调节洞口面积的方法，调节气流速度和流量。

（4）门窗的相对位置应该以贯通为好，减少气流的迂回和阻力。纵向间隔墙在适当的部位开设通风口或者设置可以调节的通风构造。

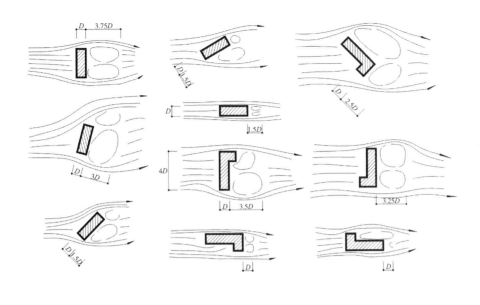

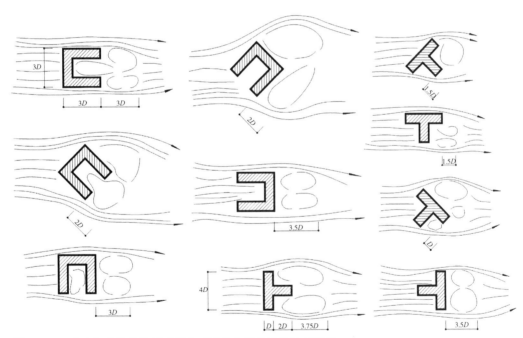

图 7-9　不同几何形体的校园建筑在不同风向下背风区的漩涡区

资料来源：宋德萱 . 建筑环境控制学 [M]. 南京：东南大学出版社，2003.

（5）利用天井、小亭、楼梯间等增加校园建筑内部的开口面积，并利用这些开口引导气流，组织自然通风。

（6）树木的种植位置对教室内自然通风的获得有很大的影响。当开窗洞口和风向平行时，风不一定吹入教室内部；倘若合理配置植物，同样的建筑平面和风向，利用灌木和围墙则可以将室外自然风导入教室内。

7.3.3　校园建筑室内通风

1. 通风的定义

通风与换气在物理学范畴内是同一个意思，但是在建筑风环境的研究当中，它们却是两个不同的概念。在西方，通风称为 Cross Ventilation，而换气则为 Ventilation。通风本身无法降低温度，通风的目的在于利用气流直接吹到人体上，以便在湿热的气候下，通过蒸发作用，加大人体的散热量；换气的目的在于确保教室空气的卫生状况，将新鲜空气导入教室，将不良的空气排到室外，控制教室内 CO_2 和其他有害气体的含量。一般情况下，通风含有换气的意思，教室外空气质量正常的话，通风良好的教室内，其空气必定满足人体的健康要求。但是通风必须是在有感风速的情况下进行，而换气则无此要求。

通风是湿热气候地区夏季为达到舒适室内环境所经常采用的主要手法。在我国的华南、华东等地区，夏季不但长，而且湿热，在校园建筑设计时，要充分考虑到建筑的开洞，以便利用通风，将夏季的微风导入教室的学习、工作区域，促进人体的散热，把多余的热和湿气带出室外。然而在冬天寒冷的气候下，教室的换气则应该尽量避免寒风对人体的侵袭，否则寒风会造成人体的不适。

2. 开窗位置与教室通风

校园建筑夏季通风的主要手法是将室外的自然风引入教室内，到达人体的坐姿空间，并且能够保证适当的风速，借此提高室内的舒适度。开窗的位置无论是在平面上还是立面上均会影响到室内气流的路径。现在以 Robert H.Reed 的实验结果对此加以说明。

图 7-10 为风吹到一面密闭墙面的状况，图中的深色区域为迎风墙面的正压区，气流在两侧墙角处与墙体剥离，然后再流到建筑物的后面，经过反压点后，气流恢复到原来稳定的气流状态，并且在房屋后面、反压点之内的范围内形成负压区。

图 7-11 为风吹到一面中央设窗的墙体时的状况，这时原有的正压区一分为二，但是房间无出气口，所以室内的空气很快达到饱和，随后恢复到原有的正压状态。因没有出气洞口，房间内并没有明显的通风行为，只有在外部风压发生变化时，为平衡气压，室内的空气才会发生换气行为。

图 7-10　密闭墙体风况示意图
资料来源：作者自绘.

图 7-11　墙体中侧设窗风况示意图
资料来源：作者自绘.

如果在下侧墙开窗，则通风行为随即产生，如图7-12所示。这时，若将进气窗上移（图7-13），那么因为迎风墙的两部分气压不等，下半部墙的部分气流正压较上部大，会把气流挤向室内的右上角，最终的结果是气流的路径比图7-12所示的要长。由此可以看出后者的通风效率高于前者。在此基础上，倘若在进气窗的下侧加设挡风墙（或者垂直遮阳板），则下侧的正压气流不会对引入气流造成挤压，只剩下迎风墙上部的正压气流，其结果是入侵气流从进气窗处直接流向出气窗（图7-14），这种情况的通风路径最短，通风效果当然也是最差的。

通过上面的通风结果可以发现，正压区气流挤压状况由迎风面墙体进气窗两侧实墙的大小决定，而与出气窗无关。这种状况在立面上也一样（图7-15）。当在剖面上开窗偏低时，气流受上面实墙气流正压力的挤压，迫使进入室内的气流偏下吹入，一直流至室内后墙，再沿着后墙上升，通过出气窗流到室外；而在图7-16中的状况恰恰相反，入气窗的位置相对外墙而言偏高，致使下侧墙面的正压气流将进入室内的气流向上方挤压，迫使气流向上流入至顶棚，并沿着顶棚流到出气窗而后流出到室外。图7-17的情况则与图7-15基本相同，这也再次说明气流路径的偏向与出气口无关，而是由迎风面墙体进气洞口位置决定。如果如图7-18~图7-20所示在窗前加设水平遮阳板，窗上侧的气流压力因为遮阳板隔断而不会作用于入室的气流上，气流仅发生窗下侧的挤压作用，这样入室气流也是向上吹至顶棚，并沿顶棚到达后墙，再通过窗流到室外，这种通风情况因为气流没有流经作

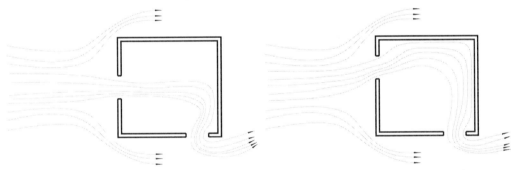

图7-12 墙体中侧及下侧设窗风况示意图
资料来源：作者自绘.

图7-13 墙体上侧及下侧设窗风况示意图
资料来源：作者自绘.

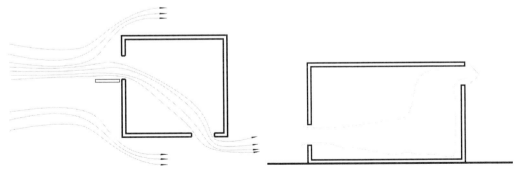

图7-14 加设挡风墙（垂直遮阳板）风况示意图
资料来源：作者自绘.

图7-15 低窗进风高窗出风况示意图
资料来源：作者自绘.

业区域，对人体没有帮助，应该予以避免。有两种方法可以加以避免：一是如图7-21所示，用挑檐代替遮阳板，来确保上部的挤压力大于下部的。二是将遮阳板与建筑物脱开一定的距离（图7-22），这样窗上部分的正压气流就不会被隔断，从而可以有效地作用于进入教室的气流上。如上所述，开窗的相对位置，不论是平面位置，还是剖面位置，都会直接影响气流路线。图7-23表示多种校园建筑开口位置对室内气流的影响。

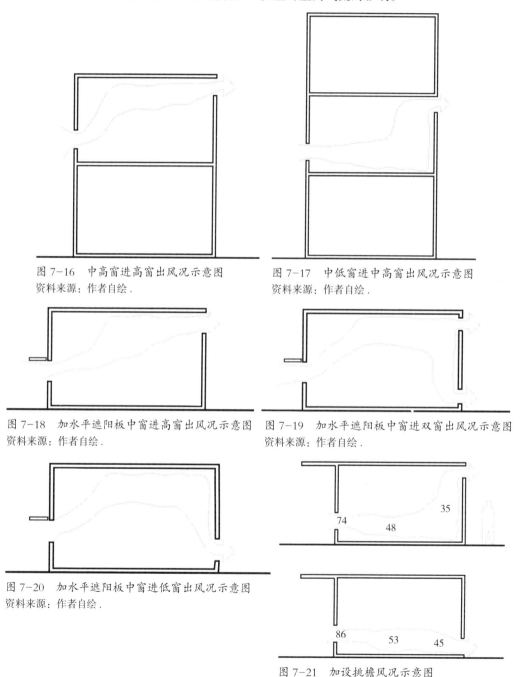

图7-16　中高窗进高窗出风况示意图
资料来源：作者自绘．

图7-17　中低窗进中高窗出风况示意图
资料来源：作者自绘．

图7-18　加水平遮阳板中窗进高窗出风况示意图
资料来源：作者自绘．

图7-19　加水平遮阳板中窗进双窗出风况示意图
资料来源：作者自绘．

图7-20　加水平遮阳板中窗进低窗出风况示意图
资料来源：作者自绘．

图7-21　加设挑檐风况示意图
资料来源：作者自绘．

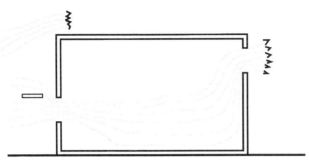

图7-22 脱开水平遮阳板风况示意图
资料来源：作者自绘.

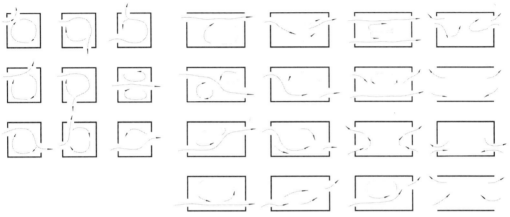

图7-23 几种校园建筑开口位置对室内气流的影响示意图
资料来源：宋德萱.建筑环境控制学[M].南京：东南大学出版社，2003.

3.开窗形式与教室通风

窗户的形式也会影响气流的流向（图7-24）。当采用图示的悬窗形式时，会迫使气流上吹至顶棚，不利于夏季的通风要求，因此，除非是作为换气之用的高窗外，不宜在夏季采用这种类型的窗户。窗扇的开启形式不仅有导风的作用，还有挡风的作用，设计时要选用合理的窗户形式。比如，一般的平开窗通常向外开启90°，这种开启方式的窗，当风向的入射角较大时，会将风阻挡在外，如果增大开启的角度，则可有效地引导气流。

夏季通风室内所需气流的速度大约为0.5～1.5m/s，下限为人体在夏季可感气流的最低值，上限为室内作业的最高值（非纸面作业的室内环境不受此限制）。一般夏季户外平均风速为3m/s，室内所需风速是室外风速的17%～50%。但是在建筑密度较高的校园，室外平均风速往往为1m/s左右，是室内要求风速

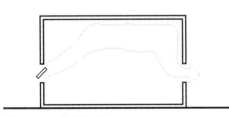

图7-24 悬窗与通风
资料来源：作者自绘.

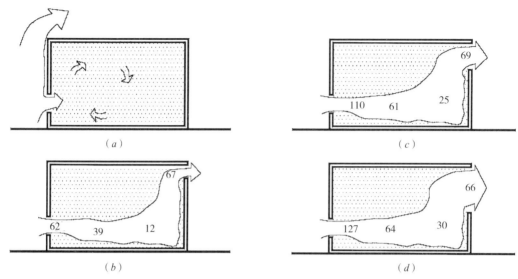

图 7-25 开窗大小与风速比的关系
资料来源：作者自绘.

的 1 ~ 2 倍。所以，开窗除了换气的作用之外，更要确保室内的气流达到一定的风速。

教室窗开口尺寸的大小，直接影响到风速和进气量。开口大，则气流场较大。缩小开口面积，流速虽然相对增加，但是气流场缩小。因此，开口大小与通风效率之间并不存在正比关系。根据测定，当开口宽度为开间宽度的 1/3 ~ 2/3，开口面积为地板面积的 15% ~ 20% 时，通风效果最佳。

一般利用空气动力学的原理，控制进气口的面积和出气口的面积，则可以改变进气风的速度和出气风的速度。如果进气口大，出气口小，那么流入教室内的风速小，出气口的风速大；如果进气口小，出气口大，那么流入教室内的风速可以比教室外的平均风速大，因而可以加强自然通风的效果。图 7-25 所示为利用风速比（教室内风速和教室外风速的比值），判断入气口与出气口大小之间的关系。图 7-25（a）中教室并无出气口，这时教室内只有换气，而没有通风；图 7-25（b）中，开有 0.6m 的出气口，这时进气口的风速极慢，入口处的风速为外面风速的 62%，教室内的风速更低；图 7-25（c）开有 1.2m 的出气口，比进气口的面积大，因此入口处的风速明显超过教室外的风速，教室内部气流的速度也得到加强；图 7-25（d）中，出气为 1.8m，远大于进气口，这时进气口处和教室内的风速更大。[10]

7.4 校园建筑遮阳与节能技术

在建筑设计中考虑日照调节（Sun Control）是勒·柯布西耶最早提出的。1922 年后的近 1/4 世纪由他提出的"百叶遮阳系统"风靡一时，建筑中的"排除太阳热量"方案成为设计的立意源泉，他的昌迪加尔法院（Law Court, Chandigarh, India）及马赛公寓（L'united

Habitation Marseille）等著名作品所表现出的艺术天才和深远遮阳的运用结下了不解之缘，并与建筑浑然一体。

校园建筑遮阳形式和效果

遮阳是指通过一定的建筑手段，设置相应的遮阳板，使之与日照光线呈一定的角度，以使得夏天遮挡住阳光，而冬天又不影响到采光与供暖的要求。

通过日照规律和气候特征，我们可以了解太阳光对室内环境的影响。以北半球为例由于夏至太阳高度角高、冬至高度角低，日照入射到室内墙与地面上的投影完全不同，冬至日在有效日照时间里受照面较大，夏至日受照面积虽小但是对室内降温带来极大影响。[10] 所以遮阳的主要目的为：将夏季灾难性的阳光遮挡住而不致影响冬季的日照。我们常采取表 7-2 所示的遮阳形式和构成。

遮阳设施的位置将影响遮阳效果，有的场合会因为遮阳位置不当而带来无法改变的缺陷而造成遗憾。遮阳设施位置及其性能见表 7-2。

遮阳设施位置及其性能 　　　　　　　　　　　　表 7-2

遮阳设施位置	常用材料	特点	问题	注解
与门窗分开，设于室内侧情况	窗帘、卷帘、活动百叶，保温盖板	易于管理和操作，安装方便，维修简单，造价较低	无法避免遮阳材料本身的吸热贮热，并在夜间放热	需要进一步检讨
利用窗玻璃的透光性能来遮阳的情况	选用遮光系数较大的玻璃，玻璃可调节系统	造价高，不影响立面造型	会遮挡一定的视线和观瞻效果	非建筑师问题
与门窗分开，设于室外侧情况	钢筋混凝土薄板，玻璃钢，金属，木或 PV 硬塑料	遮阳好，不影响采光，导风佳	需考虑对建筑外立面效果的影响	为推广技术

资料来源：作者自绘.

建筑遮阳是一种古老的形式，发展至今有其顽强的生命力。正因为遮阳对校园创造室内热舒适环境贡献甚大，对于校园建筑节能来讲更是一种有效的方式。建筑师应在校园建筑设计过程中引入包含有遮阳价值的建筑节能意识。

7.5 清洁能源建筑一体化

7.5.1 太阳能热水系统与建筑一体化

随着国民经济的发展和居民对生活舒适性需求的提升，在建筑中提供生活热水已成为满足人们基本生活的必备要求，在建筑中推广和普及太阳能热水系统是改善人们生活条件和实现节能环保的必然选择。生活热水能耗约占建筑能耗的 1/4 以上，若以电、燃气等传统化石能源的方式获得热水显然是不可持续的消费方式。据估算，2012 年全国太阳能集热器保有量 2 亿 m²，每年可节能 3000 万 t 标准煤，减少二氧化碳排放 7470 万 t。由此可见，发展和推广太阳能热水系统与建筑一体化具有良好的经济效益、社会效益和环境效益。

太阳能热水系统由太阳能集热系统和热水供应系统构成，主要包括太阳能集热器、贮水箱、连接管道、控制系统和辅助能源等组成部分（图 7-26）。太阳能集热器是吸收太阳辐射并将产生的热能传递到传热工质的装置。目前使用的太阳能集热器大体分为两类：平板型太阳能集热器和真空管型太阳能集热器。贮水箱是太

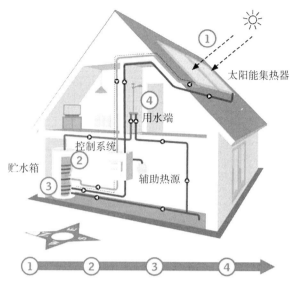

集热器接收 加热后的水进 贮水箱中的水 经过加热的水
太阳辐射 入贮水箱 一部分流回集 可供用户使用
热器循环加热

图 7-26 太阳能集热器一体化
资料来源：作者自绘.

阳能热水系统中储存热水的装置，也称为储热水箱。由于太阳能是一种不稳定的热源，受当地气候因素的影响很大，雨、雪天则几乎不能使用，所以必须和其他能源的水加热设备联合使用，才能保证稳定的热水供应，这种水加热设备常称为辅助热源。连接管道在太阳能热水系统中将热水从集热器输送到保温水箱、将冷水从保温水箱输送到集热器的通道，使整套系统形成一个闭合的环路。控制系统就是用来保证整个热水器系统正常工作并通过仪表显示。通过显示内容，使用者可以实现对太阳能热水器所供热水水位和水温的控制。支架是为保证集热系统接收阳光照射的角度及整个系统的牢固性而设计的辅助部件。

在校园中，洗热水澡是学生们必需的基本生活要求，而为广大学生提供热水也意味着耗费大量的能源，太阳能热水系统正好可以提供环保而又经济的低温生活热水，因而在学生公共浴室和学生公寓上集成太阳能热水系统便成为太阳能利用的重要场所。例如，在山东建筑大学公共学生浴室的屋顶安装了 1356m² 的太阳能集热器，采用集中式太阳能热水系统与锅炉辅助加热系统相结合的方式为浴室提供热水，每天生产 80t 45℃左右的热水。该系统基本满足春、夏、秋三季和冬季部分晴朗天气时候的洗浴用水要求，每年可节约 160t 标准煤，减少二氧化碳排放 400t，大量节约能源花费，达到了使用太阳能节能降耗、降低运行成本的目的。

7.5.2 光伏建筑一体化

光伏建筑一体化（Building Integrated Photovoltaic），也称光伏建筑，是指在建筑上安

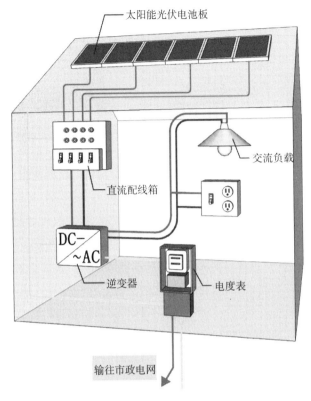

太阳能光伏电池板

交流负载

直流配线箱

DC–
~AC

逆变器

电度表

输往市政电网

图 7-27　光伏建筑一体化示意图
资料来源：作者自绘.

装光伏系统，并通过专门设计，实现光伏系统与建筑的良好结合（图 7-27）。随着化石能源的日渐枯竭以及与之相伴的环境、气候等问题的日益突显，人们更加重视可再生能源的利用，光伏技术的应用和发展在这样的大背景下成为时代进步的必然。为拓展其应用的领域，人们想到了把光伏集成到建筑上。光伏建筑以其美观、耐用性好等特点成为绿色生态建筑中颇具发展潜力的一个领域。在光伏建筑中，太阳能光伏材料与建筑表皮材料相结合，光伏组件不但具有建筑外围护结构的功能，又能产生电力供建筑自身使用或并入电网。清洁、绿色、节地的光伏建筑既拓展了太阳能的利用方式，又为节能减排提供了新的途径，瑰丽的光伏材料还为建筑创作增添了崭新的设计元素。

光伏建筑在节地、节能、环保、美观、经济等方面都具有其独特的优势。从节地的角度来说，光伏建筑把光伏组件集成在建筑围护结构表面，如屋顶和墙面，无须额外占用基地或增建其他设施，这对于人口密集、土地资源稀缺的城市尤为重要。光伏建筑可以就地发电、就地使用，可节约远距离输电网路的建设费用并减少输电、分电途中的电能损耗；夏季白天太阳辐射比较强烈，此时也是用电高峰，光伏系统正好可将吸收的太阳辐射转换成制冷设备所需要的电能，从而缓解高峰电力压力，解决电网峰谷供需矛盾；安装在屋顶和墙壁等外围护结构上的光伏阵列不仅将吸收的太阳能转化为电能，还能降低室外综合温度（室外综合温度：以温度值表示室外气温、太阳辐射和大气长波辐射对给定外表面的热作用），减少墙体得热和室内空调冷负荷，节省空调能耗。从环保的角度来说，光伏发电减少了化石燃料发电所产生的空气污染和废渣污染。从美观的角度，颜色光鲜和纹理奇特的光伏组件，成为建筑幕墙重要的外装饰材料，使得建筑外观更具魅力。[11] 从经济的角度，用光伏组件建材替代一些昂贵的天然石材作为建筑幕墙材料，具有较好的经济可行性；而且对于一些搭建公共电网并不便利的地区，在建筑上搭建太阳能光伏系统是一种性价比较好的解决方案。

光伏电池元件　　　　　　　　　光伏电池组件　　　　　　　　　光伏电池阵列

图7-28　从光伏电池到与建筑集成的光伏阵列
资料来源：徐燊，李保峰. 光伏建筑的整体造型和细部设计 [J]. 建筑学报，2010（1）:60-63.

目前，光伏建筑在发展和普及的过程中还存在一些问题。首先，光伏电池造价高，光伏组件的价格不菲，光伏建筑的初始投入较大，这也意味着其发电成本较高。其次，光伏发电效率受天气影响大，发电不稳定，有波动性。此外，光伏电池使用寿命比建筑寿命短，建筑物一般使用寿命长达几十年、甚至上百年，而目前光伏材料有效使用年限约为20年，光伏建材的使用寿命有待提高。

光伏发电系统主要包括光伏组件阵列、逆变器、蓄电池以及系统控制设备等几个组成部分。光伏组件阵列由光伏电池组件按照系统需求串、并联而成，多个光伏电池连接起来后经过封装形成光伏组件，若干个光伏组件排列起来形成光伏阵列，光伏阵列集成或附加在建筑的屋顶或者墙面上，将太阳能转化成电能输出（图7-28）。逆变器是将直流电转变为交流电的电气设备，由于光伏发电装置只能产生直流电，因此需要逆变器将直流电转变为交流电供应负载，或者输入市政电网。蓄电池是光伏系统的储能设备，关系到光伏发电系统的稳定性。当光照不足或者负载需求大于太阳能电池组件所发的电量时，蓄电池将储存的电能释放以满足负载的能量需求。系统控制设备能够通过控制电路来分配光伏系统中的电流，控制设备可以对光伏阵列与蓄电池之间或光伏阵列到逆变器之间的电流传输和交换进行调整、保护和控制，保证系统的高效与安全运行。

7.5.3　自然光照明技术

随着社会的发展，照明用电已占总电量消耗的10%～20%，我国目前正在推进绿色照明工程的实施和发展，绿色照明的目标之一就是充分利用天然采光，减少人工照明用电。天然光是一种取之不尽、用之不竭的绿色能源，在建筑物中使用自然光照明技术可以把更多的天然光引入到室内可以显著节约常规照明电耗，同时改善室内环境，有益人体健康。

例如导光管：导光管的原理是通过室外的采光罩，将天然光采集到系统内，光线通过导光管内壁的高反射材料进行传输，再经过室内的漫射装置，将光线在室内均匀分布。导光管是一种新型的自然光照明技术，其出现提供了一种健康、环保、无能耗的绿色照明方式，为人类合理利用天然光资源开辟出新的途径。从黎明到黄昏，甚至是阴雨天气，导光管照

图 7-29　导光管
资料来源：徐燊，李保峰. 光伏建筑的整体造型
和细部设计 [J]. 建筑学报，2010.

明系统都可以高效地将天然光导入室内。导光管系统主要由采光部分、导光部分、散光部分三部分组合而成，其主要组成结构如图 7-29 所示。

7.6　校园建筑节能法则

目前校园建筑普遍存在能耗数据统计疏漏、没有科学的用能预测与管理等问题，导致校园建筑能源浪费严重，增加学校用能成本。为改变现状，需要对校园内进行详细的监测和用能管理，指导各学校建立科学的能耗模型，推进节约型校园建设，实现学校节能减排目标。

7.6.1　校园建筑节能建设内容

（1）建立校园建筑节能和技术节能一站式体系；
（2）掌握校园建筑能源消耗的数量与构成、分布与流向；
（3）明确节能方向，改进能源管理制度，制订节能方案；
（4）实施有针对性的节能技术、节能更新；
（5）统计节能技术、节能更新带来的节能量和经济效益。

7.6.2　校园建筑节能原则

（1）标准化原则：严格贯彻国家有关的标准或行业标准，以实现系统的标准化，保障系统的兼容性、可维护性与可扩展性。
（2）实用性原则：依据校园建筑需求进行功能、性能设计，充分满足校园的功能和需求。
（3）先进性原则：系统采用的技术设施具有先进性或超前性。系统设计在满足功能的实用性和学校现有需求的前提下，同时考虑技术上的先进性，以避免在短期内因技术陈旧而造成整个系统性能不高或过早被淘汰。
（4）安全性原则：确保设备的运行安全，是系统设计中最重要的原则，设备的自动控制和节能固然重要，但安全始终是第一位的。
（5）可靠性原则：采用高可靠性的材料、部件，能够满足学校长时间的使用要求，确保整个系统长期、可靠地运行。
（6）经济性原则：在保证系统先进、可靠和实用的前提下，尽可能降低造价，通过优化设计达到最经济的目标，实现较高的投资回报率。

7.7 案例分析

山东建筑大学校园建筑的围护结构均严格按照设计建设期相关国家和地方标准进行设计建造，并对有特殊需求的屋面保温构造进行适宜性改进设计。

7.7.1 生态学生公寓

图 7-30 Low-E 节能窗及外遮阳
资料来源：山东建筑大学.

山东建筑大学生态学生公寓的外墙外保温系统主要分为粘结层、保温层、防护面层、饰面层。粘结层由聚合物砂浆找平，再刷一层挤塑板专用胶粘剂，聚合物砂浆采用干混砂浆加水搅拌而成。固定件为工程塑料膨胀钉和自攻螺钉，大约每平方米采用四个固定件。防护面层由聚合物砂浆和涂塑玻纤网格布组成。[12] 在挤塑板上刷界面剂一道，再刷聚合物砂浆，总厚度约为 2.5 ~ 3mm，底层建筑外墙约为 3.5 ~ 4mm，中间加压入网格布增强，涂塑网格布具有耐碱性能。墙身阴阳角处、门窗洞口处的网格布需要搭接增强。饰面层采用面砖，面砖及结合层的材料总重量小于 $0.35kN/m^2$，且面砖粘结材料及勾缝材料使用瓷砖专用胶粘剂。

生态学生公寓屋面为上人屋面，为最大限度地利用太阳能资源，屋面附设太阳能集热器、太阳墙通风管道等设备，将来还要考虑到参观人群在屋面的活动，所以决定屋面的做法一定要满足承受长期荷载的要求，同时保证其保温节能的功能。[13] 考虑到以上特殊需求，在选择屋面材料和做法的时候，不仅要满足屋面的排水、防水、耐候性的要求，还要重点考虑其节能保温效果、长期荷载、便于施工操作和日后维护清理等方面。

公寓建设中全部采用节能窗，窗框为塑料材质，开启方式为平开式。一层、六层为普通双层中空玻璃塑料窗，二层、三层、五层为高级双层中空玻璃塑料窗。空气间层中充以黏度系数大而导热系数小的惰性气体，四层为 Low-E 中空玻璃塑料窗。所有窗户都具有良好的绝热性能，尤其是四层的 Low-E 中空玻璃，在具备较低传热系数的同时可有效降低室内对室外的辐射热损失，具有表面热发射率低、对太阳光的选择透过性好等优点，使窗户不再成为围护结构的薄弱环节（图 7-30）。[12]

7.7.2 教室及行政办公楼

在教室、办公室内安装了智能空调控制器，使其能够通过人体检测来判定室内是否有

图 7-31　图书馆
资料来源：山东建筑大学.

图 7-32　行政楼防晒墙
资料来源：山东建筑大学.

人，同时实时地检测室内温度，并且内置时钟，能够按照作息制度控制空调开启。

建筑室内房间的照明功率密度值低于《建筑照明设计标准》（GB 50034—2004）规定的现行值，夜景照明的照明功率密度值低于《城市夜景照明设计规范》（JGJ/T 163—2008）的规定，道路照明的照明功率密度值低于《城市道路照明设计标准》（CJJ 45—2006）的规定。

学校根据实际，编制了校园节能发展规划，为校园长期的节能降耗工作提供了指导。在建筑设计过程中，采用被动式节能设计策略，利用场地自然条件，合理设计建筑体形、朝向、楼距和窗墙比，使建筑获得良好的日照环境、天然采光、自然通风。自然地势无遮挡，建筑之间无遮挡。室外风环境设计有利于建筑自然通风、行人行走（图 7-31）。

在行政办公楼的设计中（图 7-32），为提高建筑室内空间的利用率，将西向围合部分空间用作办公用房，因此必须采取合理的遮阳设施有效防止西晒。经设计人员反复研究比较后，确定采用实体防晒墙的做法，该防晒墙采用钢筋混凝土框架填充墙，并在墙体预留采光窗和进气孔，它与建筑西侧立面平行，且留有 2m 左右的空隙。在夏季或过渡季节，该防晒墙可以完全遮挡西晒的直射阳光，同时防晒墙与建筑主体之间的空隙在热压的作用下形成拔风效应，保证室内空气的流通。冬季，防晒墙在建筑外侧形成一个热保护层，能够有效遮挡冷风对建筑的侵袭，从而缓解外部冷空气对建筑室内温度的影响。其他建筑也根据需要设置了外遮阳和遮光窗帘。[12]

注释

[1]　仲利强.生态型大学——大学校园生态转型及其规划设计研究 [D].上海：同济大学，2009.

[2]　王进.高校学生住区生态化研究 [D].西安：西安建筑科技大学，2004.

[3]　赵建华.新型节能复合墙板的研究 [D].济南：山东建筑大学，2008.

[4]　程勋好.安徽省江淮地区公共建筑节能设计策略——以合肥为例 [D].合肥：合肥工业大学，2007.

[5]　陈雪昕.东莞地区建筑节能对策研究 [D].武汉：华中科技大学，2006.

[6]　张杰.建筑节能设计中外墙平均传热系数 $K<, m>$ 值影响因素分析——以包头地区为例 [D].西安：西安建筑科技大学，2005.

[7]　马合木提西日甫江.严寒地区城市住区防风设计——以乌鲁木齐及周边地区为例 [D]. 西安：长安大学，2010.

[8]　朱君.绿色形态——建筑节能设计的空间策略研究 [D]. 南京：东南大学，2009.

[9]　宋德萱.建筑环境控制学 [M]. 南京：东南大学出版社，2003：79–99.

[10]　马春旺.高层公共建筑的生态设计方法 [D]. 大连：大连理工大学，2008.

[11]　杨洪兴，韩俊，孙亮亮等.香港太阳能光伏建筑一体化的研究与进展 [J]. 新材料产业，2008（9）:25–31.

[12]　房涛.绿色大学校园的构成模式研究与实践——以山东建筑大学新校区建设为例 [D]. 济南：山东建筑大学，2009.

[13]　张亚楠.寒冷地区大学校园中低碳技术的应用研究——以山东建筑大学为例 [D]. 济南：山东建筑大学，2011.

参考文献

[1]　徐桑，李保峰.光伏建筑的整体造型和细部设计 [J]. 建筑学报，2010（1）:60–63.

[2]　路宾，郑瑞澄，李忠，何涛，张昕宇，王敏.太阳能建筑应用技术研究现状及展望 [J]. 建筑科学，2013（10）:20–25.

调研题

1. 请 2～3 人一组，持风速、辐射、温湿度仪对校园宿舍区的外部环境进行节能环境的调研分析，通过相应的量化指标，发现问题，提出实现绿色校园的技术方法。

2. 请对教学楼的用能情况（主要是水、电）进行调研分析，按春夏两季，24h 的用能状况，通过一定的数量关系，提出校园教学楼节能的相应措施。

思考题

1. 校园建筑节能三要素如何在你身边的生活、学习、工作中实现？请各举两个例子加以说明。

2. 在校园生活中，有许多领域（或场景）都包含着节能思想与理念，请举两个例子说明其节能思想。

3. 校园建筑中教室是我们主要的学习空间，请你观察教室中开窗方式对自然通风的影响情况，你有更好的方案来改善自然通风吗？

4. 校园建筑中我们无法离开宿舍，往往冬季北侧宿舍比南侧要冷得多，而夏季则相反，请你想想有什么方法来改变这种情况？

第8章

绿色校园的建筑设备节能

8.1 校园主要设备的分类与能耗组成

统计资料显示，我国大学数量近 2000 余所，在校生人数达 2300 多万，占全国人口的 4.4%，消耗了社会总能耗的 8%。贯彻绿色校园理念，促进校园节能减排，校园建筑的设备能耗首当其冲。

8.1.1 校园主要建筑设备

校园建筑主要包括教学楼、办公楼、图书馆、食堂和宿舍楼等。为保证各类功能建筑得以正常运行，需要各式各样的用能设备。通常，按照功能进行分类，校园建筑用能设备主要分为照明系统、暖通空调系统、插座和设备系统、综合服务系统以及特殊用能系统（图 8-1）。

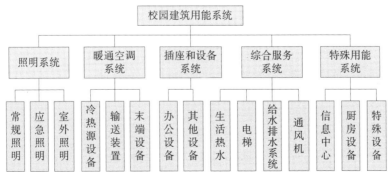

图 8-1　校园建筑用能设备分类
资料来源：谭洪卫，徐钰琳，胡承益，陈小龙. 全球气候变化应对与我国高校校园建筑节能监管 [J]. 建筑热能通风空调，2010.

其中，照明系统通常包括常规照明、应急照明以及室外景观照明三部分。暖通空调系统包括冷热源设备（空调冷水机组、锅炉等）、输送设备（各类水泵）和末端设备（空调箱、风机盘管等）。插座和设备系统主要指室内人员使用的譬如计算机、打印机等办公室设备，以及一些其他的终端设备，例如冰箱、微波炉等。综合服务系统涵盖设备较多，包括生活热水系统、电梯、给水排水系统以及通风排风设备。而特殊用能系统主要是指一些特殊区域的用能设备，比如厨房的炊事设备、数据中心的计算机设备以及实验室的实验设备等。

8.1.2　校园建筑设备能耗的组成

了解校园建筑能耗种类以及各分项能耗占总能耗的比例对实现绿色校园具有指导性意义。以上海地区某大学为例[1]，图 8-2 给出了其按用能种类划分的能源消费结构，从图中可以发现该校园能耗中电耗占了校园总能耗的绝大部分，故而用电设备节能是该校用能设备节能的重点。图 8-3 为按建筑类别划分的能源消费结构，从图中也可以明显地看出该校园中能源消费占比较大的是学生生活设施和科研楼，两者合计占据了校园能耗的半壁江山，所以是校园节能监管的重点建筑。另有研究以大连某大学为例[2]，利用分项计量系统统计出了该校园内某科研楼的年度分项用电数据，如图 8-4 所示。从图中可以看出，照明与插座用电和空调用电占总用电量的 90% 以上，可见其节能潜力巨大。

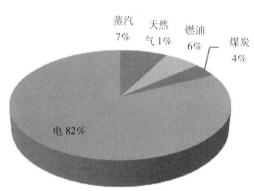

图 8-2　校园能源利用结构图
资料来源：刘洋、杨海滨、马金星.基于能耗监测系统与建筑分项能耗模型的校园建筑能耗分析[J].中国建筑信息，2012.

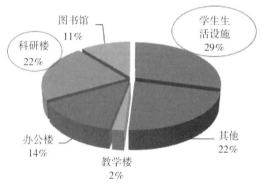

图 8-3　校园建筑类别与能源消费结构
资料来源：刘洋、杨海滨、马金星.基于能耗监测系统与建筑分项能耗模型的校园建筑能耗分析[J].中国建筑信息，2012.

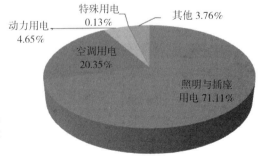

图 8-4　大连某大学科研楼年分项用电数据
资料来源：谭洪卫、徐钰琳、胡承益、陈小龙.全球气候变化应对与我国高校校园建筑节能监管[J].建筑热能通风空调，2010.

8.2　自动控制技术简介

在现代科学技术的诸多领域中，自动控制技术都得到空前的发展和广泛深入的应用。自动控制技术，就是在没有人直接参与的情况下，利用控制器使被控对象的某些物理量（或状态）自动地按预先给定的规律去运行。比如机床按照预定程序加工零件，空调机将室内温度维持在某个固定的数值上，火箭依照程序从地面发射至确定的运行轨道上等，这一切都是以运用高水平的自动控制技术为前提的。为了实现各种复杂的自动控制任务，首先要将被控对象和各种控制装置按照一定方式连接起来，组成一个总体，这就是自动控制系统。

在介绍自动控制技术之前，先对一些基本的概念进行定义。

8.2.1　控制器、传感器与执行器

为了实现自动控制，我们需要一些设备来为我们实现自动控制的整个过程。我们将控制系统中的这些设备依照用途分为控制器、传感器与执行器。这三种设备是实现自动控制不可或缺的三个部分：

控制器：指能够使被控对象具有所要求的性能或状态的一类装置。

通常控制器是一类由人直接进行设定或者操作的机器，它能够接受输入信号或偏差信号，按控制规律给出操作量，送到被控对象或执行元件。比如，我们常见的开关、调节旋钮、遥控器、机床的控制台等。现在的控制器大多以控制计算机作为基本设备。

传感器：指能感受指定的被测物理量并按照一定的规律转换成电信号的装置。

通常，传感器能够准确定量地辨识某种物理量（如温度、压力、转速等），并将这种物理量转化为电信号进行传递，所以主要由各种感应元件和信号变送装置组成。如压力传感器、流量传感器、湿度传感器等。

执行器：指能够接收控制信号并对受控对象加以操控的装置。

通常执行器是一系列根据信息作出反应的机器，能把能量或者信号转化为具体的终端的行动。如调节阀、电磁接触器、交流变频器等。

例如，电动机速度调节装置中，我们使用转速调节器改变电机运转速度后，电动机就会开始改变运行状态。当电动机因外界因素影响发生转速变化时，转速监测器会向调节器返回一个带有失常状态的信号，通过改变交流变频器的输出频率，令电动机的速度及时调整，回到正常的工作状态上。在这个电动机工作反馈装置中，由于电动机的转速是可以进行控制的，所以转速调节器就是控制器，转速监测器则是传感器，交流变频器是执行命令的执行器，电动机则是被控对象。

8.2.2　给定值与受控变量

每一个控制系统中都存在着这样的两种变量：有些变量和状态是需要由系统的构建者来进行设定的，设定好后就不会随意改变；而有些则无须进行设定，会随着系统的运行而随时变化。我们将这两种变量称为控制变量与受控变量。

给定值是自动控制系统中受控变量的期望值，也可称为设定值；受控变量是指在自动控制系统中，希望将其数值按给定的要求加以控制的物理量。仍以上节中的电动机速度调节装置为例。当我们使用转速调节器改变转速设定值时，电动机的转速就会随着调节器设定数值的改变而改变。由于转速调节器是整个系统的控制器，所以转速设定值即为整个系统的给定值。而电动机的运行速度是由转速调节器直接控制的，所以电动机转速就是受控变量。

8.2.3　反馈控制系统

反馈控制系统是基于反馈原理建立的自动控制系统。所谓反馈原理，就是根据系统输出变化的信息来进行控制，即通过比较系统行为（输出）与期望行为之间的偏差，并消除偏差以获得预期的系统性能。在反馈控制系统中，既存在由输入到输出的信号前向通路，也包含从输出端到输入端的信号反馈通路，两者组成一个闭合的回路。因此，反馈控制系统又称为闭环控制系统。[3]

8.3　建筑电气照明系统与节能

8.3.1　建筑电气照明系统的组成

建筑物的采光一般分为自然采光和人工采光。当人工采光是通过一定的电气设备和照明装置将电能转换成光能时，又称为电气照明，它是现代建筑不可缺少的人工采光方式，也是现代建筑的重要组成部分。

（1）电气照明系统的组成

电气照明系统主要包括照明电光源（例如灯泡、灯管）、照明灯具和电源及其他系统三部分。

1）电光源，将电能转化为可见光的装置叫电光源。如白炽灯、荧光灯、LED灯等。

2）照明灯具（又称照明器或简称灯具），是将光通量进行重新分配的照明装置，以合理地利用光通量和避免由光源引起的眩光，达到固定光源、保护光源免受外界环境影响和装饰美化的效果。

3）电源及其他系统，包括电源、输配装置、控制装置和测量保护装置等。这些辅助系统主要为照明装置提供电源，并在运行时提供控制、保护等功能。

（2）电光源

电光源按发光原理可分为热辐射光源、气体放电光源和电致发光光源等。热辐射光源是用电把物体（阴极）加热至白炽状态而发光，如白炽灯和卤钨灯。气体放电光源是让电流流经气体（如氩气、氦气、氙气、氖气）或金属蒸气（如汞蒸气），使之放电而发光。如荧光灯、钠灯、金属卤化物灯。电致发光光源主要指 LED 灯，用半导体材料制成，能够把电能直接转换为光能。在校园照明中应用较多的是白炽灯、荧光灯、卤钨灯、钠灯等。

（3）照明灯具

灯具主要由固定安装用的灯座、控制光通量分面的灯罩及调节装置等构成。灯具的结构应满足制造、安装及维修方便，外形美观和使用工作场所的照明要求。

灯具按安装方式分类可分为悬吊式、吸顶式、壁式、嵌入式、半嵌入式、立式、台式、庭院式、道路式等，当电光源在视野中由于不适宜亮度分布，或在空间或时间上存在极端的亮度对比，以致引起视觉不舒适和降低物体可见度时，会产生眩光。通过灯具将光源的光通量重新进行分配，可以有效地避免眩光。选用合理的灯具也能使之与室内装饰和谐组合，营造出美好的室内氛围。随着照明节能的兴起，选用节能绿色的灯具能够有效地降低照明用电。目前，灯具的节能效果已成为越来越受关注的热点。[4]

（4）电源及其他系统

电源的作用是供给电能，一般照明电源采用单相交流电源。

控制装置的作用是通断照明电源或对光源的照度进行调节。如办公室照明采用普通灯开关进行就地控制；普通教室的照明采用就地或远方（值班室）集中控制（成组控制）；卫生间照明采用声光控制开关进行自动控制；而办公室台灯采用交流调压器进行调光控制。

照明线路的作用是给照明装置输送电能，如聚氯乙烯绝缘导线（BV）及电缆线路（VV）等。测量保护装置的作用是测量电能参数和保护电气设备。如电压表、电流表、功率因数表、电能表、断路器、熔断器等。

8.3.2　建筑电气照明系统的节能技术

目前，世界上的照明用电（照明光源的耗电量）约占总发电量的 10% ~ 20%。在中国，照明用电约占总发电量的 10%。在楼宇中，照明能耗更是占到了电力消耗的 30% 以上。由 8.1 节可知，校园的照明与插座能耗占比是所有终端能耗中最大的，校园的照明节能潜力巨大。建筑电气照明系统的节能可以从以下几个方面进行。

（1）合理的照明设计

对于照明节能，首先应在设计时对于不同的建筑类型进行合理的照明设计。合理选择照度标准，应根据不同要求选取合理的照度，不宜笼统地对待，以避免浪费。当某一小范围需要高照度时可采用混合照明或重点照明方式，而不应将整个区域的照度提高。对此可以进行分区设计，比如对作业区照度要求较高的办公室，可考虑采用工位照明，而对照度要求不高处如公共区域等采用一般照明。采用工位照明可以在满足同等照度要求的情况下比不采用时节能30%以上。另外，在设计阶段，宜多考虑自然光采光设计，既增加了室内的舒适度，又降低了照明能耗。

（2）选用合理的电光源

实现绿色照明的关键是合理地选用电光源，节能是现代照明的首要考虑因素之一，因此在选用电光源时应优先考虑表8-1所示内容。

校园内不同场所推荐电光源　　　　　　　　　　　　　　　　表8-1

区域	推荐电光源	光源特性
低空间办公室、教室	T8、T5 直管型荧光灯	体积减小，耗能更少
宿舍楼、走廊、食堂	节能灯	美观、发光效率更高
教室、图书馆	LED 灯	高效节能、光效率高、显色性好

资料来源：李炳华、宋镇江主编.建筑电气节能技术及设计指南[M].北京：中国建筑工业出版社，2011.

另外，太阳能灯也不失为一种新选择。太阳能既是一次能源，又是可再生能源，在白天，太阳能灯利用光敏电池板，将太阳能转变为电能储存在镍氢电池中，在夜晚，通过转换开关接通电池电源，向节能型太阳能灯具提供电能点亮灯。由于太阳能电池功率较小，提供的电压较低，在校园中常用于草坪灯、操场灯、路灯等。随着科学技术的发展，新材料、新技术不断出现，太阳能灯将会广泛应用。

（3）选用高效节能的灯具

一般应根据视觉条件的需要，综合考虑灯具的照明技术特性及其长期运行的经济性等原则进行灯具的选择。优先选用开敞式灯具以提高灯具效率；尽量选取光能衰减率低、光通量利用系数高、易清洁、防尘防静电的灯具；可采用非对称光分布的灯具，减少炫光。

（4）采用高效节能的灯用电器附件

气体放电灯工作时需要附加镇流器、启动器等电器附件，因此，电器附件对照明节能有很大的影响，其中气体放电灯的镇流器影响最大。提高镇流器的质量和效率，对照明节能很有意义。如用节能型电感镇流器和电子镇流器取代传统的高能耗电感镇流器是简便易行的节能措施。电子镇流器自身功耗降低，从而使整个荧光灯系统（灯管加镇流器）的效率提高 18% ~ 25%。[5]

8.3.3　自然光照明

（1）概述

所谓自然光照明就是将日光引入建筑内部，并且将其按一定的方式分配，以提供比人工光源更理想的照明。随着空调、电气照明、钢结构框架和电梯等相关技术的发展，以及电能价格的下降，建筑开始向高层化和大型化发展，自然光照明有所削弱。但是在 1970 年代初期，由于能源危机导致能源价格上涨，使得自然光照明重新采用并越发受到人们的欢迎。因为它不仅节省能源和降低建筑能耗，而且可以减少环境污染。[6]

（2）自然光照明方式

建筑利用天然光的方法可分为被动式采光法和主动式采光法两类。被动式采光法是通过或利用不同类型的建筑窗户进行采光的方法。主动式采光法则是利用集光、传光和散光等设备与配套的控制系统将天然光传送到需要照明部位的方法，这种采光方法需要人工控制或自动控制，无论何种情况，人都处于主动地位，故称为主动式采光法。

（3）自然光与电气照明的综合运用

一般建筑室内照明不单独使用自然光照明，而是将建筑电气照明和自然光照明结合起来。电气照明和自然光照明的综合运用中，要把握好几个重要的技术环节：①要准确确定室内所需要达到的照度值。②要选用合适的辅助电气照明的光源、布灯方式和控制方式。选择光源时，尽量选择色温接近自然光的光源；布置灯具时要考虑自然采光，兼顾室内照度的均匀性；选择控制方式时，除人为开关控制外，也可采用光敏控制，根据自然采光效果调节人工照明照度。③节能效果。室内照明用电量和照明时间、照明功率有关。选用高效照明设备，同时通过调光控制更多地利用自然采光，以减少照明能耗。

8.3.4　控制技术在照明系统节能中的应用

照明控制技术是随着建筑和照明技术的发展而发展的。目前常用在建筑节能中的智能照明控制系统可实现电光源的开关控制、调光控制、分散集中控制、远程控制、延时控制、定时控制、光线感测控制、红外线遥控、移动感测控制等。[7]

对于上述几种照明控制方法，按照对各功能区域的不同要求，可采用对应的控制方法或组合[7][8][9]：

1）对教室、图书馆等场所可以设置时间程序控制，根据季节、上课时间等调整编制时间模式，供电回路自动按程序开启送电，最终是否开灯则由室内的人工开关决定。

2）对于宿舍、教室的走廊、电梯厅、卫生间等，通过定时控制及移动感应控制的结合，保证灯光在上班期间定时开启，下班定时关闭 70% 的灯光，同时自动启动感应控制（声音、红外控制等），有人走动时开启灯光，人走开后自动关闭，达到节能、便于管理的目的。

3）对于一楼大厅、地下车库等，通过合理管理如计算机集中控制、定时控制或光感控制，在需要的时候将这些区域通过调光的方式或智能开关的方式将灯光控制到合适的照度，以节约能源和降低运行费用。

4）在小会议室、大会议室、办公室等重要区域，通过调光方式和场景预设置功能进行控制，能够产生各种灯光效果、营造不同的灯光环境，给人以舒适完美的视觉享受。

5）通过在适当的位置如学校食堂设置现场控制面板，方便现场操作控制。

6）在灯光照明与室外自然光结合的区域，如一楼大堂、大会议室，因具有日照补偿功能，当自然光线超过一定照度时，光线感应器可自动将部分或全部灯光关闭。另外，在大会议室中，当自然光线超过一定照度时，可自动将电动窗帘放下，反之，则将窗帘开启。

7）对于设有工位照明的办公室，可进行背景照明调光、工位照明调光和日照补偿控制的组合，实现最大限度地利用自然光，在保证办公人员照明效果的同时，节约能源。

8）在某些区域如会议室等，可与门禁系统联动或采用移动感应的方式，当有开门动作时，可自动打开相关区域的照明灯。

9）对于校园道路照明或操场灯光可设置时间程序控制，也可以利用无线遥控控制对灯光实现遥信、遥控和遥测控制功能。

8.4 生活热水供应系统与节能

生活热水主要指的是用于洗浴的温度通常在 55 ～ 60℃的热水。有学者研究上海高校学生宿舍的生活热水能耗情况，发现学生宿舍电热水器电耗占总电耗的比重高达 74%[10]，是包括电脑、照明、风扇、插座在内的其他电器用电量的 2.8 倍，可见生活热水供应系统的能耗问题应予以足够重视。

8.4.1 生活热水供应系统的组成

建筑内部热水供应系统按热水供应范围，可分为局部热水供应系统、集中热水供应系统和区域热水供应系统。[11]

热水供应系统的组成因建筑类型和规模、热源情况、用水要求、加热和贮存设备的供应情况、建筑对美观和安静的要求等不同情况而异。

热媒系统由热源、水加热器和热媒管网组成。简单地说，由热源设备（锅炉或热网）

产生的蒸汽或高温热水进入水加热器，冷水被加热至 55 ~ 60℃，而后进入热水供水系统。

热水供水系统由热水配水管网和回水管网组成。配水管网用于将制备好的热水送至各个用水点。为了保证用水点随时都有规定温度的热水，设置回水管使一定量的热水通过循环泵流回水加热器重新加热，以补充管网散失的热量。

附件包括蒸汽、热水的控制附件及管道的连接附件，如温度自动调节器、疏水器、减压阀、安全阀、自动排气阀、膨胀罐（管）、膨胀水箱、管道补偿器、阀门、止回阀等。

8.4.2　生活热水供应系统的节能技术

（1）用水点节能措施

1）快速出热水

热水系统的用水点在用水时，一般先流出冷水，之后再流出热水。放出的冷水实际上是末端支管中由于管道热损失而变冷的水。解决的办法除了做好管道保温外，就是要使主干管靠近用水点，使支管尽量短。运行经验表明，热水支管如果用电加热保持水温，减少水的浪费，则每天的电费可达 0.2 元/m 左右（电费按每度电 0.8 元计），这意味着，支管减短 1m，可得节能效益约 0.2 元/天。

2）保持热水出水水温稳定

热水用水点的出水水温不稳定，则洗浴者就会躲开水流并不断调节水温，造成出水的浪费。若水温稳定，则热水用量和耗热量减少，节省能耗。

保持水温稳定的措施主要包括通过设置高位水箱稳定管道压力，并在设计管线时避免竖向弯折，从而防止管内囤积气体，以免水压波动；另外，选用高效的冷热水混合阀，缩短水温调节时间，减小阀前水压波动对出水水温的影响。

3）控制热水用水点无效的出水流量

对热水系统用水点的无效流量进行控制能一举两得，实现节能和节水的双重功效。保证管道里压力稳定，并选用节水器具，可以有效减小无效流量从而节省热水耗热量和输水动力能耗。

（2）热水输配系统节能措施

1）减小管网压力损失

生活供水管网和热水管网的压力损失主要受管道流速、管长、管径、局部阻力系数等因素的影响。在输配系统设计时，按经济流速选择管径并在实际中维持运行；用同阻技术和循环流量限流控制装置取代同程布置方式；缩短热水管道长度；另外，减少不必要的阀门、阀配件减小局部阻力损失，这些手段都可以有效减小管网压力损失。

2）热水管道的高效保温

生活热水经管道输配到用水点，温度会下降。损失的热量主要是管壁传热散发到周围环境中。一般情况下温度会下降 5℃左右，这意味着总耗热量的 10% 在输送过程中被浪费掉了。实际工程运行中，有的温度会下降近 10℃。控制热传递损失的措施首先是选用保温效率高的保温材料，其次是保证保温层的结构完整，避免破损渗水，并在阀门、三通等形状特殊的地方采用形状吻合的保温层。

3）水泵高效率运行的供水工艺

首先，在最初设备选型时，通过准确合理的计算，选择扬程、流量大小适宜的水泵，过大的水泵在运行时往往处于低效率区，浪费能源。其次，采用变频水泵在部分负荷工况下使水泵工作在高效区内。

（3）热水制备设备节能措施

加热生活热水的设备有热交换器、燃油燃气热水机组、电热水炉等。水制备环节的节能措施主要有：选用高传热效率的制热设备；合理控制换热设备的热媒回水温度；合理选定热水储存容积等。

（4）可持续能源及废热利用技术

1）生活热水太阳能利用

利用太阳能加热建筑中的生活热水通常简称为太阳能生活热水系统。太阳能热水系统集节能环保于一身，该部分内容将在下一节另作详细介绍。

2）中央空调制冷废热回收

在夏季，大型公共建筑的中央空调设备在制冷过程中产生大量废热，并通过冷却系统散发到大气中去。对这些废热进行回收，加热建筑中的生活热水，可以节省大量能耗。空调制冷废热回收，既节省了加热生活热水的能耗，又节约了空调冷却水补水，具有节能和节水的双重功效。

3）气、水源热利用

空气、生活废水、地下水都含有热量，这些热量可作为加热生活热水的热源加以利用，实现途径是采用空气源热泵和水源热泵。[12]

8.5 建筑空调与供暖系统与节能

建筑空调与采暖系统是建筑设备系统的重要组成部分之一，其能耗也占到了建筑总能耗的相当大部分，校园建筑空调与供暖系统的绿色节能是构建绿色校园的重点之一。

8.5.1 建筑空调与供暖系统的组成

建筑空调与供暖系统主要由冷热源设备、输配管路、室内末端设备、散热设备、水泵、风机、控制装置及附属设备等组成。[13]

空调与供暖系统的组成及举例参见表 8-2。

空调与供暖系统组成及举例　　　　　　　　　　　表 8-2

组成	举例
冷热源	冷水机组、锅炉等
冷媒输送系统	冷冻水泵、冷冻水管路及附件
热媒输送系统	热水泵、热水管路及附件
空气处理设备	空调箱、风机盘管
空气输配系统	送、回风管道、散流器等
散热系统	冷却风系统或冷却水系统

资料来源：陆亚俊主编 . 暖通空调 [M]. 第二版 . 北京：中国建筑工业出版社，2007.

空气调节处理系统分类，按空气处理设备的设置情况可分为分散式系统、集中式系统和半集中式系统。

（1）分散式系统

也称局部空调机组，这种机组通常把冷、热源和空气处理、输送设备（风机）集中设置在一个箱体内，形成一个紧凑的空调系统。常见的分散式系统有窗式、柜式空调。它们都不需要集中的机房，安装方便、使用灵活。图 8-5 所示为常用分体式空调机，一般由一个室内机和一个室外机组成。

图 8-5　常用分体式空调机
资料来源：360 图片 .

（2）集中式系统

集中式系统的空气处理设备（过滤、冷却、加热、加湿设备和风机等）集中设置在空调机房内，空气处理后，由风管送入各个房间；用于制备冷水和热水的冷源和热源，也有专门的冷冻站和锅炉房。集中式系统比较便于集中管理和维护。

（3）半集中式系统

除了集中空调机组外，在各自空调房间内还分别设置有处理空气的末端设备。常见的半集中式系统有风机盘管系统和变制冷剂流量（VRV）系统。

风机盘管系统和集中式系统的区别在于，

空气处理装置设置在各个分散的房间内，由冷水机组提供的冷冻水和由锅炉房提供的热水不是送到集中的 AHU 中，而是直接送入各个房间设置的风机盘管末端，通过风机盘管与室内空气进行换热，达到室内供冷和供热的目的。这样的半集中式空调系统通常称作空气—水系统。

变制冷剂流量系统通常也称为多联机系统，系统的工作原理和分体式空调的原理是一致的，区别是多联机系统一个室外机通常对应多个室内机。一台室外机通过冷媒配管连接到多台室内机，根据室内机电脑板反馈的信号，控制其向室内机输送的制冷剂流量和状态，从而实现不同房间的冷热要求。在校园建筑中，以上三种方式的空调系统通常都会出现。如图书馆等大型建筑一般会采用集中式空调系统，行政办公楼、教师办公室和教学楼等一般会采用半集中式的风机盘管系统或分散式的多联机系统，而学生宿舍则多采用分体式空调系统。

8.5.2　建筑空调与供暖系统中的主要设备

（1）锅炉

就一个供热系统而言，通常是利用锅炉及锅炉房设备生产出蒸汽（或热水），然后通过热力管道，将蒸汽（或热水）输送至用户，以满足生产工艺或生活供暖方面的需要。因此，锅炉是供热之源。通常把用于动力、发电方面的锅炉称作动力锅炉；把用于工业及供暖方面的锅炉称为供热锅炉，又称工业锅炉（图 8-6）。[4]

（2）制冷机组

制冷机组是将具有较低温度的被冷却物体的热量转移给环境介质从而获得冷量的机器，如图 8-7 所示。从较低温度物体转移的热量习惯上称为冷量。制冷机内参与热力过程变化（能量转换和热量转移）的工质称为制冷剂。制冷机可分为：压缩式制冷机、吸收式制冷机、蒸汽喷射式制冷机、半导体制冷机。其中蒸汽压缩式制冷机（活塞式、回转式、螺杆式、离心式）、吸收式制冷机和蒸汽喷射式制冷机应用较为广泛。此外，制冷机的冷凝器侧需要向外部空间散热，因而冷机按散热方式又常分为风冷式和水冷式机组。

图 8-6　燃气锅炉
资料来源：360 图片.

图 8-7　离心式制冷机组
资料来源：360 图片.

（3）热泵

人们所熟悉的"泵"是一种可以提高位能的机械设备。比如，水泵主要是将水从低位抽到高位。而"热泵（heat pump）"按最新国际制冷词典的定义，是应用冷凝器排出的热量进行供热的制冷系统。热泵和制冷机的工作原理和过程是完全相同的，是同一装置的两种称谓。热泵和制冷机的名称反映了在应用目的上的不同：如果以得到高温的热量为主要目的，则称为热泵，反之则称为制冷机。

（4）输送设备

空调系统中的输送设备主要指风机和水泵设备。两者都是依靠电机消耗电能输出机械能，从而提高流体压力并进行运输的机械设备。主要的性能指标包括流量、压力（扬程）、功率、效率和转速。风机可以按气体流动的方向，分为离心式、轴流式、斜流式（混流式）和横流式等类型。而水泵根据不同的工作原理分为容积泵、叶片泵等类型。容积泵是利用其工作室容积的变化来传递能量；叶片泵是利用回转叶片与水的相互作用来传递能量，有离心泵、轴流泵和混流泵等类型。图 8-8 所示是离心风机示意图，图 8-9 所示为离心泵示意图。

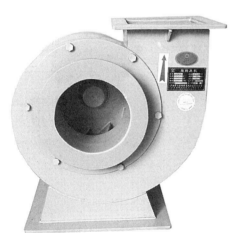

图 8-8　离心风机示意图
资料来源：百度图片.

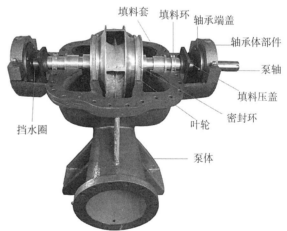

图 8-9　离心水泵示意图
资料来源：百度图片.

（5）空气处理机组（空调箱）

空气处理机组（AHU）是一种集中式空气处理设备，设备内有空气加热盘管、空气冷却盘管、空气加湿器，净化空气用的空气过滤器，调节新风、回风用的混风箱以及降低通风机噪声用的消声器。空气处理机组内均设有风机。如果进入箱体的风全部为室外风，则称作新风空调箱。图 8-10 所示为组合式空气处理机组示意图。

图 8-10 组合式空气处理机组示意图
资料来源：百度图片.

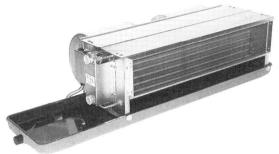

图 8-11 卧式风机盘管结构简图
资料来源：百度图片.

（6）冷却塔

冷却塔是利用水与空气流动接触后进行冷热交换产生蒸汽，蒸汽挥发带走热量从而散去冷水机组所产生的余热的蒸发散热设备。冷却塔以水为循环冷却剂，从制冷系统冷凝器侧吸收热量并排放至大气中，从而降低循环冷却水的温度，制造冷却水供给冷水机组，保障其安全稳定运行。

（7）风机盘管

风机盘管是空调系统的末端设备，由冷水（热水）盘管、过滤器、风机、接水盘、排气阀、支架等组成。其工作原理是依靠风机的强制作用不断地再循环所在房间的空气，使空气通过冷水（热水）盘管后被冷却（加热），以保持房间温度的恒定。单独的风机盘管系统无法供给新风，新风通过新风机组统一处理后送入各个房间，以满足空调房间内人员对新风的需求。图 8-11 所示是卧式风机盘管结构简图。

建筑空调与供暖系统还有许多其他的设备，如各种管道、阀门和风口等，还有各个设备的控制装置和系统等，这些设备合理有效地组合在一起，才能构成一套完整的建筑空调和采暖系统。

8.5.3 建筑空调与供暖系统的节能技术

建筑空调与供暖系统的节能技术主要从冷热传递的原理应用、运行参数的优化设置以及自控技术辅助等方面入手。本节主要介绍前两者的典型应用，自控技术辅助的内容则在下节中再作说明。

（1）冷热传递的原理应用

1）蒸发冷却技术

水蒸发吸热，具有冷却功能，例如夏季在房间内泼点水，可以使室温有所下降，这就是蒸发冷却现象。利用蒸发冷却原理冷却空气，冷却后的空气送入室内可以抵消部分或者全部冷负荷，是常见的一种空调系统节能技术。

2）免费供冷技术

对于某些建筑的内区，由于室内发热量较大，在过渡季节甚至冬季，仍然需要供冷。此时可以利用过渡季或冬季室外空气的自然冷量来满足室内供冷要求而降低甚至不开启机械制冷主机，也称免费供冷技术。

3）热回收技术

常见的热回收技术包括排风热回收和冷凝热回收两种。排风热回收指的是冬季供热时用温度较高的室内回风事先加热从室外引进的温度较低的新风，从而减少加热新风所用的能耗。而冷凝热回收则指的是用从制冷机组压缩机出来的高温制冷剂气体加热常温的自来水至 50℃左右，作生活热水使用，实现废热利用。

（2）运行参数优化设置

1）合理设置室内温湿度参数

一般情况下，夏季室内温度、相对湿度越低，冬季室内温度、相对湿度越高，系统耗能越大。因此，为了节约能源，空调房间内的温度、湿度，在满足生产要求和人体健康的情况下，夏季应尽可能提高，冬季应尽可能降低。有研究结果表明，如在上海地区，夏季室内空调设定温度提高 1℃，空调能耗能降低 6% 以上。

2）增大空调送风温差和供回水温差，降低水和空气流速等

增大空调送风温差和供回水温差可减少风机、水泵的输送流量，使系统输配能耗下降。工程应用中，选用合适的风机和风口条件下，可以把送风温差提高到 14 ~ 15 ℃，但此时要重视低温风管的保温质量，以减小传热损失和避免风管壁面结露。选定合适的供回水温差要考虑热交换器的造价和制冷设备的效率等。此外，增大送风温差和供回水温差，在制冷（热）量不变的情况下，可使水和空气流速降低，减少管道的阻力损失，也可以降低输送能耗。

8.5.4 控制技术在建筑空调与采暖系统节能中的应用

可以说，实现建筑空调与采暖系统的节能很大程度上依赖自动控制技术。因此，本节就给出几类空调采暖系统中常见的自控技术应用。

（1）变台数控制

空调与采暖系统的设备（如制冷机组、锅炉、水泵等）通常都会采用多台配置，以有效地按照负荷的变化控制系统容量，避免"大马拉小车"的现象。在设备运行时，最简单直接的控制方式就是改变设备的台数。例如，当冷负荷较大时，制冷主机全开，冷冻水流量较大，故冷冻水泵也需要全开；当冷负荷逐渐下降，制冷主机和冷冻水泵的开启台数都随之减少；对应的，冷却塔、冷却水泵等都需要发生运行台数的变化。在设备运行管理时，要制定合理的变台数控制逻辑，避免设备小负荷低效率的运行和过载运行，保障设备安全

运行，避免不必要的能源浪费。

（2）变频变速技术

通常情况下，制冷主机、水泵和风机的容量都是按照最不利条件设计的，并仍留有安全余量。然而在实际运行中，系统大多数时间都处于远小于设计容量的情况下工作，即为部分负荷运行状态，这时的输送设备往往运行在效率较低的区域。通过改变电动机的输入频率或转速来调整输送设备的性能曲线，使得设备出力不仅能够满足管网的流量及阻力要求，同时工作在一个效率较高的区域，从而实现节能。

我们知道，风机和水泵的轴功率、流量、压头（扬程）和转速之间存在如下关系：

$$\frac{Q_1}{Q_2} = \frac{n_1}{n_2}; \ \frac{p_1}{p_2} = \left(\frac{n_1}{n_2}\right)^2 \ 或 \ \frac{H_1}{H_2} = \left(\frac{n_1}{n_2}\right)^2; \ \frac{P_1}{P_2} = \left(\frac{n_1}{n_2}\right)^3 \quad\quad （8-1）$$

式中，Q 为流量，p 为风机压头，H 为水泵扬程，P 为功率，n 为转速。

以风机和水泵为例，在部分负荷工况下采用变频技术，由公式可知，由于轴功率与转速成三次方关系，因此轴功率大幅下降，可见改变转速的节能潜力巨大。

（3）空调冷冻水及空调热水温度重置

美国暖通工程师协会（ASHRAE）的相关标准中指出，温度重置是当室外天气条件比较适宜时，室内冷热负荷相应变小，系统对冷冻水或空调热水的供应要求降低，此时可以合理地提高冷冻水的供水温度或者降低空调热水的供水温度，达到节能的目的。

（4）变风量空调系统（VAV）

空调系统的设计一般都是按室内负荷和室外温湿度最不利的情况来进行的。但一年中这种设计工况的维持时间极短，绝大多数情况下都是在部分负荷下工作。我国目前大部分空调系统都是采用定风量系统。在这种系统中，送风量和送风温度不变，当空调冷负荷变小时会出现过冷现象。变风量空调系统在室内冷负荷变小的时候，采用减少送风量的方法来适应负荷的变化，降低了风机的功率。如系统全年均在70%的风量下工作，风机耗电约可减少50%，因此是一种节能的空调运行方式。随着变频器技术的成熟和价格的降低，变风量空调系统得到了广泛的应用。

8.6　其他校园电气设备的节能

8.6.1　电机的节能技术

随着全球工业化进程的不断加快，对电机的需求也在不断增长。电机产品作为通用工业设备，每年消耗我国60%的电力能源，电机节能无疑对我国节能减排目标的实现有着至关重要的作用。我国80%以上的电机产品效率比国外先进水平低2%～5%，虽然国产高效电机在科技含量上与国外水平相当，但价格高、市场占有率低。全国现有各类电机系统总装机容量约 4.2 亿 kW，每年浪费电能约 1500 亿 kWh，节电潜力巨大。

不同节能措施的节能量统计	表 8-3
电机系统节能措施	典型节能量
高效电机	2% ~ 8%
正确选型，负载匹配	15% ~ 30%
变频调速驱动	10% ~ 50%
高效机械传动／减速器	2% ~ 10%
电能质量控制	1% ~ 3%

资料来源：Enengy Efficient Motor Systems Anibal T.de AlmeidaISR–University of Coimbra[Z].

据统计数据表明，目前大部分电机系统的能源浪费主要体现在两个方面：电机带动的设备效率低，系统匹配不合理，设备长期低负荷运行；系统调节方式落后，大部分风机、泵类采用机械节流方式进行控制调节，浪费严重。所以，我们就从这两个方面入手进行节能改造（表 8-3）。

（1）电机功率匹配改造

在使用电机的系统中，"大马拉小车"的现象十分普遍，其产生的原因大都是在选配电机时，为了追求更大空间的安全余量而选用了功率超过需求的电机，导致电机在运行时输出量大，利用率小，偏离了最佳工况点，造成了能源浪费。因此，在选用电机时应合理确定电机功率。

（2）变频调速节能

变频调速，是近年来被日益广泛使用的一种高效节能的调节方法，它可以实现电机的无级调速，并可方便地组成反馈控制系统，实现系统能够根据实际工况变通地运行。在设备容量偏大，导致运行产生浪费的情况下，利用变频调速使设备降速运行而产生的节能效果是相当可观的。

8.6.2 其他终端电气设备的节能技术

在校园内，除了之前几节中提到的大型电气设备外，还有一些平常大家都会使用的小型设备，如计算机、打印机、教学实验设备等。在通常情况下，这些设备的能耗并不是很大，但在校园中，这类终端电气设备的使用广、数量大，耗能情况也是不可小觑的。表 8-4 列出了一些常用终端电气设备的待机能耗。

待机能耗，是指具有待机功能的电器在不使用的时候，没有断开电源所发生的电能消耗。随着技术更新换代以及网络化的发展需求，电器具有了遥感开关、常时数字显示、定时开关等各种待机功能，所以设备在不使用时也处于待机的状态，仍旧会产生电力消耗，如空调、电脑系统（主机、显示屏、音响、打印机、扫描仪）、多媒体设备等。这些设备为用户提供了方便的功能的同时，也造成了大量的能源浪费。据统计，全球待机能耗约占国际经济合作组织国民用电力消耗的 3% ~ 13%。

设备名称	每日待机时间	月耗电量 (kWh)	设备名称	每日待机时间	月耗电量 (kWh)
21″彩色电视	20h	4.22	洗衣机	20h	0.21
电脑音响	20h	4.88	旅行充电器	20h	1.06
传真机	24h	10.14	电脑主机	20h	1.85
17″液晶显示器	20h	8.71	打印机	23h	4.55
饮水机	23h	4.07	微波炉	23h	3.8

常用终端电气设备待机耗能表　　　　表8-4

资料来源：http://www.sipqts.gov.cn/?cnw123.html.

虽然待机能耗量十分巨大，但避免待机能耗的方法其实很简单，其一是采用能够自动切断进入待机状态下的用电器电源的智能插座等；其二就是提倡随手关闭用电设备，养成良好的节能意识和行为习惯，从点滴做起，杜绝待机能耗的浪费。

注释

[1] 刘洋、杨海滨，马金星.基于能耗监测系统与建筑分项能耗模型的校园建筑能耗分析[J].中国建筑信息，2012.

[2] 谭洪卫，徐钰琳，胡承益，陈小龙.全球气候变化应对与我国高校校园建筑节能监管[J].建筑热能通风空调，2010.

[3] 黄治钟编著.楼宇自动化原理[M].北京：中国建筑工业出版社，2003.

[4] 赵德申主编.建筑电气照明技术[M].北京：机械工业出版社，2005.

[5] 郭帅.关于建筑电气照明节能的探讨[J].山西建筑，2009.

[6] 龙惟定，武涌主编.建筑节能技术[M].北京：中国建筑工业出版社，2009.

[7] 李大生等.智能照明系统在建筑物中的控制方式与节能应用[J].智能建筑电气技术，2010.

[8] 池海.电气节能设计与智能照明控制系统[C]//2010中国（国际）建筑电气节能技术论坛论文集，2010.

[9] 朱红玉.照明节能控制技术应用现状与发展趋势分析[J].城市建设理论研究，2011.

[10] 张玲、罗多，李进，张博.基于上海地区高校学生宿舍生活热水能耗现状分析及展望[J].建筑节能，2012.

[11] 樊建军、梅胜，何芳主编.建筑给水排水及消防工程[M].第二版.北京：中国建筑工业出版社，2005.

[12] 北京节能环保服务中心编著.大型公建节能读本[M].北京：经济日报出版社，2006.

[13] 陆亚俊主编.暖通空调[M].第二版.北京：中国建筑工业出版社，2007.

[14] 汪善国编著.空调与制冷技术手册[M].李德英、赵秀敏等译.第二版.北京：机械工业出版社，2006.

思考题

1. 调查校园内的用能设备，并找出能耗最高的用能系统。

2. 试举出三种应用反馈控制进行运作的常见家用电器，并选择一种电器，叙述其运行过程中所包含的反馈控制流程。

3. 对校园不同的区域，比如宿舍、图书馆、教室、食堂、路灯等进行照明光源的调研，分析其是否具有节能空间。

4. 调查学生宿舍的生活热水日常使用量，并提出一些有效可行的节水节能措施。

5. 现场调查校园内一栋建筑（如图书馆、教学楼、行政楼、体育馆、食堂、宿舍楼等）的空调采暖系统，识别系统的主要设备，分析可行的节能技术措施。

6. 在你所在的校园内，寻找至少两处节能设施，画出它们的简要系统图，并说明它们的工作原理。

7. 了解你现在居住的宿舍或住宅的供能方案，并试根据本章所述的内容，提出针对此建筑的节能技术方案。

第9章

绿色校园的室内环境

9.1 概述

普通民用建筑改善室内环境的绿色设计手法,例如利用朝向加强室内自然采光和通风、设置外遮阳改善室内热环境等,对于校园建筑同样适用。校园建筑中的学生宿舍属于住宅建筑,行政楼属于办公建筑,体育馆属于体育场馆建筑,这些建筑的室内环境设计方法可以参考相应的建筑类型的设计方法。对于校园的主要功能建筑,即教学楼,有着诸多自身特殊的室内环境设计要求。例如,教室需要足够的照度,但是要避免眩光。如果太多依赖人工照明会造成能耗升高。

青少年时期在校时间长,大部分时间进行室内学习。因此,室内环境除了满足基本的热环境、声环境、光环境和室内空气质量的要求以外,还应该尽可能地采用自然采光、自然通风等被动环境调节手段,多与室外自然接触,确保青少年的身心健康。

9.2 室内光环境

人类约80%的信息来自视觉感官,因此良好的光环境是保证人们进行正常的工作、学习、生活的必要条件。现代采光技术可以实现最大限度地利用天然光,而现代照明技术可以补充天然光照明的不足,创造一个舒适、节能的人工光环境。

9.2.1 天然光环境

人们依赖适宜的天然光环境从事需要准确识别颜色的各种精细工作,视功能实验表明人眼在天然光环境中的视觉功效较高。由于天然光的变化特点,因此需要从建筑方案构思起就有所考虑，才能创造适宜的天然光环境。

教室光环境应保证学生视觉作业看得清楚、快捷、舒适，且在较长时间里阅读不易产生疲劳。不良的光环境不仅会引起视力减退，还会影响学生身体健康及成长发育。整个教室内应保持足够的照度（包括学生需要集中注意力的黑板），照度分布应比较均匀，使在教室各个座位的学生有相近的光照条件。此外，室内应有合适的亮度分布，消除眩光（包括黑板不产生眩光）。绿色校园建筑应使80%以上的教室、75%以上的办公空间的室内采光系数满足现行国家标准《建筑采光设计标准》（GB 50033）的要求（表9-1、表9-2）。

教育建筑的采光系数标准值　　　　　　　　　　　　表9-1

采光等级	场所名称	侧面采光	
		采光系数标准值（%）	室内天然光照度标准值（lx）
III	专用教室、实验室、阶梯教室、教师办公室	3.0	450
V	走道、楼梯间、卫生间	1.0	150

资料来源：《建筑采光设计标准》（GB 50033—2013）中表4.0.5.

办公建筑的采光系数标准值　　　　　　　　　　　　表9-2

采光等级	场所名称	侧面采光	
		采光系数标准值(%)	室内天然光照度标准值(lx)
II	设计室、绘图室	4.0	600
III	办公室、会议室	3.0	450
IV	复印室、档案室	2.0	300
V	走道、楼梯间、卫生间	1.0	150

资料来源：《建筑采光设计标准》（GB 50033—2013）中表4.0.8.

教室的朝北向教室无直射阳光，光线均匀；南向教室的阳光既为视觉作业面提供照度，还有杀菌和增进健康的作用。现今教室的进深已有明显增加趋势，教室以南北双侧采光为最佳。教室黑板的位置应考虑主要自然光源从学生座位左侧射入。学生作业面的光线最好来自左侧上方。

教室内最容易产生的眩光源是窗口。当窗口处于视野范围内较暗的窗间墙，且衬上明亮天空时，就会感觉很刺眼，致使视力迅速下降；如果看到的天空靠近天顶或太阳位置附近则更刺眼，因此需要采取遮挡措施以避免直视天空。晴天直接射入教室的阳光在被照处产生极高的亮度，如果这种高亮度区域处于视野内就形成眩光；如果阳光直射在黑板或课桌面上情况将更严重。

室内装修对采光有很大影响，特别是侧窗采光。这时室内深处的光主要是来自顶棚和内墙的反射光。因而它们的光反射对室内采光影响很大，应选择最高值。表面装修宜采用扩散性无光泽材料，可在室内反射出没有眩光的柔和光线。表9-3是我国《建筑采光设计标准》（GB 50033）规定的学校、办公室、图书馆等建筑的房间内表面的反射比的要求。

反射比	表 9-3
表面名称	反射比（%）
顶棚	0.60~0.90
墙面	0.30~0.80
地面	0.10~0.50
桌面、工作台面、设备表面	0.20~0.60

资料来源：《建筑采光设计标准》（GB 50033—2013）中表 5.0.4.

　　黑板是教室内学生眼睛经常注视的地方。在采用侧窗时，最易产生反射眩光的地方是离黑板端墙 1.0 ~ 1.5m 范围内的一段窗。在此范围内最好不开窗，或采取措施（如用窗帘、百叶等）降低窗的亮度，使之不出现或只出现轻微的反射。据有关经验，如将黑板顶部向前倾斜装置，与墙面成 10° ~ 20° 夹角，不仅可将反射眩光减少到最小程度，而且使得在黑板上书写方便，不失为一种较为可行的方法。

9.2.2　人工光环境

　　人工光环境设计有功能和装饰两个方面的作用。从功能上来说，建筑物内部的天然光要受到时间和场合的限制，所以要通过人工照明来补充，在室内造成一个人为的光亮环境，满足人们视觉工作的需要。从装饰的角度来说，除了满足照明功能之外，还要满足美观和艺术的要求。这两种作用是相辅相成的。任何一个比较好的室内光环境，都是这两者的有机组合。当然，根据建筑功能的不同，两者的比重各不相同。如工厂、学校等工作场所，要多从功能来考虑，而在休息、娱乐场所，则主要是强调艺术效果。

　　学生在学校里的大部分学习时间是在白天。但在阴雨天或冬季，部分上课时间的室外照度低于临界照度，这时仅靠自然光不能满足教学活动对照度的要求，应采用人工照明补充。此外，夜间也可能有学习活动，因此设计学校教室时，不仅要利用自然光，还应保证良好的人工照明环境。良好的人工光环境需要照明数量和照明质量两方面的保证。首先，照明数量上，为了保证在工作面上形成视度所需的亮度和亮度对比，我国《建筑照明设计标准》（GB 50034）要求教育建筑照明标准值应符合表 9-4 的规定。

教育建筑照明标准值					表 9-4
房间或场所	参考平面及其高度	照度标准值（lx）	*UGR*	U_0	*Ra*
教室、阅览室	课桌面	300	19	0.60	80
实验室	实验桌面	300	19	0.60	80
美术教室	桌面	500	19	0.60	90
多媒体教室	0.75m 水平面	300	19	0.60	80
电子信息机房	0.75m 水平面	500	19	0.60	80
计算机教室、电子阅览室	0.75m 水平面	500	19	0.60	80
楼梯间	地面	100	22	0.40	80

续表

房间或场所	参考平面及其高度	照度标准值（lx）	*UGR*	U_0	*Ra*
教室黑板	黑板面	500*	—	0.70	80
学生宿舍	地面	150	22	0.40	80

注：* 指混合照明照度。

资料来源：《建筑照明设计标准》（GB 50034—2013）中表 5.3.7.

照明质量决定视觉舒适程度，并在很大程度上影响视度。学校人工光环境首先应当考虑亮度比。为了视觉舒适和减少视疲劳，要求大面积表面之间的亮度比不超过下列值：视看对象和其邻近表面之间 3∶1，例如课桌面用浅色无光漆就可降低与白色书本的亮度比；视看对象和远处较亮表面之间 1∶5，例如书本与窗口；视看对象和远处较暗表面之间 3∶1，例如书本和地面。教室内各表面的反射比见表 9-3。

其次，应当避免眩光。人工照明的直接眩光主要来自灯具，高亮度灯光引起在视野内的顶棚、黑板等光滑表面的光幕反射，当出现在视看对象附近时会降低视度。采用不致引起镜面反射的面层材料（例如用磨砂玻璃黑板）、调整灯和窗口位置，以及用合适的灯罩都有助于避免或减弱眩光。

9.3 室内声环境

9.3.1 音质

建筑声环境应当为使用者提供良好的听音效果，特别是校园建筑中的教室、礼堂等以听音为主的建筑，音质往往成为建筑声环境的决定因素之一。听众在室内的听闻效果，不仅取决于声源条件或是电声系统的质量，而且取决于室内的声学条件。

室内音质评价标准应该是听众的主观感受与建筑声环境的客观指标。人们对不同的声信号（语言或音乐等）的主观感受有不同的要求，这些要求称为主观评价标准。相关主观及客观评价指标见表 9-5。

音质的评价指标 表 9-5

	量的因素	质的因素	空间因素
主观评价	响度、丰满度	温暖、华丽、明亮等	方向感、距离感、亲切感、环绕感等
客观评价	声压级、混响时间	混响时间的频率特性、早期衰减的频率特性	与反射声的强度、时间分布和空间分布有关

资料来源：作者自绘.

一般认为，口语声的可懂度 = 语言声功率 + 清晰程度。其中，影响语言声功率的因素包括：听众与演讲者的距离、听众与演讲者（声源）方向性的关系、听众对直达声的吸收、反射面对声音的加强以及扩声系统对声音的加强以及声影的影响等。对听闻清晰程度起作用的主要因素包括：延迟反射声（其中因延迟时间和强度的不同可分为回声、近于回声和混响声）、由于扬声器的设置使声源"移位"、环境噪声以及侵扰噪声等。[1]

教室作为语言交流的厅堂，声源主要是口语声。对于未经放大的口语声，在 3m 远处测量，其 A 声级通常在 30dB（耳语）至 60dB（演讲）之间。一般口语声的声级显然都比较低，因此许多口语声的可懂度是很低的。

为了保证室内良好的音质，可以通过房间容积与体形的控制实现。从声学的角度来说，确定房间容积一般应保证足够的响度（不使用扩声系统）和合适的混响时间来考虑，《建筑声学设计手册》中给出教室的最大允许容积为 425m³，每座容积的建议值是 3.5 ~ 4.5m³。

此外，混响时间也是重要的客观指标，《民用建筑隔声设计规范》（GB 50118—2010）对各类教室的混响时间作出了规定，见表 9-6。当不满足混响时间要求时，会造成声音的叠加，严重影响声音的清晰度。

各类教室空场 500Hz ~ 1000Hz 混响时间 　　　　表 9-6

房间名称	房间容积（m³）	空场 500~1000Hz 混响时间（s）
普通教室	≤ 200	≤ 0.8
	> 200	≤ 1.0
语言及多媒体教室	≤ 300	≤ 0.6
	> 300	≤ 0.8
音乐教室	≤ 250	≤ 0.6
	> 250	≤ 0.8
琴房	≤ 50	≤ 0.4
	> 50	≤ 0.6
健身房	≤ 2000	≤ 1.2
	> 2000	≤ 1.5
舞蹈教室	≤ 1000	≤ 1.2
	> 1000	≤ 1.5

资料来源：《民用建筑隔声设计规范》（GB 50118—2010）中表 5.3.4.

一般教室都是以自然声源为主，为了使声场分布均匀，学生座位布置在以讲台中心点为顶点的 140° 角范围内；房间较大时，设置足够的地面升起坡度；合理分布一次反射声，必要时设置反射面；避免出现回声、声聚焦等声学缺陷。

9.3.2 降噪隔声

从声环境考虑，教学楼可大致分为三类。第一类是要求安静的房间，可称为"静室"；第二类是包含了干扰噪声源的房间，可称为"吵闹房间"；第三类是兼有上述两种性质的房间，例如音乐练习室。

《民用建筑隔声设计规范》（GB 50118—2010）对学校建筑中各种教学用房的室内噪声级作出了规定，见表9-7。

教学用房室内允许噪声级　　　　　　　　　表9-7

房间名称	允许噪声级（A声级，dB）
语言教室、阅览室	≤ 40
普通教室、实验室、计算机房	≤ 45
音乐教室、琴房	≤ 45
舞蹈教室	≤ 50

资料来源：《民用建筑隔声设计规范》（GB 50118—2010）中表5.1.1.

对于教学辅助用房的室内噪声级，规定见表9-8。

教学辅助用房室内允许噪声级　　　　　　　表9-8

房间名称	允许噪声级（A声级，dB）
教师办公室、休息室、会议室	≤ 45
健身房	≤ 50
教学楼中封闭的走廊、楼梯间	≤ 50

资料来源：《民用建筑隔声设计规范》（GB 50118—2010）中表5.1.2.

围护结构的隔声构造处理是保证室内优良声环境的重要举措。在墙体的隔声构造处理方面，对于单层匀质密实墙，比如砖墙、混凝土墙等，为获得良好隔声量，常用处理措施有：双面抹灰；在墙面敷设吸声材料；增加墙体重量；在墙体上铺贴硬而厚的墙板或软而薄的墙板，以避开入射频率的影响范围，避免共振；避免在墙上打洞等。

对于双层匀质密实墙，建议在双层匀质密实墙的中间留设不小于4cm的空气层或在其中间填充吸声材料；调整双层墙的固有频率，避免和入射声波发生共振；避免双层墙有相同的面密度，减小吻合临界频率的影响；采取措施降低双层墙的固有频率，增加其隔声性能；避免"声桥"的产生，如双层墙间必须用刚性连接时，采取特殊措施减小其影响。

对于轻质墙，可以在两层轻质墙间设厚度不小于7.5cm的空气层，对于大多数频带，其隔声量可增加8 ~ 10dB；以多孔材料填充轻质墙间的空气层，可提高隔声量；选择合理的轻质墙层数、填充材料的种类和龙骨类型等。[1]

门是墙体中隔声较差的部件，其周边缝隙也是传声途径。为提高门的隔声性能，可采用面密度较大的材料，要求较高时，还可设置"声闸"，即设置双层门，并在双层门的门斗内壁铺贴强吸声材料；门扇边缘可用橡胶、泡沫塑料条、手动或自动调节的门碰头、垫圈等密封处理。窗是围护构件隔声中最薄弱的部件，可开启的窗隔声性能很差，窗关闭时隔声效果与窗玻璃选用的厚度、密封程度有关，必要时可采用双层窗，但要选择适宜的双层窗间距，还可采用隔声窗。

此外，对于学校的建筑附属设施（如锅炉房、水泵房等）的位置，应避免对建筑物产生噪声干扰。条件许可时，宜将噪声源设置在地下，但不宜毗邻主体建筑或设在主体建筑下。位于交通干道旁的学校建筑，宜将运动场沿干道布置，作为噪声隔离带。如果教室有门窗面对运动场，教室外墙与运动场距离不应少于 25m。音乐教室、舞蹈房、琴房、健身房等产生噪声的房间，如果与其他教学用房设于同一教学楼内，应分区布置，并采取必要的隔声措施。教学楼中间走道、门厅等处的顶棚宜作适当的吸声处理。

为使教室有良好的声环境，应对其进行吸声减噪，比如设置吸声吊顶，教室较大时，还应考虑在教室后墙设置吸声材料等。在具体处理时，除结合音质设计外，还必须考虑装饰效果、经济、可行性以及避免声学痕迹等。

9.4　室内空气质量

9.4.1　概述

在当今社会，人们对室内空气品质和热舒适的要求越来越高。由于社会对建筑相关疾病（Building Related Sickness，BRS）和病态建筑综合症（Sick Building Syndrome，SBS）的广泛宣传，人们越来越重视室内环境对于健康的影响。病态建筑综合症实质上是一种与建筑室内空气品质相关的常见病症，这种情况通常在空调房间比自然通风房间更容易发生。建筑相关疾病的特征有疲乏感、黏膜刺激、头痛和无精打采等。在最近 30 年，上述问题变得越来越严重，主要原因是空调系统普遍使用，建筑物的渗透风量大大减少。

当今社会，人们大约有 90% 的时间是在室内度过的，特别是学生。因此，必须以自然方式或者机械方式向室内提供未经污染的室外空气。室外空气对改善室内空气质量的作用有：满足人员呼吸需求，根据代谢率不同每人需要 0.11 ~ 0.9L/s 不等的新鲜空气；对气体污染物进行稀释，将二氧化碳、气味和有害化学蒸气的浓度控制在可接受的短期暴露限值以下；利用悬浮颗粒浓度较低的（经过滤的）室外空气控制室内悬浮颗粒；利用室外空气含湿量通常较低的特点，控制室内湿度等。

9.4.2　室内空气质量指标

我国《室内空气质量标准》（GB/T 18883—2002）对室内空气质量的要求规定见表 9-9。

室内空气质量标准　　　　　　　　　　　　　　　表 9-9

序号	参数类别	参数	单位	标准值	备注
1	物理性	温度	℃	22~28	夏季空调
				16~24	冬季采暖
2		相对湿度	%	40~80	夏季空调
				30~60	冬季采暖
3		空气流速	m/s	0.3	夏季空调
				0.2	冬季采暖
4		新风量	m³/（h·人）	30	

续表

序号	参数类别	参数	单位	标准值	备注
5		二氧化硫 SO_2	mg/m³	0.50	1 小时均值
6		二氧化氮 NO_2	mg/m³	0.24	1 小时均值
7		一氧化碳 CO	mg/m³	10	1 小时均值
8		二氧化碳 CO_2	%	0.10	日平均值
9		氨 NH_3	mg/m³	0.20	1 小时均值
10		臭氧 O_3	mg/m³	0.16	1 小时均值
11	化学性	甲醛 HCHO	mg/m³	0.10	1 小时均值
12		苯 C_6H_6	mg/m³	0.11	1 小时均值
13		甲苯 C_7H_8	mg/m³	0.20	1 小时均值
14		二甲苯 C_8H_{10}	mg/m³	0.20	1 小时均值
15		苯并 [a] 芘 B（a）P	ng/m³	1.0	日平均值
16		可吸入颗粒物 PM_{10}	mg/m³	0.15	日平均值
17		总挥发性有机物 TVOC	mg/m³	0.60	8 小时平均值
18	生物性	菌落总数	cfu/m³	2500	依据仪器定
19	放射性	氡 ^{222}Rn	Bq/m³	400	年平均值

资料来源：《室内空气质量标准》（GB/T 18883—2002）中表 1.

校园很多建筑属于高密人群建筑，我国《民用建筑供暖通风与空气调节设计规范》（GB 50736—2010）规定高密人群建筑，每人所需最小新风量应按照人员密度确定，具体见表 9-10。

高密人群建筑每人所需最小新风量 [m³/（h·人）]　表 9-10

建筑类型	人员密度 P_F（人 /m²）		
	$P_F \leq 0.4$	$0.4 < P_F \leq 1.0$	$P_F > 1.0$
教室	28	24	22
图书馆	20	17	16
音乐厅、大会厅、多功能厅、会议室	14	12	11
体育馆	19	16	15

资料来源：《民用建筑供暖通风与空气调节设计规范》（GB 50736—2010）中表 3.0.6-4.

9.4.3　改善室内空气品质的综合措施

室内空气品质的优劣直接影响人们的健康，通风无疑是创造合格的室内空气品质的有效手段。但是真正要达到空气品质的标准，还必须采取综合性的措施。

首先，要保证必要的通风量。在校园建筑中，一些空调场所，通风往往被忽视。比如，集中空调系统在运行时不引入新风；风机盘管加新风系统中新风系统经常不开，更有甚者，空调设计者在设计系统时忽略了新风。现在已普遍认为，这类缺少新风的建筑将导致居住者易患"病态建筑综合症"。因此，从设计到运行管理，必须充分重视室内空气品质，而必要的新风量是保证室内空气品质合格的必要条件。

第二，要提高通风系统的效率。送入房间的新风量只有一部分稀释了污染物，另有一部分未被充分利用而被排走。应尽量提高新风有效利用的部分，如使新风的送风口接近人员停留的工作区，排风口接近污染源，安装有效的局部排风系统等，都是有效提高通风系统总体效率的措施。

　　第三，要加强通风与空调系统的管理。通风与空调系统的根本任务是创造舒适与健康的环境。但应该认识到，管理不善的通风空调系统也是传播污染物的污染源。例如，1976年7月美国费城在某旅馆举行宾夕法尼亚退役军人大会时，有 225 人发生类似急性肺炎的病症，几天内死亡 34 人。后查明是空调的冷却塔内繁殖的新革兰氏阴性杆菌，飞扬在空气中而被空调系统的新风口吸入，并经系统传播造成的。这种病症后来被命名为"军团病"（Iegionnaires disease）。我国江汉油田计算站由于空调系统被污染，123 人中结核菌素实验阳性反应者占 71.5%，肺结核病占 13.1%，是全国平均发病率的 24.4 倍。因此，必须加强对通风空调系统的维护管理，如定期清洗、消毒、维修、循环水系统灭菌等。

　　第四，要减少污染物的产生。减少或避免污染物的产生是改善空气品质最有效的措施。在民用建筑中，吸烟的烟气、某些建筑材料散发的甲醛、石棉纤维等都是常见的污染源。禁止在室内公共场所吸烟，不用散发污染物超标的材料无疑是从源头上改善室内空气品质的重要举措。

　　最后，应注意引入新风的品质。用室外空气来稀释室内污染物的通风手段，其必要的条件是室外空气的污染物含量必需很低或无与室内相同的污染物。但目前城市的室外空气质量并不理想。因此，通风和空调系统的室外取风口应尽量选在空气质量好的位置。室外污染物浓度高时，应在系统中安装相应的处理设备。例如，室外空气含可吸入粒子浓度高时，应当安装效率满足要求的空气过滤装置。

注释

[1]　籍仙蓉 . 教室声环境研究 [D]. 太原：太原理工大学硕士学位论文，2006.

参考文献

[1]　柳孝图 . 建筑物理环境与设计 [M]. 北京：中国建筑工业出版社，2008.

[2]　柳孝图编著 . 建筑物理 [M]. 北京：中国建筑工业出版社，2010.

[3]　吴硕贤，夏清 . 室内环境与设备 [M]. 北京：中国建筑工业出版社，2004.

[4]　陆亚俊，马最良，邹平华 . 暖通空调 [M]. 北京：中国建筑工业出版社，2007.

[5]　Hazim B. Awbi 著 . 建筑通风 [M]. 李先庭，赵彬，邵晓亮，菜浩译 . 北京：机械工业出版社，2011.

[6]　林宪德 . 绿色建筑 [M]. 第二版 . 北京：中国建筑工业出版社，2011.

[7]　刘颖 . 北京市中学校园声环境的研究与改善策略 [D]. 北京：北京建筑工程学院，2006.

思考题

1. 结合自己学校的情况，分析学校的建筑在室内声环境与光环境方面有哪些不足？分别可以有哪些改进的措施？

2. 结合自己学校的情况，谈谈改善室内空气质量有哪些可行措施？

第 10 章

绿色校园的室外环境

10.1 绿色校园室外环境的界定与营造宗旨

绿色校园室外环境指相对于校园建筑的外部空间环境，包括校内广场、运动场、花园、林地、草坪、水体、道路、停车场等不同界面、不同用途的空间类型。

绿色校园室外环境的营造宗旨包括以下方面。

（1）绿色校园室外环境应成为对师生、对社会具有教育和示范意义的"绿色课堂"

绿色校园是帮助不同专业的学生认知自然、热爱自然、感识人与自然和谐共生关系的鲜活教材，绿色校园室外环境应能吸引学生积极、能动地投入绿色校园室外环境的建设、改造、创意、组织与实施工作。

（2）绿色校园室外环境是促进师生开展交流、讨论、观演、运动及其他户外活动的户外承载平台

绿色校园室外环境既要提供便于群体活动的交往场所，又要设置适宜个体独处的阅读、思考空间。

（3）绿色校园室外环境应能促成环境友好型整体生态系统的建立

绿色校园室外环境与校园外围环境、校园内部建筑互为补充、互相支持，促进校园内的生物（人、动物、植物）和非生物共同构成低能耗、省资源、可持续、良性互动、环境友好型的整体生态系统。

10.2 绿色校园室外物理环境的健康舒适性特征

绿色校园建设的目的是在校园中建立人与室外环境的各种自然或非自然物之间的友好联系，并由此创建出反映人与自然或非自然物之间友好共生关系的特色景观。

10.2.1　改善校园小气候环境

顺应"天气"指针对气象物理特征进行小气候环境调节，营造适宜师生户外活动的校园室外环境，需要结合大气、光、风、声、温度、湿度、嗅觉环境等多方面因素综合考虑。

（1）减少大气污染

校园外部环境的空气污染源为建筑及实验室排放气体、食堂锅炉排放气体、室外机械设备排放气体和校内车辆排放尾气，治理校园空气污染即针对这些污染源采取相应措施。

1）对校园内部设置监测点或者校园智能大气监测系统，实时观测、分析 PM2.5、PM10、SO_2、NO_2 等数值变化，通过综合布线将监测数据传输到室内外显示屏，加强师生对环境问题的关注度，对突发环境事件预警并及时采取应对措施。

2）控制校园实验场所排放的有害、有毒气体，针对这类气体排放采取过滤装置和其他处理措施；食堂排烟通道安装油烟净化和过滤装置，以燃烧更充分的燃气锅炉代替燃煤锅炉，可使用景观绿化对燃煤锅炉房、垃圾站等进行隔离。

3）为减少校园空气污染，对校园内使用燃气、燃油的机动车实行限行管制，同时建立便捷、连续、使用清洁能源的校园公共交通体系、自行车通行系统和步行系统，同时配备相应的公交站点、单独的自行车出入口、充足的自行车停放场地及车架，以及方便步行者使用的休憩设施（图 10-1）；各学校根据自身情况制定相应条例，对校园内停定机动车时，内燃引擎的最多空转时间提出限令。

4）减少对吹叶机、剪草机等大功率、高能耗园林电动设备的使用，减少校园空气污染，所用园林电动工具需满足国家环保局相关排放标准。

5）禁止在校园外部公共空间吸烟，并设置明显的严禁吸烟标识。

图 10-1　大学城地区自行车通行系统（同济大学、复旦大学、财经大学等高校聚集的上海杨浦五角场地区，结合学生与自行车流量大的特点，鼓励低碳出行，特设自行车租赁点及高校之间的自行车专用道）
资料来源：作者拍摄.

图 10-2　阿卜杜拉国王科技大学（King Abdullah University of Science and Technology）
资料来源：P6-15，Chen Liu. Green Architecture[M]. Design Media Publishing Limited，2011.

（2）校园室外光环境与景观营造

我国多数地区冬季寒冷，采光条件良好的区域是非常受欢迎的，特别是在缺乏采暖设备的校园，在课间时分有大量学生聚集在教学楼外部享受日光。因此，除了室外的座椅之外，草坡、大台阶、低矮的栏杆、宽大的花坛边缘等，都成为学生乐于就座、倚靠的景观设施。

反之，对于夏季日照强度大的区域，遮光防晒设施是校园室外景观营造时必须考虑的要素，充分而连续的树荫、遮光棚架、廊道等内容均可能成为人气旺盛的实用景观。例如，运动场地的布置尽量争取南北向布置，开放活动空间的周边建筑物及景观设施要避免使用大面积玻璃、镜面不锈钢等材料，如果无法避免，则考虑使用遮檐、绿篱、树荫或构筑物来调节反射光。校园室外环境应提供充分的夜间照明，以保证师生晚间校园活动需求为前提，鼓励利用可再生能源，或低能耗的照明形式，避免光污染，形成符合学校自身特点的夜间照明景观。

（3）校园室外风环境与景观营造

良好的室外通风组织是营造健康校园空间的前提。特别是位于城市高密度地区的校园，深受"热岛效应"影响，需要有良好的通风来疏解污浊空气。应结合对地区风速、风向及校园建筑布局情况的分析，通过建筑群体及室外构筑物规划设计、地形塑造、植物配置、水体设计等来影响风压、组织校园风道，保证使用者在校园室内外空间活动时的自然通风，避免因热环境超过极限值而发生夏季中暑。例如：阿卜杜拉国王科技大学（King Abdullah University of Science and Technology），位于沙特阿拉伯，长年气候极端炎热、潮湿，故通风和遮荫是室外环境设计中的首要考虑因素。为此，校园建筑群体布局相对紧凑，缓减了被日光曝晒的室外场地比例；更为重要的是，通过建筑组群规划，在校园中心位置形成一条景观步行"脊"，该"脊"线的走向与当地主导风向重合，是一条可充分吸纳、引导来自西南方红海新鲜空气的通风道，对改善整个校园的通风环境和保持室外环境的舒适度起到决定性作用（图 10-2）。该项目入选美国建筑师协会环境委员会（AIA/COTE：American Institute of Architects/ Committee on the Environment）评选的"2010 年十大绿色工程"。

（4）声环境

根据 2008 年 8 月 19 日环境保护部和国家质量监督检验检疫总局发布的《声环境质量标准》（GB 3096—2008），学校属于 1 类声环境功能区，其昼间噪声标准为 55dB，夜间为 45dB。校园内的噪声来源可分为来自外围城市和校园内部车辆的交通噪声、来自校办工厂或其他建筑机械设备的生产噪声、来自师生公共活动产生的生活噪声，以及来自建筑装修、工程作业等的施工噪声等。为减弱噪声对师生产生的不良影响，建议选高大浓密的常绿树作为隔声屏障植物，且叶片尽可能及地；如树木分枝点较高，则种植树叶稠密、近地生长的灌木或绿篱。教学区声环境要求较高，需与校园外围城市道路、校园内部体育运动及休闲活动区保持足够距离，或使用高大乔木、墙体、起坡、喷水等设施作为吸声物质或隔声屏蔽；对于校园内行驶的车辆，需要制定相关条例限制鸣笛。

（5）温度环境

热季降温：利用植物的呼吸作用降温，通过在校园内配置不同层次的植物群落，协同产生较大的降温幅度；水体也是可借以降温的景观元素，如喷水能促进水分蒸发，使周围空气降温 2～3K。寒季增温：在为冬季严寒地区进行植物选种时，应保证足够的落叶树种，为室内外空间透射更多冬季阳光。

（6）湿度环境

增加湿度：利用水体、喷泉、喷雾改善校园湿度条件；植物的呼吸作用可为空气增加大量水分（如 $1m^2$ 的林地在一天中可产生 22L 水）。

（7）嗅觉环境

校园植物是极佳的空气清新剂，当人们步入历史悠久、植被丰富的老校区时经常会有神清气爽的感觉。校园中可适当配置散发清香气味的花草，有助于净化空气、消除疲劳，增加校园外部环境的吸引力。

10.2.2　保育校园水土环境

改善基地水体和土壤地质条件，配合地形、地貌特征营造校园室外景观。同时，制订分阶段的水土保育计划，达到最终不使用化学制剂、保持水土安全的目的。

（1）水体保育

1）上游水质控制：上游水质对校园水体有直接影响，需要定期进行监测。如水质污染严重，超过上游河川湖泊的自净能力，则需要督促和协调相关部门做好水质治理工作，或者在上游水源进入校园前进行预处理，避免校园内部水质遭受不良影响。

　　2）改善地表水水质：对校园内原有水体、水系加以分析，建立合理的水循环体系。为保护水中生物健康成长及校园用水安全，利用构造湿地、水生植物、植物浮岛、喷泉跌水等景观营造方法改善水质，利用水生动植物吸收水中养分和控制藻类滋生，及时消除富营养化及水体腐败的潜在因素等，促进水体生态系统的良性循环。尽量采用生物操控和物理学方法改善水质，减少和摒弃对化学药剂的使用。

　　3）涵养地下水：改善生态环境及强化天然降水的地下渗透能力，补充地下水量，减少因地下水位下降造成的地面下陷。

　　4）缓减地表径流及雨洪污染：结合校园的综合雨水管理系统及低影响开发（LID，即Low Impact Development）理念，通过可组织可渗水地面、渗滤池、生态洼地、雨水花园、蓄水井（渠）等形式，尽可能就近解决雨水渗滤、积蓄与雨污处理问题，以减少地表的雨水尖峰径流量，从而降低因雨水径流携带垃圾、细菌、金属、化工制剂等有毒、有害物质进入地表水体、地下水体及市政管网系统所产生的水质污染危害。

（2）土壤条件

　　校园室外环境可以为师生提供更多的直接接触土地的机会，而改善土壤自身条件、提高土壤及地下水的安全性，也是保证校园动植物健康生长、保持室外环境所必须的。具体要求包括：尽量减少化学肥料的使用，使用堆肥等替代肥料；尽量减少杀虫剂、除草剂、杀菌剂等化学制品的使用，使用综合性病虫害治理法、生物或微生物法来消除虫害困扰；降雪地区的校园使用生态环保型融雪剂。

　　首尔梨花女子大学

　　韩国首尔的梨花女子大学（Ewha Womans University）校园中心位于山谷地带，其最具吸引力的空间当属结合地形设计的入口"峡谷"，将坡地景观与兼具教室、图书馆、剧院、商店、健身、管理等功能的覆土建筑融为一体（图10-3）。

图10-3　韩国梨花女子大学
资料来源：倪旻卿摄．

10.3　绿色校园室外生物环境的生态友好型特征

与建筑室内空间不同，校园室外空间的使用者不单单是在校师生，还有共生其间的动、植物。校园室外环境应能建立有益校园生物环境的良性生态循环，满足校园中人、植物、动物的各自特点和对外部环境的不同需求，促进校园内部空间的生物多样性发展，构筑人与动、植物栖居者友好相处的共同家园。

10.3.1　生物共栖家园营建的基本要求

对于原生态环境良好的大学校园，要注重保持和强化场地的生物环境优势，突显其生态教育和示范意义，并以此带动校园整体的生态景观环境建设；对于缺乏自然生态环境的校园而言，则需要有意识地组织和营建适合多生物共栖的场地空间。

由于大学校园空间资源相对丰富，可结合地形条件、水系分布、建筑布局等组建大小不一的系列生态空间，如生态洼地、雨水花园、构造湿地、生态林地等。相对于耗费资源的规则式园林布局（如修剪绿篱、大草坪等），这类尽现自然风貌的生态园地维护成本很低。它们不仅能提供赏心悦目的优美校园景观，更可为校园内的动、植物提供适宜的生存和生长条件，促成校园中的植物、动物及人（群）乐意滞留的共栖家园。

为了充分发挥大学校园外部环境的生态教育作用，应根据学校自身特点，采用文字、图片、模型、视频或其他媒体方式，对校园中的植物、动物及生态教育基地进行简要说明或深入引导教育，使接近校园外部空间的师生及时了解身边环境、爱护身边环境，真正感悟人与其他生物及外部环境之间的共生共栖关系。

10.3.2　人 – 景互动

校园室外环境应能鼓励师生开展生态教育及相关活动，师生可以将其利用为生态与可持续发展相关专题研究、学习、分析、思考的实验基地，或者作为促进学生和教师针对生态环保问题展开交流、对话的室外论坛，对于彰显学校整体环境素养有举足轻重的意义。

人是校园环境中最富有活力的景观要素，特别是作为主要使用者的学生群体，本身即是校园中最富活力的风景。校园室外环境营造不仅要满足其开展教育文化交流活动的场景要求，同时需配合使用者（学生／教师）的心理和行为特征，并尽可能营建多用途、易转换的弹性空间。

（1）"人 – 景"交流空间：个体活动空间

大学校园的外部环境，应能为学生提供独处学习的安静场所、为教师及科研人员提供没有干扰的思考空间。其环境特征多表现为相对封闭，又以植被丰富、生态环境良好的场地更受欢迎。所以，在校园中可以将树林、湿地、屋顶花园等环境利用起来，设置适宜的室外休憩桌椅或小品设施，形成舒适宜人的独处空间。

在大学校园中，室外小品及景观设施的设计可以不拘一格、突破常规，在彰显大学校园文化特征的同时，体现其青春、动感、充满活力和创新精神的特质并提升空间吸引力。当师生滞留于这类空间后，很容易融入环境之中。他们会因喜爱而关注身边的生态环境，所以，为这些场地因势利导地设置生态教育主题的环境装置及说明性文字，更能引起师生共鸣。例如，美国新汉普郡州的基恩州立大学（Keene State College）科学中心的庭院，堪称开展自然科学教育第二课堂的典范。该庭院面积790m²，景观设计师与学校教职员工们密切合作，将新汉普郡州的自然景观植入其间，为师生提供了促进地质、植物和生态意识形成的现场实验室。庭院的铺地图案和材料示例了本土的地质地层，从地下伸出的大石块提供了研究自然岩石构成情况的实物，植物配置反映出新汉普郡州的本土植物体系及其进化过程，庭院中的两口井分别用以监测水质和地下水位。由于庭院的景观设计与专业课程设置紧密相关，这里成为启发教育与自我放松的绿色空间（图10-4）。

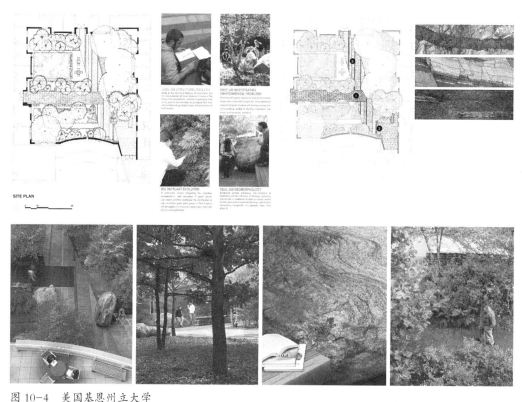

图10-4　美国基恩州立大学
资料来源：Dirtworks PC. Keene State Science Center Courtyard by Dirtworks PC[EB/OL], 2005. http://www.landezine.com/index.php/2013/01/keene-state-science-center-courtyard-by-dirtworks.

（2）"人－人－景"交流：群体活动空间

大学校园的室外开放空间除满足个体活动需求之外，还要适宜群体活动。大学校园可以成为一个供不同学科专业、不同生活背景、不同意识形态的师生展开交流、讨论、集会等活动的交往空间和开放舞台。在绿色校园中，公共空间除提供常规的师生交流讨论、游戏互动等功能外，更重要的是为开展有组织的生态教育活动提供了广阔空间。

大学校园是开展生态与可持续教育的良好场所，既提供了前沿的知识储备，又不乏开放的教育空间。如校园农场体验、植物绿化活动、校园美化活动、户外生态讲堂、地球日活动等，都是大学校园中常见的绿色教育活动。对于方兴未艾的我国绿色校园建设而言，国外许多高校已有不少成熟案例，值得我国绿色校园行动借鉴和学习（表 10-1）。

国外高校绿色校园建设活动组织示例		表 10-1
与废弃物回收利用相关的活动	康涅狄格大学 University of Connecticut  资料来源：美国康涅狄格大学官方网站 http://today.uconn.edu/blog/2013/08/uconn-is-sierra-clubs-no-1-coolest-school	在绿色活动日，生态屋学习社区的学生（绿色）和 EcoHusky 的学生（蓝色）在 Campel 屋前教育人们废弃物循环使用的知识
	康奈尔大学 Cornell University, Ithaca,New York  资料来源：塞拉俱乐部官网 http://www.sierraclub.org/sierra/201309/coolschools/slideshow/top-ten-cool-schools-cornell-university-5.aspx	借助天然的大斜坡 Libe Slope，康奈尔大学每年举行一次"大坡日"（Slope Day）期末聚会活动，学生志愿者以实际行动教育和引导他人加入收集可回收和可制作堆肥垃圾的行动中

续表

与生态农场建设相关的绿色校园活动	斯坦福大学 Stanford University	 资料来源：塞拉俱乐部官网 http://www.sierraclub.org/sierra/201309/coolschools/slideshow/top-ten-cool-schools-stanford-university-7.aspx	"斯坦福采摘行动"的成员，前往主庭院空间收获枇杷，再将果实捐给饥饿救援组织
	加利福尼亚大学戴维斯分校 University of California, Davis	 资料来源：塞拉俱乐部官网 http://www.sierraclub.org/sierra/201309/coolschools/slideshow/top-ten-cool-schools-university-california-davis-4.aspx	春秋收获季节，每周组织校园集市活动，向校园内外的顾客提供生态农场的产品
	狄克森学院 Dickinson College, Carlisle, Pennsylvania	资料来源：塞拉俱乐部官网 http://www.sierraclub.org/sierra/201309/coolschools/slideshow/top-ten-cool-schools-dickinson-college-2.aspx	学生为校园有机农场铺设太阳能光电板，为农场灌溉提供电能

续表

植物种植、美化校园行动	美利坚大学 American University	资料来源：塞拉俱乐部官网 http://www.sierraclub.org/sierra/201309/coolschools/slideshow/top-ten-cool-schools-american-university-9.aspx	春季，学生参加每年一度的校园美化日活动，在校园内植树
	康涅狄格大学 University of Connecticut	资料来源：塞拉俱乐部官网 http://www.sierraclub.org/sierra/201309/coolschools/slideshow/top-ten-cool-schools-university-connecticut-1.aspx	学生在校园内的花园播种

（3）多用途弹性空间

大学校园的土地资源有限，而校园师生的活动内容却可能是多样变化的。因此，在校园外部空间规划设计中，需要有意识地留设多用途的弹性空间，以减少不必要的土地开发，同时提高场地的利用率。例如，顺应草坡走势设置层级的石块或木桩阶地，既可以减少对原有植物的破坏，又能保持在草坡上躺卧的休憩功能，还可借此作为露天剧场的观众席；通过将枝形整齐的乔木呈网格状布局，结合可渗透地面的几何化铺装，可以赋予空间多种特质。加拿大西索加城的谢尔丹学院（Sheridan College）新校区学者绿园（Scholars' Green Park），由榉树树阵和几何化的草坪构成多用途空间，如树林、露天讲堂、休息草坪、室外茶座、公共广场等（图 10-5）。

图 10-5 加拿大谢尔丹学院（Sheridan College）新校区学者绿园（Scholars' Green Park）
资料来源：Scholars' Green Park，gh3[EB/OL]，2012.http://www.landezine.com/index.php/2012/11/scholars-green-park-by-gh3/.

10.3.3　植物选种

（1）校园植物选种基本原则

植物是校园环境中的重要元素，在选择具体植物类型时需遵从以下原则。

1）凸显教育意义

作为绿色校园生态教育的重要素材，校园植物的选种可以结合学校的专业设置特点，并与生态环保教育内容相配合。如结合校园生态农场建设，选择果树、庄稼、蔬菜等类型，营造可食用的景观；或结合水体治理需要，选择滨水植物、挺水植物、漂浮植物、沉水植物等，营造湿地景观。

2）适宜场地条件

选种植物时必须综合考虑基地的土壤条件（如土质、硬度、厚度等）、坡度、光照、水源、风环境等；增加适应当地气候及土壤、地形条件的乡土植物的数量和种类，严格控制和动态监测外来物种引入。

3）顺应植物自然生长习性的植物配置方式

注重植物生长习性与种群关系，结合校园外部空间的不同使用意向及具体用途，配置不同层次的校园植物景观。

4）为校园动物提供食物和庇护所

校园植物的选种，要考虑校园鸟类、鱼类、昆虫及其他校园动物对应的生长环境需求（如栖息、筑巢等），并能为它们提供食物来源（如植物的花蜜、果实等）。

5）满足人的功能活动需要

兼顾校园外部空间内动态与静态活动的功能需要，如作为视线遮挡、视线引导、遮荫、防噪等方面功能性植物的要求；考虑安全性问题，选用病虫害少、对人体无毒害的植物；在人群活动密集处，避免使用有刺植物（如刺槐、蔷薇、枸骨等），以及容易刺激呼吸道的植物（如杨树、柳树的雌株）。

6）注重视景效果

既要考虑从外部空间观景的视觉效果，也要关注依托校园建筑向外观看的近、远景效果，所以植物的色彩、高度、分类、分区等都需要经过全面、综合的规划设计。

（2）校园植物生长条件与原生态环境塑造

为了给校园植物创造更加适宜的生长条件，可以通过一系列措施促成原生态环境的形成，例如以下方面。

1）采用有机护根物

以乔木树干为中心、直径2.5～3m的范围内，使用可再生有机护根物，减少土壤表面水分蒸发，保护植物免遭冬季风干作用伤害；避免采用易损伤树干和积聚垃圾、泥沙的金属格栅，影响植物根系呼吸。

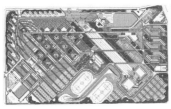

图 10-6 沈阳建筑工程学院稻田景观

资料来源：沈阳建筑工程学院——稻田校园实景 [EB/OL]. 定鼎网 http://www.ddove.com/picview.aspx?id=34754.

2）使用有机堆肥

由于大多数校园位于城市区域，生态环境相对严峻，需要适时为植物增加养分。学校可以联系专业公司或组织专人利用落叶、剪草、废弃有机物等制作有机堆肥，减少或停止使用化学肥料。

3）利用生物方式减少植物病虫害

为了应对病虫害这一植物生长过程中的重大问题，同时避免农药、杀虫剂等化学制剂对校园生态环境的负面影响，可通过植物、病害、虫害、天敌的生态关系分析，利用植物病虫害综合治理体系（IPM）来控制病情或消灭虫害。

（3）绿色校园植物景观示例

沈阳建筑工程学院稻田景观。该基地原属高产农田，且东北稻每年有 150～200 天的生长和观赏期。经景观设计师的创造性工作，这一低成本、低技术的校园稻田成为沈阳建筑工程学院极具特色的标志性景观（图 10-6）。

10.3.4 动物选育

（1）动物选育基本原则

与植物选种相似，动物选育时也要遵循如下原则。

1）凸显教育意义

选育动物时，应结合大学专业设置及生态环保教育需要，选择有代表性的、生长相对粗放的物种。如建设蜂房以观测蜜蜂，引入鸡、鸭、鹅等家禽类以观测其在校园环境中的生活、产卵、孵化、成长过程，为研究水生动物与水域生活环境的关系而引入鱼类或其他水生动物等。

2）适宜在校园环境中生长的动物

根据大学校园建筑（群）的单体和组合形式特征，在校园内形成或分散、或连续的大小室外空间，这些空间均可能成为潜在的生物聚居地。通常，植物数量和种类比较多的场地，其动物的数量和种类也相应较多，特别是带水体环境的湿地环境，其生物多样性特征最为明显。

3）根据校园生物链关系选育适宜动物

分析校园生物链构成，结合校园环境特征和原生动物情况来确定校园重点培育的动物类型，并为其建设相应的宜居环境。例如，在繁殖小鱼的水池中，应避免引入龟鳖、牛蛙等两栖动物，以防小鱼被捕食。

4）符合人的心理特征

由于校园动物需要经常与人接触，在选育校园动物时必须考虑师生的心理特征，避免选择体量大、气味重、有毒害或存在潜在危险的、或其形象容易让人产生不适联想的动物。

（2）校园动物生长条件与原生态环境塑造

为了给栖居校园的小动物们提供更加适宜的生长条件，可通过以下措施促成原生态环境的形成。

1）为选育动物打造适宜生境

例如，为两栖动物提供天然石材或原木砌筑的水池驳岸，以及自然式浅滩，确保其能够安全、便捷地进出水域；又如，为鸟类提供安静、干扰小的场所筑巢，并配植多浆果、梨果、核果、球果等肉质果的乔灌木，尤其是越冬挂果的植物，更能在植物稀缺季节满足鸟儿的营养需求；如果校园内松鼠活跃，则需注意多种植干果资源丰富的红松、云杉、落叶松、栎树及保护林地环境等。

2）增设小动物喜好的人工景观设施

通过增设一些特有植物或人工景观设施来吸引小动物，如色彩鲜艳的浆果类灌木、萤火虫湿地、鱼池、小鸟浴盆、人工鸟巢等。开设工程设计类专业的高等学府还可利用学科优势展开针对小动物生活栖境的教学任务、设计竞赛及相关活动。

3）设置无干扰的生态岛

如果校园的自然式水池或湿地面积足够大，建议在其间设置人无法抵达的水中岛，并在岛上配植湿生花卉和灌木。这种生态小岛即是水禽、水鸟、青蛙、乌龟等所喜爱的庇护地。即使场地条件不便建小岛，也可利用沉木露出水体的部分，作为校园动物的栖息地。

案例：香港中文大学坡地生态系统优化与动物保育

依山而建的香港中文大学素以校园景色著称，有77%的校区被植被覆盖，植物品种超200种，包括香港地区大多数的常见品种。枝繁叶茂的成年大树吸引着大量鸟类驻留，不仅有很多当地鸟类，更有春秋季途经以及冬季从北方极寒地区飞来的候鸟。据2003年校园记录，共发现131种鸟类，相当于香港鸟类品种（448种）的30%。

在香港中文大学校区内有全香港最大的小白腰雨燕（Apus Nipalensis）群落，这种小鸟善于在空中捕食，据说每天可以消灭10000000只小昆虫，对于保持中文大学校园的生态平衡有重要作用。所以，香港中文大学从2007年6月起开展针对该鸟类的生态评估工作，并坚持每月对其进行监察。通过全校师生的努力，校园内的鸟类得以安全、健康地生存，活跃于校园建筑与树丛之间的大量小鸟如今已成为香港中文大学一道惹人注目的风景，这是其他校园即使耗费巨资也无法获取的重要生态资源。

10.3.5　校园生态教育基地建设

（1）校园生态教育基地的教育意义

在校园内建设生态教育基地是大学校园绿色行动的重要环节。特别是一些植被丰富、水系充分的老校园，生物多样性比较明显，人们能在校园中观赏到令人惊喜的动、植物景观。如百年学府清华大学的小树林、小荷塘、老图书馆旁，有数十种鸟类栖居，如北红尾鸲、灰头绿啄木鸟、灰椋鸟、黄腹山雀，其中还有国家二级保护动物，如夜鹭、蓝歌鸲、红隼、鸳鸯、东方角鸮等。

生态教育基地能引导师生认识场地群落生态系统的种群关系和链式结构。在教师指导下，学生和志愿者对生态教育基地的动、植物生长状况展开实时或定期检测，结合生物链及种间关系的比较分析，避免因恶性竞争而导致生态失衡，以推动生态循环向良性方向发展。例如，在需要进行水质治理或因景观需要而种植水生植物的水域，要严格控制那些对这类水生植物破坏性大的水生动物放养；再如，植物能为鸟类、昆虫及校园小动物提供食物和生长家园，而鸟类、昆虫等动物又是大量植物害虫的天敌，当虫害减少后，对于杀虫剂的需求相应削减。

（2）配合校园生态教育基地组建绿色校园组织

事实上，为推动校园整体生态系统的良性发展，仅针对教育基地内的动植物进行监测和分析是不够的。在校园中，需要成立专门机构或组织来执行针对生物多样性的管理工作，或组织学生、志愿者参与部分生态保护工作，帮助师生从总体上了解和研究校园生态系统，以更好地维护校园动、植物资源。在校园生态教学与管理部门的引导下，可以组织学生共同绘制校园树木或整体生物的分布图，对有保护价值的动、植物进行名目编注和信息更新，定期监测和记录校园各种动植物的生长状况，妥善、及时地清除动物排泄物，配合相关机构密切观测植物虫害、排查动物传染病，为动物集中生活区域留设缓冲区或采取系列保护措施等。

（3）多管齐下，积极能动地推动校园生态基地建设

大学校园中可有意识地重点培养和构建适宜多种生物共同生活的室外环境，结合雨水管理系统及中水回用系统的组织，以有机农场、雨水花园、生态苗圃、构造湿地（图 10-7）、自然林地等形式，为开展生态知识普及与教育工作提供鲜活教材和体验基地。

在 2012 年全球 215 所大学参加的绿色校园排名（UI Green Metric University Ranking）中，名列榜首的是美国的康涅狄格大学（University of Connecticut），这是一所非常重视生态环境教育的学校，共开设了 600 多门与可持续相关的课程，40% 以上的研究人员都参与了有益环境的原创性学术工作。该校在绿色校园评选时的教育类得分达 1530.74，远超排第 2 位的另一所美国大学诺丁汉大学（University of Nottingham）1000 多分；同年，由美国

图 10-7 同济大学校园湿地园
资料来源：作者拍摄.

图 10-8 康涅狄格大学的春谷农场
资料来源：美国康涅狄格大学官方网站 http://dining.uconn.edu/spring-valley-farm/.

最大的民间环保组织 Sierra Club 及 Sierra 杂志组织的"Coolest School"排名活动中，康涅狄格大学同样位居首位。该校建造了供学生在其中劳作的春谷生态农场（Spring Valley Farm）（图10-8）及其他相关设施，不仅保证了 50% 的本土食物供给量，且每年将 800t 农业废弃物转化为堆肥，并以农场为据点开展了多种生态教育课程及活动。如该校校长 Susan Herbst 所言，"任何在康涅狄格大学就读的学生，如果没有具备深刻的保护地球的责任感，就不能获得学位。"

生态保育是一项长期、持续的工作，需要学校制定一系列与植物选种策略、生物多样性培养、生态教育基地建设相关的具体条例，以保持生态保育工作的连贯性和长期实效；需要以生态教育基地为据点，做好整个校园的生物体生长实测记录和资料研析工作，帮助师生了解校园生态系统的历史背景和发展状况、生态价值等，也为校园的后续生物多样性发展建设规划提供重要依据。

10.4 绿色校园室外环境与室内环境的整体景观营造

绿色校园强调校园整体的资源节约，校园建筑物的室内外环境经营者也需要进行整体考虑和综合平衡。校园外部环境空间不仅应配合校园绿色建筑针对风、热、水、光等方面的能量利用与运转需求，与之产生高效互补的有机联系，还可通过建筑外庭、建筑内庭、中庭、屋顶花园、垂直绿化等设计，加强校园建筑室内外环境的景观整体感和连续性。

10.4.1 室外庭院与建筑内庭

在气候适宜的春秋季节，与建筑毗邻的室外庭院、建筑内庭等具有可进可退的空间特点，这类空间非常受师生欢迎，可结合建筑特征布置为休憩茶座、咖吧等设施。通过增

图 10-9　香港理工大学红磡湾校园塔楼空中花园

资料来源：香港专上学院红磡校区 / 理工大学社区学院 [N/OL]. 中国建筑报道网 http://www.archreport.com.cn/show-6-487-1.html.

加师生在建筑庭院空间活动的可能性，促进了人与外部生态系统之间的联系。既可减少建筑内部能耗，又能延续建筑内部功能。香港理工大学红磡湾校园建筑曾荣获"香港环保建筑大奖 2008 '新建建筑类别' 优异奖（Merit Award in the New Construction Category of the Green Building Award 2008，Hong Kong）"。其突出特点即是在塔楼中设置了螺旋状上升的空中花园，不仅有助于学术交流，也有利于建筑与周围环境之间的空气流通，对改善室内环境发挥了重要作用（图 10-9）。

10.4.2　屋顶绿化与平台花园

屋顶绿化、平台花园是近年来在校园建筑中日益普及的绿化形式，因其独特的位置优势而形成方便师生就近使用的私密空间。校园建筑的屋顶花园又常常被设计划分为屋顶图书馆、室外阅览室、工作盒等相对独立的小空间（图 10-10）。

屋顶绿化还可与太阳能、风能、地热能等可再生能源利用体系，雨水收集与管理系统等整合设计，配合屋面新材料、新技术、新工艺项目的开发，成为学校开展科技创新与节能、可持续教育的实验场地。如果建筑物的结构条件许可，建议采用可栽植乔、灌木的密集型屋顶绿化形式，以更好地发挥校园屋顶空间的生态价值。

图 10-10　德国斯图加特的 EnBW 城

资料来源：Fascination Green Roof 官方网站 http://www.fascination-greenroof.com/projects/enbw-stuttgart/72.

10.4.3　垂直绿化

巧妙利用建筑物的垂直空间进行绿化种植，不仅能产生独具特色的立体景观效果，而且有助于改善和调节校园建筑的内外小气候条件，从而形成宜人的学习、生活或工作空间。如果将这种垂直绿化的具体实践与创新理念加以引导，可以成为高校开展生态与可持续教育工作的良好素材。

参考文献

[1]　American Institute of Architects. AIA 2010–2012 Designs of the New Decade[M]. Design Media Publishing Limited，2013.

[2]　Chen Liu. Green Architecture[M]. Design Media Publishing Limited，2011.

[3]　环境保护部，国家质量监督检验检疫总局 . 环境空气质量标准（GB 3095—2012）[S]，2012.

[4]　康雄辉，秦华 . 生态与文化在高校校园景观中的表达 [J]. 人文园林，2013（6）.

[5]　中国城市科学研究会绿色建筑与节能专业委员会 . 绿色校园评价标准 [S]，2013.

[6]　（美）尤德森（Yudelson J.）著 . 绿色建筑集成设计 [M]. 姬凌云译 . 沈阳：辽宁科学技术出版社，2009.

[7]　杨强 . 西安建筑科技大学草堂校区生态校园模式研究 [D]. 西安：西安建筑科技大学，2010.

[8]　香港特别行政区立法会 . 汽车引擎空转（定额罚款）条例（2011 年第 3 号条例）[S]，2011.

[9]　王瑞辉，马履一，奚如春等 . 北京 7 种园林植物及典型配置绿地用水量测算 [J]. 林业科学，2008（10）.

[10]　宗净 . 城市的蓄水囊——滞留池和储水池在美国园林设计中的应用 [J]. 中国园林，2005（3）.

参考网站

[1]　绿色日报官方网站 http://www.thedailygreen.com/.

[2]　普林斯顿评论（Princeton Review）官方网站 http://www.princetonreview.com/.

[3]　印度尼西亚大学开设的世界绿色大学排名官方网站 http://greenmetric.ui.ac.id.

[4]　美国历史最悠久、规模最庞大的一个草根环境组织塞拉俱乐部官方网站 http://www.sierraclub.org.

[5]　美国景观建筑师协会（ASLA）官方网站 http://www.asla.org/.

[6]　美国建筑师协会（AIA）官方网站 http://www.aia.org/index.htm.

[7]　斯洛文尼亚的促进景观建筑协会（Landezine–Society for Promotion of Landscape Architecture）网站 http://www.landezine.com/.

[8]　美国康涅狄格大学官方网站 http://today.uconn.edu/.

[9]　新京报网站 http://www.bjnews.com.cn/news/2012/10/28/230169.html.

[10]　香港中文大学官方网站 http://www.iso.cuhk.edu.hk/chinese/resource/photo–album/thumbnail/central–campus.html.

[11]　清华大学官方网站 http://gu.cic.tsinghua.edu.cn/.

[12]　景观中国——中国景观行业门户网站 http://www.landscape.cn/paper/zpsx/2006/200662210.html.

[13]　Andropogon Associates 设计事务所网站 http://www.andropogon.com.

思考题

1. 对自己所在校园的室外环境进行观察、调研，找出 3 ~ 5 处你认为生态、节能的场地，或 3 ~ 5 处你认为需要经过改造、重建来增加"绿色"的场地，撰写 500 字的调研报告。

2. 联合其他专业的同学结成小组，自选一处校园室外环境，将其改建设计为更加"绿色"的空间。方案表达形式不限，可采用图、文、实物等形式。

第11章

绿色校园文化

绿色校园文化是生态文明建设的重要组成部分。校园文化对学生价值观、行为观的培养有着重要的影响。学校作为培养社会未来的建设者和接班人的摇篮，必须积极开展生态文明宣传教育，构建绿色校园文化，这对于提高全社会的文明程度具有深远的意义。

绿色校园文化是指以"绿色"理念为核心的校园文化体系。它是以学生为主体，以教师为主导，以提高师生员工绿色文化素养及审美情操、培养合格绿色人才、建立师生员工的可持续发展观为目标的校园文化。[1]构建绿色校园文化是一个包括环保教育、建设"绿色学校"、维护校园自然和人文环境建设的有机系统，实现这一系统的目标是要通过一系列全方位的建设措施，将"绿色"的理念贯穿于学校的办学、管理、教学、育人等各项工作之中，在校园内形成以可持续发展观为准则的学习和工作环境。

11.1 绿色校园文化的意义及内容

11.1.1 绿色校园文化的意义

绿色校园文化建设是生态文明建设的重要组成部分。学校特别是大学承担着文化传承、知识创新、人才培养、服务社会等重要职能。在绿色发展成为时代主题的今天，大学必须在校园文化中营造绿色教育氛围，把可持续发展理念有机地融入大学学习和教育中，培育以绿色为特色的大学文化，营造浓厚的绿色文化氛围和科学氛围。要通过大学的教育传播和带动作用，引领社会公众更好地参与环境保护和资源节约型的生产和生活方式，使环境保护的理念和各种行为方式能够深入到社会大众心中，切实实践可持续发展。

（1）绿色人才培养

人才培养是各国在竞争与合作中的重要手段。人才培养不只是知识传授，更重要的是素质教育。只有一流的素质教育，才能增强国家的综合实力，建设创新型国家。高校学生是未来建设事业的参与者，其整体素质和知识结构，直接影响国家可持续发展事业的进程。传统的校园里，学生对绿色文化缺乏深入的认识和理解，绿色行为没能形成校园文化。绿色校园文化要求建立一些合理利用自然资源、改善生态环境、人与自然共荣共存的生态教育、环境教育等方面的教学内容，培养学生全面发展的能力，形成和树立生态文明的科学观念。通过校园文化与课堂教育相结合，逐步培养学生的绿色意识。[2]绿色校园文化不仅对学生的学习、生活、心理起到良好的调节作用，而且也会对规范学生的文明行为习惯，促进学生素质的全面提高起到潜移默化的作用。

（2）有效推动绿色研究

建立绿色校园是推动绿色文化研究、实现校园可持续发展的重要条件。高等学校在国家实施可持续发展战略中肩负着重要的责任和义务，而建设绿色校园是这一责任和义务的重要体现。学校可以充分利用教学科研平台的优势，在建设资源节约型、环境友好型社会中推动绿色文化研究。

学校的使命是教育和科研创新，绿色校园的发展从理念到实践需要将人才培养、科学研究和社会服务三者相融合。[3]绿色校园会推动人们的行为向保护生态环境的文明方式变革，也会对人们的世界观、价值观、道德观产生变革。因此，高校绿色文化建设是推动绿色文化研究的重要力量，校园的绿色文化是催生整个社会绿色文化发展的深厚沃土，是学校人文传统和优良校风的根本之源。

（3）社会辐射力

在以绿色校园文化为文化环境的教育背景下，用绿色理念引导人，用绿色教育培养人，用绿色校园陶冶人，学校师生员工都会受到潜移默化的影响。由此会将绿色文化的理念付于行动向社会各领域宣传、扩张、辐射，从而推动绿色社会的建设。

绿色文化的辐射效应主要包括内外两个方面。内涵建设方面，将绿色理念通过环境教育向德、智、体、美、劳等学校其他教育领域渗透。构建绿色的课堂，构建以人为本、精细独到、数字化、可测量的环境质量管理体系，发展、完善和强化环境教育特色，让绿色文化所推动的可持续发展观不仅仅限于环境保护，而是将绿色文化里所包含的"保护环境"、"节能减排"、"和谐发展"等原理融入人与人，人与社会的交流和互动过程中，由此让校园成为可持续发展的典范和绿色坐标，散发绿色文化的魅力，积聚更多推动绿色生态的正能量，增强绿色生态文化向社会各方面辐射的能力和影响力。

向外辐射方面，校园的绿色文化可以向其他学校、社区、企业进行绿色辐射。发挥"绿色校园"的特色、优势和辐射力，通过一系列环境教育和宣传活动，寻找具体、可行、易操作的形式，在社会各领域宣传和实践绿色生态文化。通过构建"绿色校园"，引发社会各行各业对于绿色文化发展的兴趣，推动社会企业对绿色生态发展和绿色科学技术的参与、开发与投资，为提高全社会的环境管理能级和环境水平作出应有的贡献。

（4）优化学校资源利用

绿色校园文化的重要内容是"倡导绿色生活，创建绿色校园"，从而实现校园资源的优化利用。绿色文明的重要标志是在"节能减排、环境友好"观念的指导下，养成以低能耗、低污染、低排放为特征的低碳生活方式和行为习惯。倡导绿色生活需要摒弃讲排场、比阔绰、浪费不在乎、污染不在意、损坏环境、危害生态等陋习，从"衣、食、住、弃、学、行"六个方面培养良好的节约资源、爱护环境的行为习惯。[4]最终实现资源消耗的减少，树立一种适度的物质消费的绿色生活新风。

资源优化的关键在于减少已有资源的浪费，提高资源利用率，指引校园绿色行为习惯，从而实现学校资源的优化利用。例如，学校水资源的循环利用，校园中的冲厕用水、绿化用水及道路冲洗等方面都可以利用中水。通过这种循环利用水资源，可以相当程度地节约水资源。因此，绿色校园文化的建设一方面将可持续发展理念有机地融入教育中，另一方面为节约资源、减少能耗、实现资源优化利用起到典范作用。[5]

11.1.2　绿色校园文化的内容

校园文化具有丰富的内容。从以让·皮亚杰为代表的结构主义观点出发，校园文化包括校园物质文化、校园文化活动、校园规章制度、校园精神、校园价值取向等要素，各要素之间通过自身及相互间的"扬弃"过程，达到相互联系、相互影响、相互制约，从而构成校园特有的文化氛围。[6]

从价值观的内涵出发，校园文化是学校全体师生员工在长期的办学过程中培育形成并共同遵循的最高目标、价值标准、基本信念和行为规范，基于此，校园文化包括四个方面：精神文化、物质文化、制度文化和校园文化活动四方面。[7]

从社会文化结构的角度出发，校园文化包含校园物质文化、校园制度文化和校园精神文化三个由浅入深的层次。[8]

构建绿色校园文化，一方面是要建设绿色校园环境；另一方面是要让学生在学校期间，通过学校环境的感染、规章制度的导向、教师的引领影响逐渐形成一个健康的体魄、丰富的情感、美好的心灵，为学生的未来发展奠基。概括起来，绿色校园文化包含环境文化、行为文化、精神文化和制度文化四方面内容。

（1）环境文化

环境文化是绿色校园文化的载体之一。绿色校园环境文化应以建设"资源节约型、环境友好型"校园为目标，以"丰富植物品种、保护校园生态、提高绿地质量、建设精品景观"为原则，以加强净化、绿化、美化、生态化的自然环境建设，创建集森林化、花园式、充满现代绿色气息的生态型校园为手段，保证校园的绿化率在一定比例，使全体师生员工受到绿色文化熏陶。绿色校园环境文化还包括因地制宜，合理规划校园，采用科学的绿色建筑技术方案，如节能和可再生能源利用、节水与水资源优化利用、节材与材料资源优化利用、室内外空气品质净化处理等环境文化是绿色校园文化发展的前提条件，是绿色校园文化活动赖以生存和发展的必要基础，它体现着大学生态文明理想和人文精神，反映着一种特殊的文化氛围。

（2）行为文化

绿色校园行为文化是指全体师生员工在学校开展的各项活动中产生的活动文化。如通过组建社团开展各种绿色活动，增加学生的环保知识、提高学生的环境意识、改变学生的行为方式、形成绿色行为习惯。另外，通过组织相关专家、环境部门领导及业界人士为学生开设与绿色文化有关的讲座，使学生系统地接受绿色文化教育理论和实践知识；通过成立环保或绿色志愿者协会，开展绿色校园宣传活动和多种形式的护绿清污志愿活动。

绿色校园行为文化活动的开展能够让全体师生员工在行为上规范自己，在思想上提升自己，通过"自我教育"的行为使学生绿色健康的个性得以张扬，不健康的恶习得以改正。

（3）精神文化

精神文化是绿色校园文化的思想核心，是其他几种校园文化的灵魂，是建设绿色校园文化的思想指南。现代社会的人才不仅仅要有精而广的知识，更要具备创新能力，不单纯要有做好本职工作的热情，更要有一种对社会、对环境负责的人文精神和环保意识。通过塑造绿色校园精神文化，可以把绿色教育理念作为培养学生全面发展的基本原则，使绿色意识成为学生文化素养的重要方面，从而对传统的以"人"为中心的价值观进行正确审视，引导师生员工对人类的价值观进行深层和全面的思考，使全体师生员工恪守尊重人、尊重自然的价值道德责任，追求人与自然和谐发展的情怀与境界，从而实践绿色生活方式、节约资源和减少污染的健康行为。

（4）制度文化

制度文化是绿色校园文化各组成部分间的联结点，是维系学校正常秩序和校园文化整体发展的保障系统，由学校校园文化精神、价值信念凝结而成，并以文字为载体，通过一定程序的组织活动显现于外，是学校的外显文化。[9]只有通过制定绿色校园文化相关规章制度和管理规程，实施校园绿色管理，才能使学校全体师生员工都能自觉爱护和维护校园环境。学校各级管理部门在教学、实验、科研、生产及生活的各个环节都应实践资源优化利用，提倡绿色消费，对校园内产生的各种废物进行有效处理和综合利用。绿色校园制度文化要具体建立清洁文明教室和宿舍制度，使校园充满绿色生机，成为四季常青的绿色校园。在绿色管理实践中，使广大师生员工养成保护环境、节约能源的习惯，成为具有可持续发展观的生态人。

11.2 绿色校园文化制度

11.2.1 绿色校园文化规章制度

（1）绿色校园文化制度的基本内容

近年来，绿色校园文化理念已被广泛地接受和认同，但要使这种理念转变为行为和实践就需要有一定的规章制度。单纯的口号式理念很难改变学生的行为并形成绿色的价值观，完善的规章制度和科学的管理方法的结合，是学校推行绿色校园文化的保障。绿色校园的规章制度是绿色校园文化建设的重要内容，学校可以参照国内外的环境保护相关法律法规，并结合学校的实际，制定符合各自学校特色的绿色校园规章制度，并在校园内推广实施。基于对绿色校园基本内容的认识，绿色校园规章制度主要内容包括以下几个方面：

1）绿色校园评价制度。校园绿色评价体系可以用"绿色度"来体现，划分"硬件"评价和"软件"评价两个方面。[10] "硬件"主要是指校园环境质量、校园建筑规划、校园污染物控制及处理等校园内的基础设施方面。"软件"是指绿色教育、绿色人才、绿色科研和绿色行为等校园文化建设方面。评价制度可以分别从"硬件"和"软件"两个方面筛选指标。在设置指标时应考虑指标的科学性、可量化性、全面性、系统性、代表性等原则，然后可以通过科学方法确定各指标的权重。通过基于权重化优化构建的指标体系，最终可以确定"绿色度"评价的量化模型。

2）绿色校园激励制度。在激励制度下，师生员工参与建设低碳校园文化的热情能得到更好的发挥。对校园所有建筑、设施及设备在使用过程中所消耗的水、电、热量分季度或年度进行调查统计、分析和评价，制订相应的奖惩措施，用经济杠杆对水电使用进行调节，建立自我管理、自我约束的绿色用水用电机制，增强师生的环境成本意识、节能意识、责任意识。

3）绿色校园监控制度。校园可以建立数字化能源和资源消耗监控系统，实现精细化绿色校园管理。比如，对学校食堂的浪费现象和各实验室排放的废气废水进行监督。在监控制度下，学校能提高能源使用率，减少废物产生，节约资源，从而促进校园的绿色文化建设。

（2）绿色校园规章制度建立的措施

1）制定和实施绿色校园规划

树立高校绿色发展理念。学校应以绿色发展理念推动绿色校园建设，建立以绿色为主题之一的新的学校发展模式。绿色校园规划要求树立绿色发展观，将绿色发展观视为推动学校发展的基本取向，把绿色发展观实践体现在教学科研、规划建设、制度设计、工作安排中。绿色校园文化要基于绿色教育观，以促进人的全面发展为根本出发点，有机融合科学教育、人文教育、环境教育，培养具有绿色发展观念的教师，尊重学生的主体地位、主体精神、主体实践和主体创造，最大程度地满足学生对绿色知识的需求。

绿色校园发展规划要突出科学性、前瞻性、可行性，注重将校园作为一个整体进行系统规划，提高能源资源利用效率，使绿色规划的经济、社会、环境效益最大化。校区建设规划要充分利用节能减排技术，注重合理利用校园土地，规划合理的容积率、绿化率，统筹路、网、水、电、气等道路、管线配套设施建设。规划需要管理机制和经费上的保障。[11]

2）严格执行既定规划

校园规划具有刚性和严肃性的特征，绿色校园规划得不到执行或朝令夕改就失去了意义。对于绿色校园建设规划的实施，要集聚师生员工的智慧和力量，形成执行规划的合力，保持执行的一致性和积极性。第一，要明确责任主体，对照绿色校园建设规划的具体内容，结合内设机构的职责，分解和细化规划中涉及的各项内容；第二，明确责任分工，制订可行的执行计划和工作措施，并及时反馈执行过程中存在的困难和问题；第三，要规范运作流程，保证规划执行基础上的资金投入、畅通信息沟通渠道；第四，强化督促检查，健全监督机制，创新监督形式，鼓励老师和学生参与到监督队伍中，对绿色校园建设规划的实施情况、实施效果、项目质量等进行及时、全面的检测评估和跟踪检查，针对督查中存在的问题提出应对的方案和妥善处置措施，并建立责任追究制，惩戒违规行为。

3）推进绿色教育

教育教学模式直接关系到人才培养质量，与学生的知识、能力、素质息息相关。学校应结合绿色节能教育教学特点推进教育模式创新，借助数字化校园平台，开辟绿色节能网络课堂教学渠道，将教学讲义、课件、参考资料等进行数字化处理，统一放置在网络服务器上共享，并逐渐完善电子教材、网络教学的教学模式，打造学生自主学习平台。坚持理论教学与实践教学有机结合，探索与绿色节能技术研发或与绿色节能相关产品生产的企业开展联合办学的教育模式，将实验室与教室结合，在授课的同时使用有关环保、节能减排的实验设备进行实验，促使教与学、理论与实践的紧密结合。

4）绿色教育评价方法

绿色教育评价是对完成绿色教育活动、教育过程和教育结果进行评价，为绿色教育管理和建立绿色校园文化提供依据的过程。[12]绿色教育评价以建立绿色文化质量的教学评价准则为核心，将绿色教学质量作为联系教师、学生、管理者三方的纽带，以学生的绿色知识和绿色行为作为核心衡量指标，将学生日常的绿色节能生活行为、精神文明素质等引入评价模型。

5）促进低碳科学技术研发与应用推广

学校要有明确的绿色节能技术的研究开发方向与重点，对接国家战略新兴产业发展，发挥基础研究和高技术领域原始创新生力军的作用，承接与国家战略性新兴产业发展和低碳与环保产品生产核心技术的研发工作；瞄准世界绿色节能研究前沿，拓展具有广泛国际交流与合作的渠道、培养大量具有创新思维和创新能力的人才；发挥开展综合交叉研究的学科等优势，研究开发先进的绿色节能技术。

6）培养和传承绿色校园文化

学校应将绿色校园建设与校园文化建设有机融合，借助文化传承的载体，创建低碳校园建设的品牌。建设绿色校园物质文化，以校园绿色建筑、绿色基础设施、绿色监管平台、绿色技术设备等为承载物，让师生员工认识到这些承载物的基本原理、使用方法、实际效果等相关知识，让师生切身感受到浓厚的绿色生活氛围。在校园广泛宣传绿色生活的重要性和必要性，树立绿色生活典型，宣传绿色健康行为，曝光浪费行为。

11.2.2 绿色校园管理体系的建立与实施

建立绿色校园管理机制是绿色校园建设的有效保障。学校应建立科学化、智能化、数字化的绿色管理体系，健全评价机制、激励机制、监控机制。建立绿色校园，需要改革学校的传统管理模式，可借鉴ISO14000的理念，建立一套规范的管理体系。[13] ISO14000系列标准以在组织内部建立环境管理体系、并持续改进这一体系为目标，包含规划（Plan）、实施（Do）、检查（Check）、改进（Action）等四个关联的环节。在借鉴ISO14000标准体系的基础上，"绿色校园"管理体系包括下列步骤。

（1）建立绿色校园管理机构

组织结构与职责分工是实现创建"绿色校园"目标的组织保证。学校应结合各自学校的行政体系构建绿色校园管理的层次机构，具体包括最高管理层、绿色校园管理办公室、院系成立的绿色管理小组、班级的绿色校园代表等。在建立绿色校园管理体系时要与各部门原有的工作相结合，把环境管理要求固化到教育行政管理部门和分院系教学岗位职责中，使之科学配置，优化管理。

（2）完善绿色校园管理运行措施

管理措施建设要做到有的放矢。绿色校园管理以校园建筑、设施、设备使用过程中的能源消耗和校园清洁文明卫生为主要对象，学校应参照所在地区的水电、能源定额标准及实际能耗统计结果和环境标准，研究制定合理的校园水电和能源定额使用制度，建立校园水电使用、能源消耗等基础数据的专项统计制度与方法，科学规范水电、能源的使用管理、费用收缴等工作，对校内各部门执行节能标准、能耗运行状况、终端能源消费等实行动态监管。加强校内能耗审计、公示，及时消除跑、冒、漏、滴等浪费现象，强化调查研究、统计分析工作，总结分析能源资源使用情况和存在的问题，为绿色校园建设和实践提供数据参考。

（3）绿色校园环境表现评审

环境表现评审是制定和完善各种管理细则的依据，通过了解校园具体绿色环保情况，识别影响环境的因素，发现存在的问题，从而做出改善的措施。环境表现评审对象包括：学校的绿色环境目标和方针、绿色教育组织机构、师生员工环保意识和行为水平、教学科研活动中的绿色要素、校园环境质量、校园污染控制措施等方面。[14]

（4）绿色校园管理的改善和持续性

学校绿色校园各级管理机构应当及时检查和评价绿色校园建设的绩效，以确保目标计划的实施，目的是检查所建立的管理体系是否符合标准要求，对管理体系的适宜性、有效性和充分性进行评估，一旦发现管理体系存在不足应及时进行反馈并纠偏。

实践绿色校园是一个实现可持续校园文化目标的动态过程。这个过程中有许多因素影响管理的效果，或者对管理体制提出评价要求。因此，绿色校园管理是一个持续性的建设、实施、改善的动态过程。

11.2.3 资源保障及管理

（1）人才管理

绿色校园文化建设是一个包括各方面、各部门的有机系统，有效实施和管理好这个系统的关键是绿色校园管理人员。要对绿色校园管理人员进行选择、培养和正确地使用。绿色校园文化建设是通过这些管理者具体落实各种措施，从而实现包括领导者、管理者、教职工、学生的全员参与。

学校领导层要有与绿色校园管理人才沟通的机制。管理人员之间也要保持沟通和交流，互相配合，各尽其责。培训自身的绿色文化和意识，在师生员工之中作绿色文化建设的表率。绿色校园管理人员也要自觉地接受监督、考核和评审。考核和评审是检验管理人员知识和能力的方法，是对管理人员工作效果的评定，科学的评审能达到有效的激励作用，提高管理人员的积极性。考核和评审都是保证校园绿色文化建设的有效手段。

（2）资金管理

推动绿色校园文化建设需要资金的支持，为保证绿色校园文化建设资金的充沛及合理使用，需要对这部分资金的筹措和使用进行计划、控制、监督、考核等项工作，以推动绿色校园文化建设的健康发展。

1）资金筹措

为保证绿色校园文化建设资金的充沛，学校应建立资金筹措方案，通常包括政府拨款、社会支持、自筹资金等途径。学校应建立有效的绿色校园建设的融资运行和激励机制，争取一切可能的资金支持，通过绿色校园文化建设专项经费，为学校绿色文化建设发展奠定经济基础。

2）资金使用

绿色校园义化建设专项资金的使用情况直接影响校园绿色文化建设的效果，要建立相应的规章制度，以保证经费的投入和合理使用。

（1）确定绿色校园建设的财务管理体制，构建各种绿色文化建设活动的预算体系。学校应对绿色文化建设资金进行财务分析，建立预算执行结果考评制度，加强预、结算管理，依法筹资建设绿色校园，减少浪费，实现经费资源的优化利用，将学校专项资源充分利用到校园绿色文化建设发展上。

（2）加强资金保障制度建设。学校应建立绿色校园文化建设专项经费投入的保障措施，确保绿色校园环境建设、绿色意识教育理念建设等绿色校园文化建设的可持续开展，将各项目标费用的使用情况公开公布。

（3）提高学校资金管理的透明度，建立方便于政府、捐赠者、学校有关部门对资金的使用进行监督的机制，防止专项资金滥用、乱用现象的发生，使绿色校园文化建设可持续发展。

（3）校园环境资源管理

环境资源管理是建设绿色校园文化的重要组成部分，是绿色校园文化物质化的表现形式。

学校可以充分运用教学科研平台，将节能技术运用到绿色校园建设的实践中。积极推广节能、节水、节材新技术，对建筑节能提出要求，对环境污染和垃圾、污水进行及时处理与回收，提高校园资源利用率，逐步完善校园基础设施，构建绿色、低碳校园。学校应考虑自身的文化底蕴以及自身文化特征，优化利用校园环境资源，注重校园的文化设计。保障校园绿色文化的建设符合校园绿色文化的内涵，使校园成为师生员工学习、生活和工作的理想场所。

11.3　绿色校园文化实践

11.3.1　绿色消费

（1）绿色消费的含义

关于绿色消费的含义有几种解释，其中主要有：①把绿色消费概括为三 R 和三 E：Reduce——减少不必要的浪费；Reuse——修旧利废；Recycle——废物循环再生利用；

Economics——经济实惠；Ecological——生态保护；Equitable——遵循平等和人性原则。②绿色消费观可以概括为五个 R：Reduce——节约资源、减少污染；Revaluate——绿色环保生活；Reuse——循环利用；Recycle——分类回收、循环使用；Rescue——保护自然、万物共存。中国消费者协会参照国际上对绿色消费的 5R 概念，提出绿色消费的三方面含义：一是从消费对象看，消费者选择的是未被污染或有益于公众健康的绿色产品；二是从消费过程看，节约资源、注重环保和生态平衡及其良性循环；三是从消费结果看，本着自然和健康的原则，对自己有益、对他人无害、对环境不会产生负面影响，最终实现可持续消费。[15]

综合这些含义解释，绿色消费的核心是：在以人为本，遵循可持续发展的原则，满足人们基本生活和发展需求的前提下，保护环境、节约资源和能源，追求一种健康的生活消费方式。绿色消费倡导的是适度消费、理性消费和低碳环保消费。

（2）绿色消费行为

归纳起来，绿色消费行为主要包括三方面的内容，即消费无污染的物品，消费过程中不污染环境，自觉抵制和不消费那些破坏环境或大量浪费资源的商品等。绿色消费很大一部分体现在我们的日常购物行为中。这些日常行为对于培育绿色消费有着重要的影响，例如：①少购买一次性产品。一次性使用的塑料杯、餐具和剃须刀等非绿色消费行为都是人们贪图方便而破坏环境的例子。②购买可循环使用的产品，如使用可循环使用的环保购物袋。③尽量购买散装的物品。当购买大量日常的用品时，尽量选择那些散装的商品，这样可以减少在包装上的浪费。④选用可充电的电池。常规的电池含有镉和汞，废弃的电池会对自然环境造成严重的污染，而可充电电池使用寿命更加长久，花费更节约，同时可以减少有毒物质的污染。⑤选择能效级别高的产品。空调、洗衣机、冰箱等产品都有能效标志，我们在选用商品时选择能效高的产品，不仅能节约能源，还可以减少碳的排放。

11.3.2　节约资源

节俭是中华民族传承千年的传统美德，与绿色消费有着重要的渊源。绿色校园文化建设，要培养学生拒绝攀比的心理，注重自我素质的提高。学生应首先从自身做起，培养、形成节约的意识。工作或学习结束后，离开宿舍或教室前，及时关掉相应电源（如：灯、空调、电脑、饮水机等），做到人走灯灭；拒绝或减少使用一次性物品和不可降解的塑料袋，避免资源浪费和环境污染；实行"光盘行动"，"因量度食"，拒绝浪费粮食；洗漱洗澡时注意节约用水，用完水后或见到滴水的水龙头，及时拧紧，避免跑、冒、滴、漏的现象发生，杜绝"长流水"；节约用纸，提倡双面用纸，减少纸张消耗，将纸张等可再生资源重复利用和分类回收，用过的书籍教材可以传递给下一届的同学使用；充分利用图书馆、教室学习资源，杜绝无效占座。

为了培养学生的绿色行为观念，学校必须具备相应的绿色硬件设施，创造绿色的校园环境，主要包括以下几个方面：节地与室外环境，包括绿化场地选取利用、地下室空间的利用、透水地面、屋顶绿化、空中花园及人工湿地与景观的结合，校园必须具备一定比例的绿色地带。节能与可再生能源利用，提高围护结构热工性能，减少建筑能耗；充分利用太阳能，有条件的校园应尽量广泛使用可光伏发电系统、太阳能热水系统；加强废热的利用；利用地球浅层的地热能资源进行供热、制冷；建筑内装修可采用浅色调，增加二次反射光线，减少白天的人工照明，节省照明能耗。节水与水资源利用，优化校园给水系统，建筑采用中水处理与回用、雨水收集与利用、景观水体水质安全保障等措施；推行节水器具；对生活污水进行生物净化处理并加以利用。

11.3.3 卫生环境

构建绿色校园卫生环境首先应以建设"资源节约型、环境友好型"校园为目标，以"丰富植物品种、保护校园生态、提高绿地质量、建设精品景观"为校园绿化原则，加强净化、绿化、美化、生态化的校园自然环境建设，创建集森林化、花园式、充满现代绿色气息、具有绿色文化特色为一体的生态型校园，科学地修造人文景观，做到"校在绿中，人在景中"，让师生员工徜徉其间，受到绿色文化熏陶。[4]

校园全体师生员工要加强自身行为的约束，养成讲卫生的良好习惯，不断增强对校园的环境保护意识，树立"校园是我家，卫生靠大家"的思想意识，做到自觉维护校园卫生环境，爱护校园公共设施，合理利用资源，减少污染物排放，对垃圾进行分类处理及回收再利用。加强宣传教育，提高师生员工的绿化、卫生环保意识，并不断激发师生员工的爱校荣誉感，使师生员工自觉做到不乱扔、乱倒、乱吐、乱画、乱张贴，营造人人爱绿化、讲卫生、人人爱校园的良好氛围，创造宜人的校园卫生环境。构建绿色校园卫生环境，需要完善并细化卫生管理制度，建立卫生环境管理岗位责任制，进行定期的人员考核。[4]

11.3.4 健康行为

影响人们健康的因素是多方面的，其中主要有环境因素、生物因素、生活方式因素和保健服务因素。其中环境对人类健康影响极大。1960年代以后，人们逐步发现生活方式因素在人类全部死因中的比重越来越大。例如，1976年美国年死亡人数中，50%与不良生活方式有关。

生活方式是指人们长期受一定文化、民族、经济、社会、风俗、家庭影响而形成的一系列生活习惯、生活制度和生活意识。师生员工的健康行为是绿色校园文化的重要表现形式，包括：在最后离开办公室或宿舍时随手关灯，用厕后冲水、洗手，不大声喧哗，在公共厕所自觉排队，不乱丢垃圾，不随地吐痰，使用二次旧塑料袋、旧书报杂志等生活习惯。

注释

[1] 金玉婷.构建绿色校园文化建设的评价体系[D].北京：北京林业大学，2006.

[2] 胡凯.建立中国特色的大学生心理健康教育模式的思考[J].中南大学学报（社会科学版），2005:256-260.

[3] 刘延东.加快建设中国特色现代高等教育努力实现高等教育的历史性跨越[J].中国高等教育，2010（18）：4-9.

[4] 朱本义.论大学校园绿色文化建设[J].中国电力教育（下），2010（9）：177-180.

[5] 刘万里，鞠叶辛.绿色校园发展建设策略研究[J].沈阳建筑大学学报（社会科学版），2014：235-239.

[6] 白同平.高校校园文化论[M].北京：中国林业出版社，2000.

[7] 于晓阳，徐淑红，周芳.校园文化建设新趋向[M].长春：东北师范大学出版社，2005.

[8] 王绑虎.校园文化论[M].北京：人民教育出版社，2000.

[9] 罗丽华.论高校校园制度文化建设[J].教育探索，2007（3）:202-205.

[10] 宋凌，李宏军，林波荣.适合我国国情的绿色校园评价体系研究与应用分析[J].建筑科学，2010：12-25.

[11] 谭洪卫.高校校园建筑节能监管体系建设[J].建设科技，2010（2）：15-19.

[12] 陈文荣，张秋根.绿色大学评价指标体系研究[J].浙江师范大学学报（社会科学版），2003（2）：89-92.

[13] 韩慧林，王贵民，何惠宇等.ISO14000环境卫生评估与管理——以实践大学高雄校区绿色校园为例[J].危机管理学刊，2014（2）：69-80.

[14] 陈士明，明芳.高等学校建立环境管理体系的探讨[J].重庆环境科学，2003，25（11）：7-9.

[15] 胡日东.我国绿色消费的现状、问题及对策[J].福州党校学报，2004（2）：56-59.

参考文献

[1] 伍大勇.对绿色校园文化建设的思考[J].教育科学论坛，2007（12）:64-65.

[2] 凌云，蔡文联，李顺兴.论校园绿色文化建设[J].中国集体经济，2009（7）:146-147.

[3] 郭毅夫.打造绿色校园践行低碳生活[J].内蒙古科技与经济，2012（1）：28-29.

[4] 李久生，谢志仁.论创建"绿色大学"[J].江苏高教，2003（3）：25-27.

思考题

1.高校绿色校园文化建设的基本理念是什么？

2.高校绿色校园文化建设的辐射效应有哪些？

3.高校校园绿色评价体系应包含的主要内容是什么？

4.绿色校园文化建设的主要措施有哪些？

第12章

绿色校园运营管理

在传统校园运营管理中，校园卫生保洁、校园绿化管理、校园公共设施维护，校园安全管理等是校园运营管理的重要工作内容。传统大学校园运营管理属于经验式、粗线条和相对被动的模式，特别是作为绿色校园重要内容的能源校园管理，一直被忽略。绿色校园的运营管理在传统校园的运营管理的基础上，进一步强调在校园的运营管理过程中，实施最大限度地节约资源、保护环境和减少污染，为师生提供健康、适用、高效的教学和生活环境，把校园管理成一个与自然环境和谐，对学生具有环境教育功能的校园。

12.1 绿色校园运营管理现状、政策和特点

12.1.1 校园运营管理现状

随着高校师生急剧增加，多校区现象日益普遍，校园运营管理现状也随之更加复杂。2008年建设部和教育部联合发布了《关于推进高等院校节约型校园建设进一步加强高等院校节能节水工作的意见》（建科〔2008〕90号）后，建设节约型校园成为各高校运营管理的热点、重点工作。经过大量的调研，发现目前的大学校园运营管理模式尚不成熟，存在如下问题。

（1）运营管理制度建设不到位

1）节能制度不健全。许多学校虽然在争创节约型校园，但是并没有配套完善的能源管理制度，表现在制度缺失、制度不详细无法落实、制度对责任人的职责规定不清等方面。完善的能源管理制度是有效实施能源管理的基础，没有制度的保障，能源管理最多只能停

留在口头上。[1]

2）监督工作力度不够。国家缺乏对高校节能工作的监督考核，教育部门虽出台了一些关于节能、节约型校园建设等方面的措施，但没有制订具体的目标要求和配套的可操作措施，没有将节能要求纳入高校考核指标体系中。高校面临的外部监管压力不大，而高校内部又缺乏对节能工作的奖惩和考核机制，各部门的节能动力不强、积极性不高，节能工作较为被动。

3）管理人员业务素质低。虽然大多数高校基本上都有专职的节能管理人员，但人员平均学历较低，临时聘用工人所占比例较大，专业能力不强，整体素质偏差，执行部门人员只是重复性地从事计量收费工作，不具备更深层次的能效分析、节能挖潜、节能监管、督查等全方位的管理能力。[1]

（2）使用者节约能源意识不强烈

虽然很多高校都开始争创"节约型校园"，然而，许多学校普遍存在师生对节能问题观念落后、危机意识不够、认识不足和不清楚的现象。在许多人看来，能源管理只是学校管理部门的事情，与自己无关。因此，在日常生活中不约束自己的行为，不采用节约的方式，漠视各种浪费现象。如高校的学生公寓、教学楼以及实验楼"长明灯"、"长流水"现象严重；办公室长时间不用的电脑、饮水机、教学设备、空调在无人的情况下照常运转；电炉、电热水器等电气设备不合理使用现象严重。此类现象反映了师生员工节约意识的淡薄。[1]

（3）能源消费结构不合理，基础设施陈旧

长期以来，由于受传统经济体制和观念的制约，普遍存在着"重钱轻物"和"重购轻管"的现象，共享意识与节约意识薄弱，甚至在部门之间还存在着攀比心理，致使旧的设备不肯用，低档的设备不想用，人家用过的设备不愿用，故出现了资产重复购置、闲置、利用率低的现象。另外，很多高校的旧校园是20世纪计划经济年代的建筑，供水、供电、供气等基础设施陈旧落后，年久失修，线路老化，供水管道和设施锈蚀，跑、冒、滴、漏浪费严重，造成高校的水电支出十分惊人。[2]

（4）节能技术有待改善

在节能新技术、新产品、新工艺普遍应用的今天，许多高校由于受到经费的限制没能进行节能设备的全面覆盖或更新，导致在节能监控方面很难达到节能管理的要求，有些校园内计量电表和计量水表的安装不到位，如除了经营性的部门安装了电表，办公楼、教室和实验室等都不装电表，职工住宅水、电表损坏不能及时更换，最后导致学校在能源、资源和资金方面的多重浪费。另外，节能技术的缺陷还导致不合理的能源供需，造成能耗增加。[1]

12.1.2　校园管理的相关政策

（1）《教育部关于建设节约型学校的通知》（教发 [2006]3 号）（2006年 1 月 26 日）

为进一步贯彻落实国务院《关于做好建设节约型社会近期重点工作的通知》（国发[2005]21 号）和《国务院关于加快发展循环经济的若干意见》（国发 [2005]22 号）等文件精神，积极做好建设节约型学校工作，要求各地各学校要充分认识建设节约型学校的重要意义，把建设节约型学校作为学校发展战略列入"十一五"规划和中长期发展规划；积极推进技术进步，提高资源利用率；加强制度建设，深入推进管理体制和运营机制改革。要在学校日常工作中加强节约管理和教育。[3]

（2）《关于加强国家机关办公建筑和大型公共建筑节能管理工作的实施意见》（建科 [2007]245 号）（2007 年 10 月 23 日）

随着我国经济的发展，国家机关办公建筑和大型公共建筑高耗能的问题日益突出。据统计，国家机关办公建筑和大型公共建筑年耗电量约占全国城镇总耗电量的 22%，每平方米年耗电量是普通居民住宅的 10 ～ 20 倍，是欧洲、日本等发达国家同类建筑的 1.5 ～ 2 倍，做好国家机关办公建筑和大型公共建筑的节能管理工作，对实现"十一五"建筑节能规划目标具有重要意义。[4,5] 为贯彻落实《国务院关于印发节能减排综合性工作方案的通知》（国发 [2007]15 号）、《关于加强大型公共建筑工程建设管理的若干意见》（建质 [2007]1 号）文件精神，全面推进国家机关办公建筑和大型公共建筑节能管理工作。[6]

（3）《关于推进高等学校节约型校园建设进一步加强高等学校节能节水工作的意见》（建科 [2008] 90 号）（2008 年 5 月 13 日）

为贯彻落实党的十七大精神，根据《国务院关于加强节能工作的决定》（国发 [2006]28 号）、《国务院关于印发节能减排综合性工作方案的通知》（国发 [2007]15 号）、《教育部关于建设节约型学校的通知》（教发 [2006]3 号）和建设部、国家发改委、财政部、监察部、审计署《关于加强大型公共建筑工程建设管理的若干意见》（建质 [2007]1 号）的要求，进一步加强节能节水工作，推进高等学校节约型校园建设，2008 年 5 月 13 日，建设部发布了该意见。[7]

该意见指出：充分认识加强节能节水工作在推进高等学校节约型校园建设中具有重要意义。它是教育系统落实节能减排决策的重要举措，不仅可以促进学校本身的能源资源节约，降低办学成本，在社会上起到示范和带动作用，还有利于促使广大学生树立节能环保意识，掌握节能环保技能，对我国经济和社会发展产生深远影响。

意见提出了"十一五"期间的总体节约目标：实现已有用能项目人均用能在 2005 年所耗能量的基础上降低 15%；已有用自来水项目人均用量在 2005 年所耗水量的基础上降低 15%。

意见强调了下一步的重点工作：①加强高等学校节能节水运营监管；②新建建筑严格

执行节能节水强制性标准；③开展低成本节能节水改造；④积极推进新技术和可再生能源的应用。意见最后要求切实加强高校节能节水的组织实施工作。

（4）《高等学校校园建筑能耗统计审计公示办法》（2009 年 10 月 15 日）

为全面落实科学发展观，提高高等学校校园建筑能源管理水平，降低能源和水资源消耗，合理利用资源，同时增加高等学校校园建筑能耗、水耗状况的公开透明度，形成有效的社会监督机制，促进高等学校校园建筑节能工作的深入开展。[8]

（5）《高等学校校园设施节能运营管理办法》（2009 年 10 月 15 日）

为贯彻科学发展观，加快建设资源节约型、环境友好型社会，促进循环经济发展，落实"十一五"规划纲要及住房和城乡建设部、教育部提出的节能减排目标，规范并指导各高等学校开展节约型校园建设各项工作。

（6）《高等学校节约型校园指标体系及考核评价办法》（2009 年 10 月 15 日）

本办法是依据《关于加强国家机关办公建筑和大型公共建筑节能管理的实施意见》（住房和城乡建设部、财政部：建科 [2007]245 号）、《关于推进高等学校节约型校园建设进一步加强高等学校节能节水工作的意见》（建科 [2008]90 号）等国家相关文件精神，参照《高等学校节约型校园建设与管理技术导则（试行）》（建科 [2008]89 号）、《绿色建筑评价标准》（GB/T 50378—2006）、《高等学校校园节能监管系统建设技术导则》、《高等学校校园节能监管系统运营管理技术导则》、《高等学校节约型校园运营管理办法》、《高等学校校园建筑能耗统计审计和公示办法》等导则而制定。[9]

本办法规定了高等学校节约型校园建设及运营管理的评价指标、评价内容及评价考核方法。本办法基于定性与定量评价相结合的原则，建立科学的评价方法，综合地考核评价学校在建设节约型校园过程中的工作成果，进一步促进节约型校园建设工作更加深入地开展和长久机制的形成。

（7）《绿色建筑行动方案》（2013 年 1 月）

2013 年 1 月，国务院办公厅转发国家发改委和住房和城乡建设部的《绿色建筑行动方案》（以下简称《方案》），《方案》中特别提出要大力推动"节约型高等学校"建设，政府投资的学校自 2014 年起全面执行绿色建筑标准，继续推行"节约型高等学校"建设。

12.1.3　绿色校园运营管理的特点分析

在《绿色校园评价标准》（CSUS/GBC 04—2013）中，绿色校园的定义[10]为：在其全寿命周期内最大限度地节约资源（节能、节水、节材、节地）、保护环境和减少污染，为师生提供健康、适用、高效的教学和生活环境，对学生具有环境教育功能，与自然环境和谐共生的校园。结合绿色校园的要求，绿色大学校园运营管理具有以下特点。

（1）完善的运营管理制度

在实施绿色校园管理过程中，为确保绿色校园节能措施均得到落实：

首先，建立绿色校园运行管理组织机构，由主要校级领导分工负责，建立部门责任人及专岗负责制度。

其次，强化监督管理。要继续推进制度建设，不断完善能源工作的管理制度、加强监管，进一步完善用水、用电的管理办法和运行机制，通过制度、管理办法的进一步完善确保各项能源工作的顺利开展并落到实处。[1]

第三，通过聘请各层次、多专业的管理及技术人员，并组织运营管理人员定期参加专业培训，有效提升运营管理队伍的专业素质。

（2）宣教结合，提升使用者的参与意识

高校应基于人才培养的功能和宣传教育的优势，制订全面、科学的节能宣传教育方案，采用网络、报纸等多样宣传媒介和课堂、课外等多种教育方式，强化师生节能意识，倡导师生参与到节能行动中，提高能源使用效果。

（3）节能技术和设施完善

节能绿色校园结合学校的情况合理采用了多项绿色校园技术。涉及节地、节能、节水、节材、室内环境、运营等六大部分。一般绿色大学校园会设有完善的自控系统，可实现设备的实时监控和数据记录，工作人员可依据监控情况分析设备运行状况，并进行定期维护。

（4）提倡节约能源，资源共享

绿色大学校园中，可再生能源利用、非传统水源利用、节能照明等技术得到广泛应用，可有效降低运行成本，节约能源。另外，对于校园设施，在不妨碍正常使用的情况下，鼓励使用旧设施，同时，也鼓励不同部门之间以及与周边学校或社区共享文体资源，如体育设施等。

12.2 绿色校园运营管理组织机构建设

绿色校园的运营管理重在组织管理和落实，除了具有较好的绿色校园建设外，还应成立专门的绿色校园组织机构。组织机构的合理设置，能保证整个组织分工明确，职责清晰，保证每一个部门工作的正常运行，同时保证整个组织管理流程的畅通。良好的组织机构建

设可以保持较高的效率和工作落实，相反，若组织机构不合理，职权、职责、任务不明确，会使绿色校园的运营管理工作无法落到实处。绿色校园的运营管理以学校作为主体开展工作，成立从校领导到师生的多级管理机构。[11]

首先，成立由校级领导牵头负责的绿色校园管理委员会或者绿色校园工作小组。管理委员会的成员应包括基建、资产、设备、采购、学工、团委等部门的负责人和建筑环境、机械暖通、能源工程、建筑材料等领域的专家。管理委员会主要负责制定绿色校园建设工作的方针，组织协调各院系、各部门的资源，指导绿色校园建设，为绿色校园的建设提供基本保障。具体工作如下：负责组织编制绿色校园建设实施方案，参与校园规划、土地使用、建筑方案、改造维修方案及建设实施计划的审查，为学校的决策提供依据；负责学校绿色校园节能监管平台的建设；负责学校绿色校园建设的组织、协调、监督、检查、管理等各项工作；负责研究制定绿色校园的政策、制度、措施、计划和其他重要事项；本着发展、建设和节约并重的原则，对学校运行经费的分配与使用提出合理化建议；审查学校用电、用水、用煤、用油计划和节约计划，并对使用过程进行检查和监督，及时纠正违反绿色校园建设规章使用学校资源和浪费资源的行为。指导绿色校园建设活动宣传工作，结合学校特点和具体工作安排，有针对性地对师生开展绿色校园宣传月活动。[11]

其次，下设职能管理办公室，如绿色校园管理办公室、督查室等，办公室建立责任人负责制度。管理办公室负责绿色校园建设的具体实施工作；研究起草绿色校园建设的具体措施计划、工作制度、考核奖惩制度，并报绿色校园管理委员会申请；编写情况简报、通报和总结报告；负责收集和处理师生对建设绿色校园的意见和建议，受理师生对违反绿色校园建设现象的举报，督促有关部门落实整改。开展绿色校园工作的宣传推广，定期和不定期地对全校范围内绿色校园建设情况进行检查并通报检查结果等。

同时，学工和团委下应成立相关的绿色校园学生工作机构，绿色校园监督办公室以及科技节能协会，节水护水志愿队等。通过这样的多级管理机构的建设，确保学校领导、教师、管理人员、学生等在建设节约型校园工作中的积极主动作用。通过机构组成人员统筹规划、协调绿色校园建设工作，将各项任务分解、落实到位，并建立校内考核评价制度，发现问题及时整改。

12.3　绿色校园的运营管理制度

为保证绿色校园运营的顺利实施和持续进行，必须有较为完善的运营管理制度，形成长效机制。结合所在学校的实际情况，制订绿色校园具体实施方案和目标，将绿色校园的运营管理目标和措施分解落实到人，做到人人有责，人人负责。并定期自查绿色校园的运营情况，确保落实到位。[12]

12.3.1 绿色校园设施运行的监管制度

（1）各级能效管理负责人制度

学校分管领导为绿色校园工作的责任人，各院系、部门负责人为该部门单位绿色校园管理的最终责任人，并列入业绩考核体系。对于能耗较大的建筑设施或设备，如含有大型实验装置的实验室，指定实验室负责人或项目负责人为节能管理责任人。学校设立专职的绿色校园管理岗位，聘任具有能效管理等专业知识的能源管理人员负责本校绿色校园能源管理和监督检查。

（2）能源管理文件、报表、记录和管理台账

建立和完善能源管理文件，形成文件并明确绿色校园运营管理的原则、职责权限、办事程序、协调联系方式、记录表格等。制订关于绿色校园的管理措施和文件，完善设备运行的台账管理，如大型用能设备或设备机房的节能管理规定、能耗计量装置的校验证明等。

建立和完善绿色校园运营技术文件，包括技术要求、操作规程、测试方法等。建立和完善校园用能、用水以及食堂食物用材的记录文件，并针对学校建筑中用能和用水的计量数据、运行记录、分析报告等记录数据按规定保存，作为分析、检查和评价的依据。

（3）校园资源消耗定额管理

结合本地区的能耗、用水定额标准和实际能耗统计结果，研究提出合理的校园能耗水平，制定校园能耗、用水定额及管理制度。

12.3.2 绿色校园资源消耗统计审计与公示共享制度

资源消耗的统计和审计，有助于发现问题，并得到及时解决。公示和共享制度，可以起到提高节约意识、强化监督管理的作用。

1. 资源消耗统计

建立校园能耗基础数据、水资源利用数据的专项统计制度和方法，开展能源审计工作，挖掘节约空间，促进节约校园建设工作。建立校园建筑及用能设施分类能耗统计和分类能耗统计制度。分类能耗统计为按照生活服务设施、行政办公、教学设施、学科研究、实验设施、实习设施等类别对校园建筑和设施进行分类能耗计量与统计。

分项计量，为根据实际条件按建筑规模、耗能规模对大型建筑制订能耗分项计量实施方案。列入分项计量的建筑和设施应按空调、采暖、照明等用途设计独立的电力线路并配置数字计量仪表，对于既有建筑应根据条件逐步配置数字计量仪表，为逐步建立能耗分项计量及网络远程数据采集奠定基础。

及时并准确地记录资源消耗情况，建立校园资源消耗统计表。资源消耗主要包括：建筑

基本信息，建筑物耗电量、耗气量、校园照明耗电量的逐日数据，建筑物耗油量、耗水量的逐月数据表；分项计量各建筑、甚至各部门的逐月耗电量、耗水量等。为实现数据共享和分析，统一能耗统计数据的内容和格式，有条件时逐步实现数据采集、分析汇总的自动化，建立可靠性强、效率高、共享度高的校园能耗、水耗数据库。对于高耗能设备，采取专门的分项计量措施，建立设备的运行记录，定期进行能源审计，对于出现异常时，应及时分析，找出原因。

2. 校园内能源审计

能源审计主要检查校园建筑的节能、节水管理状况。包括：建立健全节能、节水管理制度，有齐全的节能、节水管理文件，制订本单位的节能、节水计划和节能、节水技术进步措施；健全能源计量、监测管理制度。建立节能工作责任制；检查能源管理所需管理文件、技术文件和记录文件；收集校园建筑的总能耗和主要用能子系统的能耗，主要包括空调、照明、办公设备、实验设备用能等。通过审计了解运营情况及存在的问题，逐项核实基本信息表，分析能源费用账单。[13]

3. 数据的公示及共享

建立校园能耗、水资源消耗的数据库及信息管理系统，提高数据的可靠性、准确性和共享度，及时公示，互相监督，提高节约意识和管理效率。通过校园网、校园媒体等途径向师生定期公示校园能耗和院系、实验室等分类单位的能耗和水耗统计指标，包括现有数据和纵横向的对比数据。

12.3.3 运营巡查督察与激励制度

绿色校园应定期或不定期地对全校范围内的绿色校园运行情况进行检查，通报检查结果。各部门根据实际情况成立节约工作检查小组，明确具体职责，分片分段，定期或不定期地检查本部门有无浪费现象，并建立"日巡查，月通报，季评比"的检查制度。校内各单位将绿色校园的管理纳入日常工作内容，并成为各单位工作业绩及成效的评定指标。

在绿色校园运营管理中有突出贡献的单位和个人，学校在各项评优工作中应给予重点表彰，在全校范围内通报表扬，并作为今后评优评先的重要条件。对于节约部分，以一定比例作为管理人员和单位的奖酬金，把教职员工和学生的荣誉、物质利益和他们在绿色校园运营中作出的贡献联系起来。

12.4 绿色校园建筑物运营管理

校园的建筑可以分为以下几类：教学建筑、办公建筑、科研实验建筑、学生公寓和学生食堂等，下面分别论述各类建筑的运行系统及绿色运营管理要点。[14]

12.4.1　教学建筑

教学建筑中用能系统包括照明系统、空调/采暖系统和教学设备。对于照明系统，通过管理措施和技术手段，教室内安装节电装置，避免出现教室内昼间开灯、无人开灯和人少大面积开灯等电力空耗现象，达到照明灯具根据教室内人数的多少来控制照明灯具的开启以及开启数量。对教学建筑的管理部门落实岗位责任制，采取适当的方式（比如根据学生人数分层分区开放教室等措施），限制教室开放的数量。公共场所的照明保证采用声控、红外等方式对照明进行管理。

对于空调系统，应根据教室使用的特点，制订相应的节能运行策略，采取有效措施监控教室空调设备的启停，室内无人时应关闭空调，并切断电源，减少待机能耗。结合教室内人员多、需要换气量较大的特点，建议采取风扇与空调结合的方式，尽量以风扇代替空调，开启空调时应关闭门窗。对于教学设备应采取有效措施监控设备的使用状况，减少空开或待机能耗。[15]

12.4.2　办公建筑

办公室用电设备主要包括计算机、打印机、饮水机等，应根据使用情况设置节能模式，并在完成使用后及时关机。过渡季节应延缓空调开启时间，尽量利用室外自然通风和风扇。提倡下班前半小时提早关闭空调，室内无人时关闭空调电源。合理规划办公室布局，充分利用自然采光，长时间离开办公室或下班后要关闭照明。

12.4.3　科研实验建筑

对于科研实验建筑，除严格执行办公建筑的各项管理措施外，对高耗能、高耗水实验仪器设备专人负责，专项管理，单独计量，做到节约使用。本着"谁用能，谁付费"的原则，将能源费用计入科研业务费成本中。

12.4.4　学生公寓

学生公寓是校园建筑中的重要组成部分，是校园中能耗的大户，并且也是管理的重点和难点。学生公寓中的能源利用主要为日常用电和生活用水。在日常管理中除了执行以上叙述的通用的管理措施外，应加强学生定额水电收费的管理工作。通过实施插卡用电、插卡用水等措施，强化宿舍能耗管理。

12.4.5　学生食堂

对于学生食堂，食物浪费的控制是绿色校园管理的重点内容。倡导节约粮食、反对浪费、制止不文明的就餐行为等常规的管理手段。可以尝试试用"光盘行动"、剩余食物打包（自带打包餐具）结合食堂提供微波炉免费食物加热等方式，在教育宣传与硬件设施上倡导"浪费可耻，节约光荣"的消费理念。食堂严禁使用一次性餐具、筷子、纸杯、塑料袋等。

12.5　绿色校园的运营监管

绿色校园的运营监管包括监管制度和监管平台建设两部分内容，其中监管制度的内容已经在前面章节叙述，本章节重点介绍智能化监管平台。

在确保校园正常教学、科研的能源需求的前提下，实现有效节能、可靠控制，掌握校园建筑能耗、水耗的实时数据，并建立能源自动化管理平台。实现对校园内各种能源利用系统的分布式监控与集中管理，实现校园的绿色运营。实现绿色校园管理委员会对学校运营的整个状况进行有效的监控和管理，并为下一步的工作提供决策依据，有效提高校园能源系统的管理水平。

12.5.1　智能化监管平台建设概述

智能化监管平台需要达到以下目标：实现各种建筑能耗实时、分类、分项、分部门精确计量，计量数据远程传输，完成数据采集、存储、统计分析、发布。为学校、科研单位以及设计与建设提供参考或决策依据；为建筑能耗统计、审计和监管提供准确的能耗数据，为管理部门提供决策依据。以实时监测能源数据为依据，为学校的能源利用诊断、监测、能源账单核对、节能控制、节能潜力分析和节能效果验证提供条件。[16]

监管平台设立监管中心，建立节能监管系统软件平台，对系统所监管的建筑进行绿色运营管理。主要针对能源系统，监测的能源种类有电、水、热能、天然气等。节能监测点布置在配电室，水表、气表、供热站等处（包括一级、二级、三级电表水表等）。在校园中，主要以建筑为单位，对电、水、热能等建筑能耗进行综合监测，对于有特殊要求的项目进行专门的分项监控，如各楼层的单体空调、功能系统、开水锅炉等。

学校的智能化监管平台多采用具有国际先进水平的分布式控制网络技术，通过数据远程传输的方式，对校园电、水、气、热等能源进行实时监测、实时监控和节能控制。实现对全校能源的实时分类、分项数据统计，实现数据采集、存储、统计分析、发布公示、节能潜力分析等功能，为加强校园建筑节能运行管理，实时节能改造提供准确的建筑能耗数据依据。

12.5.2　智能化监管平台的功能需求

绿色校园的智能化监管平台是实现绿色运营管理的重要举措之一。智能化监管平台的功能需满足以下需求：

（1）能够自动采集各建筑的分类、分部门、分项的能耗和水耗量，并存储在中心的数据库。

（2）实现水、电、气、供暖热能的分类、分项、分部门的计量和实时查询。

（3）实时监测各供回电路的电压、电流等参数，自动分析各种用电消耗量，通过技术和行为节能方式，实现有效节能。对于出现用能异常的回路进行预警。

（4）可对重点建筑内的部分电路实施节能控制，根据各部门的作息时间，在非工作时间强制关闭相关回路，既节约了能源，也避免了一些安全隐患。

（5）对采集的计量数据，采用单位面积和每年每人的能耗量两个能耗指标来分析能源利用效率。

（6）自动计算并比对各大楼之间，以及各部门的能耗指标，以方便管理和考核。

（7）提供同比与环比报表，按照日、月、年打印和显示报表。

12.6　绿色校园运营管理的公众参与

12.6.1　绿色校园运营管理公众参与的原则

为保证公众参与绿色校园管理的实效，现阶段需要推动学校师生以及社会人员独立地、全面而深刻、逐层递进地参与到绿色校园管理中。

（1）参与的全面性原则

参与的全面性原则是指公众能够全方位、全过程地参与到绿色校园的管理中，包括两个方面：一是学校全体师生和社会全体人员都有机会、有渠道参与到绿色校园的管理中；二是师生与社会人员对绿色大学校园管理工作的全过程参与，大学生的参与过程应和绿色校园的规划、决议、反馈全过程相始终。

（2）参与的深刻性原则

深刻性原则是指公众的参与活动不能浮于表现，要在真正的参与实践中触及公众尤其是大学生的心灵深处，并且，在公众参与的过程中也应鼓励其探索和创新，积极发挥起主观能动性，使其可以真正理解绿色校园的理念，并将参与和实践可持续理念和能力内化成参与者的素质。

（3）参与的层次性原则

参与的层次性原则是指因参与者和参与客体的不同，要有不同层次的要求。高校校园管理工作有很高的专业知识和经验能力的要求，这对公众在各领域的参与深度形成了不同的限制。

学校师生和社会人员因与校园存在着不同的社会关系，因此，他们参与校园管理的方式也有所不同。学校师生是绿色校园的使用主体，对于校园管理，可深入管理体制，参与日常管理，同时也对校园管理起到监督反馈的作用；但因学生专业、年级以及个体兴趣和能力的差异，可以参与到校园管理的深度也会有所差异。高校应对不同的老师、大学生群体作详细的调查研究，以便有针对性地提供参与时机，鼓励不同层次的学生选择切合自己实际的参与机会。社会各界的支持是高校良性发展的重要因素之一，社会人员主要是以监督的角色参与其中。

（4）参与的系统性原则

参与的系统性原则是指组织公众参与要从绿色校园的整体管理考虑。从高校管理层面看，创建公众参与机制不是另建一套管理机构，而是现有管理方式的转变，要融入高校整个校园管理建设。要有一整套内部和谐运作、有效的组织和机制，形成制度，真正对绿色校园管理起到促进作用。

12.6.2　绿色校园运营管理公众参与的方式

公众参与绿色校园管理的方式有两种：个人形式和组织形式。

（1）以个人为主体参与绿色校园管理

高校应为公众提供以个人为主体直接参与到绿色校园管理中的机会。主要路径有：

1）在绿色校园运营管理组织机构中，为全校师生提供管理岗位，学校师生可通过竞聘（或被选举）参与管理层的决策；

2）在绿色校园设备维护和管理、监管平台的执行部分提供勤工助学岗位，学生可根据兴趣或专业知识申请应聘相关岗位；

3）绿色校园运营管理机构可设置绿色校园管理信箱、绿色校园管理交流会、绿色校园管理网络互动论坛等平台为学校师生以及校外社会人员提供关注绿色校园各方面的运营状况，并及时反馈生活、学习、工作中遇到的问题或自己的看法的渠道。

（2）以组织为主体参与绿色校园管理

大学生组织有其特定的定义，在高等学校这个特定环境中，能够服务于学校教育教学活动、推动大学生素质拓展和培养、为学校管理服务的群众性组织，秉承了"自我管理、自我教存、自我约束"的组织发展理念，是大学生培养兴趣、提高综合素质、维护自己权益和参与高校管理的普遍的手段。一般来讲，根据大学生组织的构成形式和功能，将其分为正式组织（院校两级学生会、团委、各种社团等）和非正式组织（老乡会、兴趣小组等）。[17]主要路径有：

1）学生可自行组建以节能环保为主题的学生社团，在学校内组织开展相关的宣传和实践活动，培养学生的行为意识。

2）校院两级学生会可在组织内部指定代表，参与绿色校园运营管理机构的管理工作。

3）绿色校园运营管理机构可通过学校网站创建社会监督窗口，并制订年度学校参观计划。社会监督人员既可通过网站查看学校相关能耗数据和相关活动，也可参加学校参观计划，进行现场考察和交流。

注释

[1] 林羽，刘凯.高校节能管理思考[J].广东科技，2010，19（14）.

[2] 孟江涛，张慧渊.高校节约型校园建设思路探究[J].山东工商学院学报，2009，23（3）.

[3] 陆金林.谈谈节约型高校的水电管理[J].企业家天地（下半月版），2008（5）.

[4] 刘筱.山东省既有办公建筑外围护结构节能改造研究[D].济南：山东建筑大学，2010.

[5] 刘慧芳，白雪莲，吴利均.四川省省直机关政府办公建筑的能源审计[J].建筑节能，2009，37（10）.

[6] 中华人民共和国建设部，中华人民共和国财政部.关于加强国家机关办公建筑和大型公共建筑节能管理工作的实施意见[J].上海建材，2007（6）.

[7] 陈哲.节约型校园评价体系构建及应用方法研究[D].天津：天津大学，2010.

[8] 古春晓，刘瑞芳.住房和城乡建设部发布"两导则三办法"指导高校校园建筑节能工作[J].建设科技，2010（2）.

[9] 张蓝图.文教建筑空间的绿色生态与地域文化研究[D].合肥：合肥工业大学，2011.

[10] 吴志强，汪滋淞.《绿色校园评价标准》编制情况及主要内容[J].建设科技，2013（12）.

[11] 王崇杰，薛一冰，何文晶.绿色大学校园[M].北京：中国建筑工业出版社，2012.

[12] 李群兰，杨鸿燕.高校能源管理工作的现状及问题分析[J].四川理工学院学报（社会科学版），2005，20（3）:103–105.

[13] 孟江涛，张慧渊.高校节约型校园建设思路探究[J].山东工商学院学报，2009，23（3）:101–104.

[14] 吴锋.高校节能管理存在的问题及对策研究[J].经济研究导刊，2010（3）：200–201.

[15] 敖四江，潘桂根，王志发.高校能源管理的现状分析及对策探讨[J].能源研究与管理，2010（4）：84–88.

[16] 刘伊生，陈峰，郑广天.建设绿色大学，促进低碳发展[M].北京：北京交通大学出版社，2012.

[17] 王磊.我国大学生参与高校管理的路径研究[D].杭州：浙江师范大学，2012.

思考题

1. 调研你所在学校是否满足绿色学校的组织机构建设和制度建设要求，并提出合理化建议。

2. 调研你所在学校满足绿色学校管理的项目，并列表说明。

3. 思考在本教材内容之外，还有哪些内容可以加入到绿色校园管理的内容中？

后记

　　大学校园既是未来国家和人类社会领袖和栋梁的摇篮和创新基地，也是城乡空间重要的组成要素。如果一所大学的教育是为了人类和地球的永续发展，那她的校园也一定是以绿色为导向的。世界上没有一所大学可以在一个不可持续的校园里培养出未来可持续世界的领袖人才。而大学校园本身就是一部超越了所有专业的，让其学生树立永续价值观和绿色生活理念，学习创新未来绿色世界的最大的公共教科书。绿色校园的建设既可以检验一所大学对其学生健康的关怀程度，也反映了其大学的办学理念的站位高低。让学生参与绿色校园建设，更是一所大学是否培养创新性人才的教学思想的不可缺失的重要组成部分。

　　根据中华人民共和国《绿色校园评价标准》的要求，我们以绿色校园学组的名义，组织了大量一流的国内外专家，历经四年时间，终于编制完成并能呈现在广大的学生和老师面前这本《绿色校园与未来》系列教材中的大学本。我期望通过绿色校园教育，启迪广大师生的绿色校园的引导性建议，以绿色教育向学生宣传绿色生态知识与绿色生活习惯，通过学生带动整个社会的可持续良性发展，此为本教材的编写初衷。本册为《绿色校园与未来》系列教材中的大学部分，得到了中国绿色建筑与节能专业委员会和同济大学的指导。教材的编写工作中特别邀请了何镜堂、张锦秋、刘加平、王有为、王崇杰等诸位先生为顾问，衷心感谢他们为教材的高质量编制高屋建瓴的指导。教材的写作还汇集了浙江大学、上海交通大学、南京工业大学、华中科技大学、山东建筑大学、重庆大学、中国建科院、中国建筑西南设计院等多所高校和研究机构的众多教授、专家。在此，我也衷心感谢各位编委专家大量的辛勤工作，给教材编写带来了丰硕的成果，为大学的莘莘学子提供了优秀的绿色教育读本。最后，还要感谢出版社的编辑们，正是他们的努力使得本书得以及时出版。